目錄 Content

現代航艦三大發明

—斜角甲板、蒸汽彈射器與光學降落輔助系統的起源與發展

Three Crucial Invention for Modern Aircraft Carrier

—Angled Deck, Steam Catapult and Optical Landing System

第3部 蒸汽彈射器的發展

第4部 光學降落輔助系統的發展

第1部 噴射機時代的航空母艦
——新挑戰與新需求

Chapter 1

導論：噴射機與航空母艦

美國海軍在二次大戰中建立了空前龐大的海上航空力量，珍珠港事件前，美國海軍一共只有七艘艦隊航艦，還少於日本海軍，然而在對日作戰勝利時，已擁有多達九十七艘現役航艦，包括二十艘大型艦隊航艦、八艘輕型艦隊航艦與六十九艘護航航艦，另外還有二十一艘航艦正在建造中——這數字還未計入因戰爭結束而中止建造工程的二十多艘航艦！

儘管美國海軍在戰時的擴充速度驚人，建成了最大規模的航艦兵力，並在對日作戰中累積了無比豐富的航艦運用經驗，但是在因應噴射航空時代到來的技術準備上，卻落後給英國皇家海軍。

因此我們在探究現代航艦技術的發展時，自然便會出現以下的問題：

◆為什麼是英國皇家海軍率先發展了斜角甲板、蒸汽彈射器與光學輔助降落系統？

◆當皇家海軍正在進行航艦設計的「轉型（transform）」，以便在航艦上普遍運用高性能噴射機時，同時間的美國海軍為什麼沒有發展出這些發明？

◆當英國發展出這三項新發明後，美國海軍又是如何透過吸收英國技術，迅速跨越了與皇家海軍間的差距？

■ 美國海軍在二次大戰中建立了空前龐大的海上航空力量，到二戰末期時一共擁有近百艘各式航艦，但是面對即將到來的噴射時代，美國海軍在關於噴射機航艦操作所需的技術準備上，卻落在英國皇家海軍之後。照片為1944年12月在菲律賓海域的第38.3特遣艦隊，領頭的是獨立級輕航艦蘭格利號(USS Langley CVL 27)與艾塞克斯級提康德羅加號(USS Ticonderoga CV 14)。

■ 英國皇家海軍於1945年12月3日進行的史上首次噴射機航艦起降試驗，意味著以航空母艦為核心的海軍航空力量發展，正式進入噴射機時代。照片為當時進行試驗的吸血鬼戰機降落到海洋號航艦上的鏡頭。

噴射時代降臨航空母艦

在噴射機的實用化，與噴射機的「海軍化」應用方面，英國都是領先者。一九四一年五月十五日，一架格洛斯特（Gloster）E.28/39完成了英國首次噴射機飛行；差不多一年半以後，美國才在一九四二年十月一日進行了首架噴射機——貝爾（Bell）XP-59A——的首飛，而且使用的還是源自英國設計的渦輪噴射發動機。

E.28/39與XP-59A兩種機型都是研發測試用機，英國首種實用化的噴射戰鬥機是一九四三年三月五日首飛的格洛斯特流星（Meteor），美國首種配有武器的噴射機則是一九四三年九月交付的XP-59A發展型YP-59A。

當英國皇家空軍與美國陸軍航空軍於一九四〇年代初期開始試飛噴射機時，皇家海軍與美國海軍也密切注意著這項新技術的發展，並分別從友軍取得了流星與YP-59A用於評估試驗。不幸的是，流星與P-59都被判定為不適合航艦操作——由於當時的噴射發動機推力有限，導致飛機加速慢、滑跑起飛距離過長、且降落速度也偏高，以致這兩種早期噴射機都缺乏航艦操作所需的起降性能。

不過英國還有另一款機型可用，即一九四三年九月首飛的迪哈維蘭（de

Havilland）吸血鬼（Vampire）。因此便由英國皇家海軍搶先一步，一九四五年十二月三日，著名試飛員艾瑞克．布朗少校（Eric Brown）駕駛一架加裝了捕捉鉤、強化了起落架、襟翼面積也擴大百分之四十（可降低降落速度）的吸血鬼Mk.I，成功降落在海洋號（HMS Ocean）航艦上，布朗當天在海洋號上一共進行了四次攔阻降落與起飛，成為史上第一個在航艦上完成噴射機起降的人，三天後他又在海洋號上進行了十一次起降循環試驗，正式宣告航艦進入了噴射機時代。

海軍噴射機的搖籃期

在美國方面，美國海軍與陸軍航空軍（USAAF）幾乎同時展開噴射發動機的引進工作，但發展路線大相逕庭，陸軍走的是直接引進英國技術的方式，而海軍則與本土廠商合作自力發展。

陸軍航空軍司令阿諾德（Henry Arnold）在一九四一年初得知，英國的噴射發動機技術已有了突破性進展，於是他立即促成在NACA（現在的NASA）下成立一個噴射推進特別研究部。當噴射推進特別研究部於一九四一年三月成立後，阿諾德緊接著便於一九四一年四月飛往英國參訪，結果發現英國的噴射發動機研發進展超乎他的預期，搭載惠特尼（Frank Whittle）W.1發動機的E28/39實驗機，很快就在一九四一年五月完成了首次噴射動力飛行，同時由W.1發展而來的W.2與W.2B等新發動機的開發工作，也正緊鑼密鼓的進行中。

於是在阿諾德親自安排下，英國同意向美國提供生產W.2B離心式渦輪噴射發動機所需的技術指導，以及地面運轉測試用的W.1X發動機實物樣品。美國陸軍航空軍隨即於一九四一年九月四日責成奇異公司（GE）負責生產W.2B發動機的美國版。

奇異公司是當時最重要的渦輪增壓器供應商，熟悉航空用渦輪機的研發與製造，在新型渦輪發動機研究方面也有所著墨，正在自行開發渦輪旋槳型式的TG-100發動機，即後來的T31渦輪旋槳發動機，所以被美國陸軍航空軍選為授權生產英國W.2B發動機的承包商。W.2B發動機經奇異公司的「美國化」改進後，成果便是一九四二年四月開始運轉測試、稍後於同年十月用於XP-59A首飛的I-A發動機。

I-A發動機後來被改進為I-14，最後發展成為推力提高百分之六十的I-16發動機（後來的編號為J31），性能相當於英國勞

■ 在噴射機航艦操作研究這個領域，英國皇家海軍居於領先地位，1945年12月3日，皇家海軍率先完成史上首次噴射機航艦起降的照片，由試飛員艾瑞克．布朗駕著一架吸血鬼Mk.I型戰機降落在海洋號航艦上，然後又成功駕機起飛離艦。上為當天布朗駕著吸血鬼戰機在海洋號上起降的鏡頭。

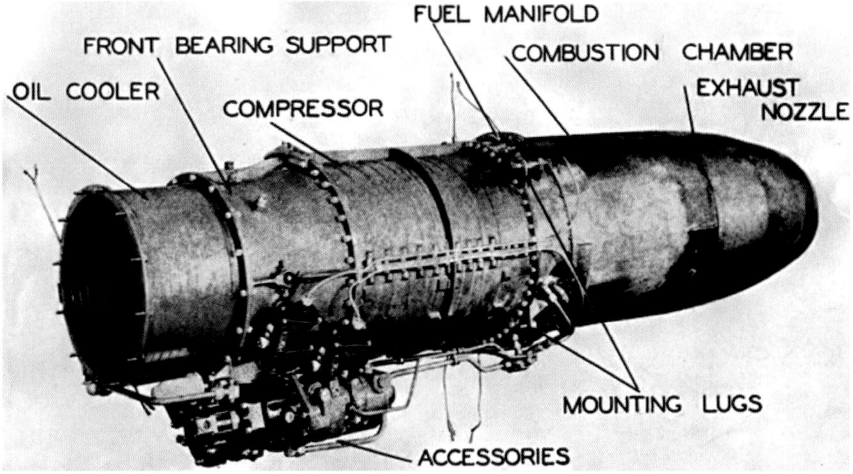

■ 西屋19系列發動機是美國海軍第一代渦輪噴射發動機，也是美國海軍第一種噴射動力戰機FD-1/FH-1的動力來源。

斯萊斯公司同樣由W.1、W.2B等惠特尼發動機發展而來的Derwent發動機，也就是格洛斯特流星戰機的動力來源。Derwent是英國第一種大量生產服役的噴射發動機，而I-16則是美國第一種投入量產服役的噴射發動機，被用在陸軍航空軍的P-59A量產機，以及海軍的FR-1複合動力飛機上。

相較於與奇異公司合作的陸軍，海軍則找上西屋公司（Westinghouse）（註一），於珍珠港事件隔天的一九四一年十二月八日，簽約發展西屋自行設計的軸流式渦輪噴射發動機，成果即為一九四三年三月開始地面試驗、一九四四年一月展開試飛的西屋19A渦輪噴射發動機（19代表入口直徑為十九吋），後來又衍生出推力更大的19B與19XB發動機，後來這系列發動機被賦予J30的編號。

註一：奇異公司長期以來都為陸軍戰機提供搭配活塞發動機使用的渦輪增壓器，西屋公司則從一次大戰後便開始為海軍製造船用蒸汽渦輪，兩家公司都熟悉渦輪機的開發製造，與陸、海軍也各有淵源。

過渡期的折衷方案——活塞螺旋槳＋噴射的複合推進

早從太平洋戰爭的一開始，美國海軍便展開了噴射發動機發展工作，然而噴射推進固然擁有更大的發展潛力，但早期的噴射發動機存在著推力小、油門操作反應慢與耗油率高等問題，對於需要特別講求低速操縱性與起降性能的艦載機來說，在應用上存在許多難以克服的障礙，因此在英國皇家空軍與美國陸軍航空軍各自展開噴射機試驗的一九四一至一九四二年間，美國海軍對於是否要跟進發展噴射機，曾感到十分躊躇。

當時負責美國海軍航空系統發展的海軍航空局（BuAer），在新上任局長——剛從西南太平洋戰區返國的麥坎中將（John McCain Sr.）主導下，於一九四二年十二月提出一種折衷的構想——希望結合活塞發動機較佳的低速性能與燃油消耗率，以及噴射發動機的高空高速性能優勢，發展一種配備同時配有活塞與噴射發動機的複合動力飛機。對噴射發動機性能尚不成熟的當時來說，複合動力不失為一種可行的折衷選擇，最後萊恩公司（Ryan）的提案從九家廠商中脫穎而出，發展成為FR-1火球（Fireball）。

■ 為克服早期噴射發動機過於耗油、油門反應慢、推力不足等缺陷，美國海軍第一種配有噴射發動機的飛機，是採用混合動力構型的FR-1火球，平時以機頭的萊特R-1820-72W活塞發動機來飛行，起飛、爬升或進行空戰時則開啟機尾的GE I-16渦輪噴射發動機提供額外的推力。

FR-1是一種以活塞螺旋槳動力為主、噴射動力為輔的複合推進飛機，機上搭載的噴射發動機主要是起輔助、增推的作用，平時以機頭的萊特R-1820-72W活塞發動機驅動螺旋槳提供飛行動力，當面臨起飛、爬升或進行空戰等需要更多動力的場合時，才開啟機尾的GE I-16渦輪噴射發動機提供額外的推力。雖然FR-1的極速性能平平，不過爬升率相當不錯，更勝以爬升性能著稱的F8F-1或F4U衍生型F2G一籌，被認為是擔任攔截神風自殺機任務的良好選擇（註二）。

註二：FR-1只使用活塞發動機時的速度僅二九五哩／小時（四七四・六公里／小時），同時啟用活塞與噴射發動機時可達四〇四哩／小時（六五〇公里／小時），以二戰末期標準來說，速度性能相當平庸，但海平面最大爬升率卻能達到每分鐘四千八百呎。相較下，美國海軍當時以爬升性能著稱的活塞螺旋槳機型，如F8F家族中爬升最快的型號F8F-1，以及F4U家族中換裝三千匹馬力級的R-4360發動機、特別強化低空爬升率的F2G-2，最大爬升率分別只有每分鐘四千五百七十呎與四千四百呎。

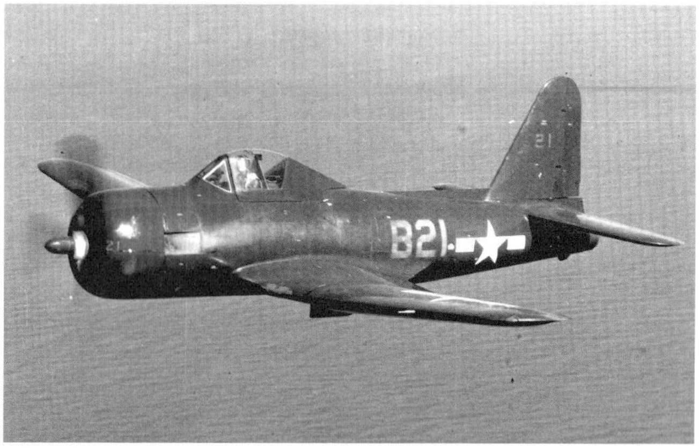

■ FR-1是美國海軍第一種配備噴射發動機的艦載機，但這種複合動力飛機只是過渡用機型，產量有限，服役時間也很短，當FH-1、FJ-1等第一代實用化艦載噴射機發展大致成熟後，FR-1便於一九四七年八月除役，只服役兩年多時間。

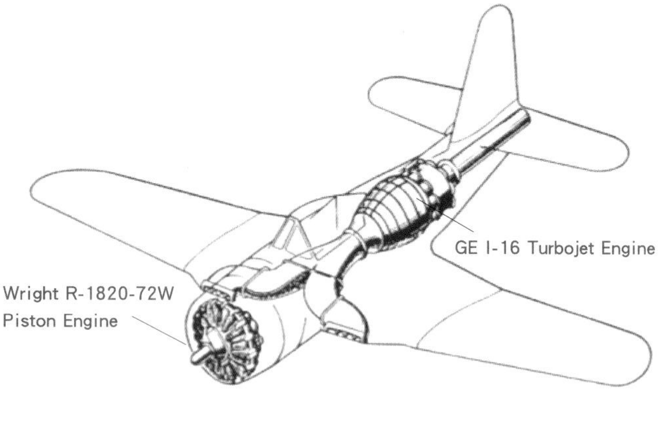

■ 萊恩公司的FR-1是一種活塞加上渦輪噴射複合動力飛機，機頭配備了一部萊特R-1820-72W活塞發動機，機身後段則配備一具GE的I-16渦輪噴射發動機，試圖結合活塞螺旋槳推進較佳的低速性能與燃油消耗率，以及渦輪噴射發動機的高空高速性能優勢。

FR-1原型機XFR-1從一九四四年六月開始進行試飛，萊恩公司於一九四五年三月將FR-1量產機交付給海軍新成立的VF-66中隊，然後VF-66隨即從一九四五年五月起在遊騎兵號（USS Ranger CV 4）上進行艦載適應性測試，由於不習慣FR-1的前三點式起落架操作，測試過程中事故連連，參與試驗的七名飛行員中還有兩名因著艦失敗而受傷，但VF-66中隊仍成功完成了僅依靠活塞發動機的彈射起飛，以及同時啟用活塞發動機與噴射發動機的彈射起飛與降落試驗。完成航艦操作認證後，VF-66從一九四五年七月開始部署到太平洋戰區。

三週後的一九四五年十一月五日，配備FR-1的VF-41被部署到威克島號（USS Wake Island CVE 65）護航航艦，準備為飛行員們進行航艦作業認證，但隔天就發生了一起意外。十一月六日，配屬到VF-41的陸戰隊飛行員威斯特（Jack West）駕駛FR-1升空後，座機的活塞發動機突然失效，迫使威斯特僅僅依靠一具噴射發動機緊急返航，並在即將撞上攔阻網之前，勉強勾到最後一根攔阻索著艦成功。

這次事故意外促成了史上第一次「純」噴射動力航艦降落，比英國艾瑞克・布朗的噴射機航艦降落試驗還早了將近一個月。不過FR-1並不是真正的噴射機，該機的渦輪噴射發動機主要是起助推的作用，正常情況下該機也不會只以噴射動力降落，因此意義並不如艾瑞克・布朗的那次試驗重要（註三）。

註三：據說威斯特當時駕駛的FR-1活塞發動機雖然故障，但尚未完全停止運轉，因此這個案例能否真正算是「完全的」噴射動力著艦，也存在一些爭議。

實用型艦載噴射機誕生

複合動力的FR-1只是一種過渡機型，產量並不大（註四），美國海軍依舊希望獲得適合航艦操作的「真正」噴射機，因此在西屋公司新的X19A發動機開始原型機地面運轉測試後，隨即展開與這款發動機配套的艦載專用噴射機開發計畫。

註四：美國海軍最初在一九四三年二月訂購一百架FR-1量產機，一九四五年一月將訂單追加到七百架，但戰爭結束前只完成六十六架，其餘訂單均遭到取消。

由於當時（一九四三年）正處於二戰作戰高峰，幾家主要的海軍艦載機大廠如格魯曼（Grumman）、沃特（Vought）與道格拉斯（Douglas）等，都忙於既有主力機型的量產與改進工作，難以分身承接噴射機的開發任務，因此海軍航空局令人驚訝地找上當時仍為籍籍無名小廠、之前只有過一款試驗機（XP-67）開發經驗的麥克唐納公司（McDonnell）。雖然麥克唐納公司規模很小，經驗也不足，但海軍對該公司在XP-67實驗機上所展現的設計創意與能力十分欣賞，以該公司採用兩具西屋19XB發動機為動力的Model 11A方案為基礎，於一九四三年八月簽訂了研製XFD-1幽靈（Phantom）的合約，這也是世界上第一種專為航艦操作而設計的噴射機。

考慮到XFD-1至少要一年多時間才能推出原型機進行試飛，為了先行體驗噴射機的操作特性，美國海軍在簽訂XFD-1發展合約過後三個月，於一九四三年十一月另外從陸軍航空軍接收了兩架YP-59，賦予YF2L-1的海軍編號開始試飛。但P-59很快就被判定不適合航艦操作，僅能用於陸基操作，美國海軍只能繼續等待。

稍後到了一九四四年時，美國的噴射發動機技術又有新進展，西屋開始發展19型系列發動機的放大改良型24C系列（即後來的J34），而原先為美國陸軍航空軍承製英國W.1發動機美國版I-16的奇異公司，除了推出以I-16為基礎改進的I-40（後來的J33）外，也平行發展自行獨立設計的軸流式噴射發動機TG-180（後來的J35）。

西屋24C、GE I-40與GE TG-180等新型發動機所能提供的推力，比前一代的GE I-16（J31）或西屋19系列（J30）高出二至二・五倍以上。以這幾款新型發動機為基礎，美國海軍在一九四四年九月向八家飛機製造商發出研製新型艦載噴射戰機的需求，要求開發一款採用西屋24C發動機的單座噴射戰機，並希望能趕在登陸日本的奧林匹克作戰與王冠作戰（Operation Olympic/Coronet）前投入服役（也就是一九四六年五月前）。

■ 1943年8月簽訂開發合約的麥克唐納XFD-1，是美國海軍第一種專門開發的艦載噴射戰鬥機，後來發展為FD-1/FH-1幽靈戰機。

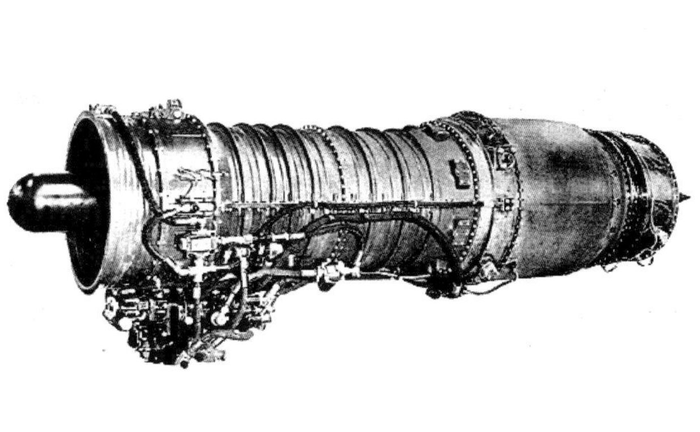

■ 1944年前後陸續推出的西屋24C、GE I-40與GE TG-180等新型發動機，推力比前一代的GE I-16（J31）或西屋19系列（J30）高出二至二・五倍以上，也促成了新一代艦載噴射機的誕生。照片為軍方代號J34的西屋24C發動機。

由於噴射機在當時是個全新的技術領域，基於分散風險、並盡可能嘗試各種不同設計的考量，美國海軍決定同時與多家廠商簽約，最後海軍航空局選中錢斯．沃特（Chance Vought）V-340與北美（North America）NA-134兩個設計案，分別在一九四四年十二月與一九四五年一月，簽訂了沃特XF6U-1海盜（Pirate）與北美XFJ-1狂怒（Fury）兩款機型的研製合約。

與此同時，海軍航空局也要求正在研製XFD-1的麥克唐納，提交一份XFD-1後繼型的設計案，以解決XFD-1速度與航程不足的問題，麥克唐納提出以XFD-1為基礎放大的Model 24方案被海軍接受，於是雙方便在一九四五年三月簽訂XF2D-1女妖（Banshee）的研製合約。

在這三款新機型中，沃特的V-340設計案選用一具西屋24C發動機，北美公司認為西屋24C的推力不足，為其NA-134設計案改採一具推力較大的GE TG-180，而基於先前XFD-1放大改良的麥克唐納XF2D-1，則採用兩具西屋24C發動機。

於是到了一九四五年初時，美國海軍已有四款噴射戰機開發計畫在進行中，其中率先問世的是最早開始研發、並於一九四五年一月二十六日首飛成功的麥克唐納XFD-1。由於1號原型機在同年十一月一日墜毀，而2號原型機直到一九四六年初才建造完成，因此在XFD-1首飛過後一年半，美國海軍才在一九四六年七月展開該機的航艦試驗。

一九四六年七月十九日，XFD-1 2號原型機被吊運到停泊於諾福克港的羅斯福號航艦（USS Franklin D. Roosevelt CVB 42）上，選上羅斯福號的原因，在於她是當時美國海軍最大型的航艦，飛行甲板長度有更大的餘裕，可讓XFD-1不依靠彈射器的幫助自行滑跑起飛（註五）。羅斯福號於隔天出海，但原訂的首次航艦試飛日期，因飛機電氣系統故障而延後一天。

註五：羅斯福號配有兩套當時最強力的H 4-1液壓彈射器，理論上可將兩萬八千磅重機體以七十八節速度射出。XFD-1最大起飛重量雖只有一萬磅，但配備的兩具西屋19XB-2B渦輪噴射發動機推力不足，若搭配H 4-1彈射器起飛，無法確認該機能否在彈射行程內（約一百五十呎）加速到起飛速度，於是美國海軍最後決定改以較長的滑跑距離，來讓該機自力起飛。

■ 美國海軍首次噴射機航艦起降試驗，是在1946年7月21日由戴維森少校(James Davidson)駕駛XFD-1 2號原型機進行，較英國晚了七個多月。當天清晨，戴維森駕著XFD-1在羅斯福號甲板上進行了五次成功的起降試驗，遇到的唯一問題是噴射發動機對減速的操作反應太慢，這也是早期噴射發動機的通病。

■ 美國海軍首次噴射機航艦起降試驗是在中途島級的羅斯福號（CVB 42）上進行，選上羅斯福號的原因，在於中途島級是當時美國海軍最大型航艦，飛行甲板長度有更大的餘裕，可讓XFD-1不依靠彈射器的幫助自行滑跑起飛。

七月二十一日清晨，由戴維森少校（James Davidson）駕駛的XFD-1在羅斯福號甲板上滑行了四百六十呎（一百四十公尺）後起飛，盤旋一周後又降落回艦上，成功完成了美國海軍史上第一次噴射機航艦起降。在一個半小時內，戴維森駕機一共進行了五次起降，每次著艦後都加滿油以維持一致的起飛重量，五次起飛中，最短的滑行起飛距離僅三百六十呎（一百一十公尺），顯示這種機型具有在較小型航艦上起降的能力。

於是在落後英國皇家海軍七個多月後，美國海軍也完成了首次噴射機航艦起降試驗，雖然進度較慢，不過美國海軍使用的XFD-1是專為航艦作業而設計的機型，比起英國以改裝的陸基型吸血鬼戰機進行的試驗，更具實用化意義。

■ 從塞班號輕航艦上升空的VF-17A所屬FH-1，VF-17A中隊也是世界上第一支獲得航艦操作認證的艦載噴射機作戰單位。

噴射機投入航艦服役

隨著美國海軍在一九四七年將麥克唐納的公司代碼從D改為H，所以FD幽靈的編號也跟著被改為FH。在首次航艦起降試驗過後一年的一九四七年七月二十三日，麥克唐納將首批十六架FH-1量產機交付給VF-17A中隊。VF-17A則在一九四八年五月五日到七日間，在塞班號輕航艦（USS Saipan CVL 48）上完成了航艦運用資格認證（CQ），成為世界上第一支獲得航艦作業資格的噴射機作戰單位。

■ 麥克唐納的FH-1幽靈飛行性能平庸，不過卻是美國海軍第一代噴射戰機中起降性能最好的，率先獲得了航艦操作認證。另兩款機型——北美的FJ-1航艦作業認證失敗，沃特F6U甚至還未進行航艦起降測試就取消發展。

繼FH-1後，北美XJ的原型機XFJ-1也在一九四六年九月十一日首飛，很快就在一年後的一九四七年十月開始交付三十架FJ-1量產機，並在稍後的一九四八年三月十日，由VF-5A中隊在拳師號航艦上（USS Boxer CV 21）完成了首次由正規作戰單位所執行的噴射機航艦起降作業（註六）。

註六：英國皇家海軍在一九四五年十二月完成的史上首次噴射機航艦起降試驗，是一次由專業試飛員進行的純粹試驗性活動；而美國海軍在一九四六年七月完成的首次航艦起降試驗，也是由試飛單位以XFD-1試驗用原型機執行。因此世界上第一個由正規作戰單位、以符合作戰狀態的量產型噴射機，所執行的首次航艦起降，是VF-5A中隊以FJ-1在一九四八年三月進行的這次作業。另外在VF-5A之前，FJ-1已在一九四七年間由試驗單位進行過初步的航艦起降試驗，不過詳細日期已不可考。

當天在VF-5A指揮官奧蘭德中校（Pete Aurand）與執行官艾爾德少校（Robert Elder）駕駛下，兩架FJ-1先後降落在拳師號上，隨後分別採用自力滑行與利用艦上H 4B彈射器兩種方式依序起飛，盤旋一周後再次降落，然後再於彈射器協助下第二次起飛。其中那次自力滑行起飛是由奧蘭德中校所進行，他在第一次著艦後，決定嘗試一次不使用彈射器的滑行起飛，不過由於飛機加速過慢，最後他在差點落到海面之前才勉強拉起升空。

FJ-1的生產數量很少，也不像FH-1般享有「第一種專業艦載噴射機」的榮譽，而且由於唯一裝備FJ-1的VF-5A中隊（後來番號改為VF-51），在一九四八年八月於普林斯頓號航艦（USS Princeton CV 37）上進行的航艦運用資格認證，是以失敗告終——受發動機壽命過短、故障頻繁與起落架問題拖累，FJ-1在認證測試過程中事故連連，最後認證程序被普林斯頓號的艦長下令中止。由於航艦操作認證失敗，也導致FJ-1未能獲准執行實際的航艦實戰部署任務。VF-51中隊不久後就換裝新發展的F9F，剩餘的FJ-1都移交給預備役單位當作訓練機使用。儘管FJ-1未能進入實戰部署，不過這款機型卻是日後一代名機F-86軍刀（Sabre）與FJ-2/3/4狂怒（Fury）系列的前身，在航空史上仍占有一席之地。

至於負責開發F6U的沃特公司，亦緊接在北美公司之後，於一九四六年十月二日完成了XF6U-1原型機的首飛（只比北美XFJ-1的首飛晚了三週）。

北美FJ的發展稍晚於麥克唐納FH，不過配備FJ-1的VF-5A中隊，率先於1948年3月10日於拳師號航艦上，完成首次正規作戰單位所進行的噴射機航艦起降作業。照片為當天VF-5A所屬FJ-1在拳師號上準備起飛的情形。

北美公司的FJ-1雖完成了初步的航艦起降試驗，但由於VF-5A中隊在普林斯頓號航艦上進行的FJ-1航艦運用資格認證，最後以失敗告終，未能進入實際部署，不過FJ-1是日後F-86軍刀與FJ狂怒戰機的前身，在航空史上仍占有一席之地。

相較於同時期發展的F2H與FJ-1兩款機型，F2H以兩具J34發動機（每具推力三千至三千兩百五十磅）為動力來源，FJ-1則採用一具推力較大的J35發動機（四千磅推力），但F6U卻只配備一具J34，因此存在明顯的推力不足問題——F6U的機體重量與FJ-1相近，發動機推力卻少了三分之一，試飛結果亦顯示F6U的性能欠佳，沃特提出的改進方法則是為發動機配備後燃器。

首飛過後一年多，一架改裝了西屋J34-WE-30發動機的XF6U-1原型機於一九四八年三月五日展開試飛，成為美國海軍第一種配有附後燃器噴射發動機的艦載噴射機，最大推力比前兩架原型機搭載的J34-WE-22高出百分之三十六・六（四千一百磅對三千磅）。

藉由後燃器的幫助，F6U的航速較北美FJ或麥克唐納FH都更快，爬升性能亦不錯，但後燃器的運作並不穩定，經常無法啟動，加上在操縱穩定性方面也始終問題不斷，發展進度不斷遲延，不僅遠遠落後給同時啟動開發工作的FH-1與FJ-1，當第一架F6U-1量產機在一九四九年六月開始試飛時，連較晚開發、技術更新穎的F2H與F9F等機型都已經開始量產服役。

到了一九四九年十月為止，沃特僅向海軍交付了兩架F6U-1量產機，後來情況稍有改善，沃特趕在一九五〇年二月完成全部三十架量產機的交付，大部分都交付給VX-3測試中隊，另有一架被改裝為F6U-1P照相偵查機。但美國海軍仍在一九五〇年十月決定不將F6U投入一線部隊服役，在完成了三架原型機與三十架量產機後便中止發展，也未進行過任何航艦起降測試，全部三十三架機體只累積九百四十五小時飛行時數，多數F6U量產機都只有十小時飛行時間，也就是進行完驗收試飛後，便直接飛到封存地點。

■ 在美國海軍於二戰末期開始發展的幾種第一代噴射戰機中，沃特公司的F6U是唯一未能進入服役者（雖然其他幾種機型的服役數量也都不多），僅有的三十架量產機全部一共只累積九百四十五小時的飛行時數。

比起前面幾款機型，接下來問世的麥克唐納XF2D-1地位更為重要。如前所述，XF2D-1是XFD-1（FH-1）的放大改良型，憑藉著推力高出一倍的J34發動機，讓XF2D-1得以擁有更大的機體，內載燃油量足足增加了百分之四十，搭配翼展更長、面積更大、且更薄的主翼，不僅起飛總重與航程較XFD-1增加百分之八十，航速也快了將近一百哩，爬升率亦大幅提高。

■ 美國海軍三種第一代艦載噴射機合影，由前而後依序為沃特F6U-1、麥克唐納F2H與FH-1，除F6U外，後兩款都有實際進入服役。從照片可發現F6U為解決穩定性不佳問題而在水平尾翼兩端附加的垂直安定面。

由於有著XFD-1奠定的基礎，XF2D-1的開發進度相當迅速，首架原型機於一九四七年一月十一日完成首飛，海軍對試飛結果十分滿意──原型機在首次試飛中就達到驚人的每分鐘九千呎爬升率，超過XFD-1兩倍，也比當時海軍主力攔截機F8F快兩倍，於是美國海軍很快就在同年五月

■ F2H女妖戰機是以FH-1幽靈為基礎放大、換裝更強力發動機的發展型，也是美國海軍最重要的第一代艦載噴射戰機，照片為並排展示的XF2D-1原型機(F2H，前方)與XFD-1原型機(FH-1，後方)，可見到兩者的氣動力構型大致一致，但XF2D-1尺寸更大，機頭也更尖銳流線。

訂購了五十六架量產機。隨著麥克唐納公司代號的更動，XF2D-1的量產型代號被變更為F2H-1，並於一九四八年八月開始交機，只比FH-1首架量產機的交機時間慢了一年（原型機首飛時間比FH-1慢了兩年，但量產機交機時間卻只慢一年，可見F2H的開發與生產是多麼迅速）。

F2H-1的產量雖然不多，但接下來延長前機身、內載燃油量增加百分之六十六、發動機推力也提高百分之十的改良型F2H-2，訂單便達到三百零八架，還衍生出戰鬥轟炸機型F2H-2B（二十五架）、配備雷達的單座夜間戰鬥機型F2H-2N（十四架）與攜帶照相機的偵查型F2H-2P（八十九架），總產量超過四百架，是美國海軍第一種大量部署的艦載噴射機，相較下，先前FH-1與FJ-1的產量分別只有六十架與三十架。加上後來陸續推出的F2H-3與F2H-4系列，整個F2H家族的總產量達到了八百九十五架，構成了美國海軍第一代艦載噴射機的骨幹力量。

■ 麥克唐納F2H是美國海軍第一種大量部署的艦載噴射機，如照片中停放在艾賽克斯號航艦上的F2H-2，產量便達到四百零六架，整個F2H家族的產量則高達八百九十五架，是美國海軍第一代艦載噴射機主力。

陸基型噴射機的航艦運用測試

除了專門發展的艦載噴射機外，美國海軍也曾引進原為陸軍航空軍發展的陸基噴射機並且進行了航艦起降試驗。

雖然美國海軍已於一九四三年八月與麥克唐納公司簽訂XFD-1的研製合約，不過為了平息部分海軍官員對於麥克唐納缺乏開發經驗的質疑，海軍航空局也同時評估了當時已有的其他噴射機機型，以作為XFD-1可能的備案。海軍航空局在一九四五年初訂購了兩架洛克希德的P-80A射星（Shooting Star）戰機，從同年六月起在Patuxent River海軍航空站展開了一系列測試。

經過一年多的試飛、以及與當時海軍主力戰機F8F的模擬空戰測試後，美國海軍在一九四六年十月三十一日將其中一架改裝過的P-80A（加裝尾鉤與彈射梭連接器）吊運到羅斯福號航艦上，隔天十一月一日，藉由三十五節甲板風的幫助，這架P-80A在陸戰隊飛行員馬里恩・卡爾少校（Marion Carl）駕駛下，以輕量構型成功在羅斯福號上完成了四次滑行起飛、兩次彈射起飛，以及數次攔阻著艦（註七）。十天後的十一月十一日，馬里恩・卡爾又駕著同一架P-80A在羅斯福號上完成了第二輪的航艦起降試驗。

註七：P-80A這次航艦起降測試，只比由XFD-1進行的美國海軍首次噴射機航艦起降測試晚三個多月。由於P-80是種技術更成熟的機型——原型機XP-80早在一九四四年一月便首飛成功，比XFD-1早了一年，量產型P-80A則在一九四五年二月服役，此時XFD-1才剛首飛——因此有傳言指出，原本P-80A應可搶在XFD-1之前率先進行航艦起降測試，不過為了讓「真正的海軍噴射機」獲得首先完成航艦起降的榮譽，海軍的P-80A測試團隊刻意等到XFD-1完成航艦起降試驗後，才進行自己的航艦測試。

在實際展開航艦試驗之前，洛克希德便已向海軍提議開發艦載型P-80B。由於P-80的極速要比FD-1快了一百哩以上，這個提案具有一定程度的吸引力，部分不滿海軍航空局找上麥克唐納開發FD-1的海軍官員，便希望終止FD-1、改以購買技術更成熟、航速也更快的P-80B作為替代。但海軍當局考慮到此時海軍航空局手上已經有超過半打艦載噴射戰機開發案正在進行中，且實測結果也顯示，P-80的航艦起降性能並不盡理想——自力滑跑起飛距離超過FD-1/FH-1兩倍以上，即使採用彈射時起飛，對起飛重量也有較大限制，洛克希德的提案最後未被接受，美國海軍仍傾向於採購一開始便是專為航艦操作而研發、起降性能更好的FD-1/FH-1。

■ 除了專為海軍設計的機型外，美國海軍亦評估過原為陸軍航空軍開發的洛克希德P-80戰機在航艦上操作的可行性，並在1946年11月1日由陸戰隊飛行員馬里恩．卡爾少校成功完成P-80A的航艦起降試驗。不過最後美國海軍並沒有將P-80A配備到航艦上，只買了少量P-80C與近七百架T-33作為訓練使用。

不過到了一九四八年初，局面又有所改變，隨著噴射機的發展日益成熟，美國海軍與陸戰隊都認識到必須盡快讓飛行員們熟悉噴射機的操作，但海軍第一代噴射戰機如FH-1、FJ-1的產量都很少，繼這些機型之後開發的麥克唐納F2H與格魯曼F9F，此時仍處於試飛階段，為盡快獲得可用的噴射機，海軍便從空軍的庫存中取得了五十架P-80C（美國陸軍航空軍已於一九四七年獨立為空軍），賦予TO-1的編號分別交給海軍與陸戰隊訓練單位使用，接下來又從一九四九年起陸續向洛克希德購買了多達六百九十八架P-80的雙座衍生型T-33，賦予TO-2的編號作為雙座教練機使用。

儘管採購了大量TO-1與TO-2，但美國海軍只將這兩種機型用於陸基訓練，並未部署於航艦上、或配合航艦進行起降訓練（美國海軍後來在一九五〇年將TO-1與TO-2的編號改為TV-1與TV-2）（註八）。

註八：雖然T-33/TV-2沒有被用於航艦起降訓練任務，但以這款機型為基礎，洛克希德自費開發了第一種專為航艦起降操作而設計的噴射教練機L-245，被海軍接受後，命名為T2V海星（Sea Star）於一九五七年開始服役，一直作為標準艦載噴射教練機使用到一九七〇年代。

■ 為了盡快讓飛行員們熟悉噴射機的操作，美國海軍與陸戰隊曾在1948～1949年間引進P-80C戰機與P-80的雙座教練型T-33，分別賦予TO-1與TO-2的編號，供作訓練使用，但這批噴射機只被用於陸基訓練，並未部署於航艦上、或是配合航艦進行起降訓練。

從領先到落後的英國海軍

在英國皇家海軍方面，雖然搶先美國海軍一步完成了史上首次噴射機航艦起降試驗，但卻沒有像美國海軍般獨力啟動艦載噴射機的開發，皇家海軍的第一代實用型噴射戰機，幾乎都是由原為皇家空軍設計的陸基操作機型衍生發展而來。

皇家海軍第一種投入服役的噴射戰機是Supermarine公司的攻擊者（Attacker）。

■ Supermarine的攻擊者是英國皇家海軍第一種投入服役的噴射戰機，照片為NAS 800中隊所屬的三架攻擊者，NAS 800也是英國第一支裝備噴射機的第一線艦載戰機中隊。

攻擊者原先是針對皇家空軍一九四四年E.10實驗噴射戰機計畫需求設計的機型，沿用了Supermarine稍早發展的憎惡式（Spiteful）活塞螺旋槳動力戰機的層流翼設計，最初只是一種改用一具勞斯萊斯Nene噴射發動機為動力的憎惡戰機「噴射化」版本。後來皇家海軍也加入開發計畫，試圖發展海軍型。

皇家海軍與皇家空軍共同在一九四四年八月訂購了三架攻擊者原型機（其中2號機與3號機歸屬海軍），後來又在一九四五年七月訂購了二十四架預量產機（海軍占十八架）。但由於憎惡式戰機在試飛中遭遇了操縱性問題，連帶也拖累到攻擊者的發展，二十四架預量產機的訂單遭到擱置，而首架攻擊者原型機則一直拖到一九四六年七月才完成首飛。

■ 1952～1953年間部署在老鷹號航艦上的NAS 800與NAS 803中隊所屬攻擊者FB.2戰機。攻擊者是皇家海軍第一種實用化的艦載噴射戰機，不過由於試飛發展不順，雖然1944年就啟動發展，但拖到1951年才投入服役，以致率先完成噴射機航艦起降試驗的皇家海軍，在實用型噴射機服役時間上反而落後給美國海軍許多。照片中可注意到攻擊者沒有採用噴射機常用的前三點式起落架，而仍沿用螺旋槳飛機的後三點式起落架，因而存在降落航艦較不便的缺陷。

考慮到攻擊者的性能相較於流星、吸血鬼等現役噴射機並無顯著提高，皇家空軍最後拒絕採購（攻擊者的前身——憎惡式戰機，同樣也遭到皇家空軍放棄，未獲實際採用），但皇家海軍仍繼續支持Supermarine公司發展攻擊者的海軍型，並在一九四七年六月十七日進行了海軍型原型機的首飛，很快又在同年十月於光輝號（Illustrious）航艦上展開了艦載飛行試驗。

由於攻擊者仍舊採用螺旋槳飛機常用的後三點式起落架，降落航艦時不像多數噴射機採用的前三點式起落架那樣方便，還有發動機尾焰較容易傷害飛行甲板的問題，試飛過程並不十分順利。一直到原型機首飛將近四年後的一九五一年八月，海軍版攻擊者的首批量產型——攻擊者F.1，才跟著NAS 800中隊一同在老鷹號航艦上進入服役，成為皇家海軍首支配備噴射戰機的實戰單位，比美國海軍FH-1的成軍服役時間晚了足足三年多。率先完成噴射機航艦作業試驗的英國皇家海軍，最後在實用型艦載噴射機的服役時間方面，反而落後了美國海軍許多。

至於第一種被用於航艦起降實驗的噴射機——迪哈維蘭（de Havilland）吸血鬼，皇家海軍後來也引進了海軍化的版本，稱作海吸血鬼（Sea Vampire），不過量產型海吸血鬼F.20直到一九四八年十月才開始試飛，而且只生產了十八架，大都用於試驗與訓練，並未投入第一線服役（註九）。

另外原先被認為不適合航艦作業的流星戰機，後來的情況也有所改觀。皇家海軍接收了兩架修改過的流星F.3（去除了一切不必要裝備，換裝強化的起落架、增設捕捉鉤），並於一九四八年六月八日，在試飛員艾瑞克．布朗少校駕駛下成功在怨仇號（Implacable）航艦完成起降測試，這也是英國最早的雙發動機噴射機航艦起降試驗，隨後皇家海軍又以這兩架流星F.3在怨仇號與光輝號上進行了一系列起降測試（部分資料記載為三十二次），證明了流星戰機的航艦作業能力（註十）。

■ 原先被認為不適合航艦作業的流星戰機，後來情況也有所改觀。皇家海軍接收了兩架修改過的流星F.3，在試飛員艾瑞克．布朗少校駕駛下，於1948年6月8日成功在怨仇號（Implacable）航艦完成起降測試，這也是英國最早的雙發動機噴射機航艦起降試驗。（上）（下）

註九：皇家海軍後來在一九五〇年代中期採購了七十三架雙座的海吸血鬼T.22，並長期作為標準高級教練機使用。

註十：流星F.3採用兩具推力兩千磅的Derwent I渦輪噴射發動機，推力比流星F.1的W.2B/23C發動機（一千七百磅推力）高出百分之十七．六，另外還有外型經過改進、長度加長的發動機艙與新的氣泡座艙罩，起降與飛行速度等性能均有顯著改善。部分資料記載皇家海軍接收的這兩架流星F.3（序號EE337與EE387），另含有部分等同於F.4規格的修改，是一種F.3/F4混合構型。而流星F.4最大的設計變更，則在於換裝全新的Derwent V發動機，推力達三千五百磅，具備遠超先前幾種流星戰機的性能。但不清楚皇家海軍的那兩架流星F.3/F4是否也換裝了Derwent V發動機。

■ 齊聚一堂的四種美國海軍早期噴射機，由前而後分別為F7U-1、F2H-2、F9F-2與F6U-1。

勢不可擋的噴射化潮流

在前述第一代艦載噴射機陸續開始試飛的同時，英、美兩國海軍又展開了新一代艦載噴射機的開發。

在二戰結束前夕的一九四五年六月，美國海軍發出一份新型日間噴射戰機的需求，要求這種新機型需具備時速六百哩（九百六十六公里）、升限四萬呎（一萬兩千一百九十公尺）的空前性能。一共有六家廠商提出十二個設計案參與這項計畫的競標，由於海軍提出的極速要求比第一代噴射機高出七十至一百哩之多，為達到這樣高的性能要求，部分廠商在剛獲得的納粹航空技術情報啟發下，提出了採用後掠翼、無尾翼後掠梯形翼等全新構型設計，面貌與沿用活塞螺旋槳飛機直線翼構型的第一代噴射機大不相同。

經審查後，在一九四六年四月的決選階段只剩下沃特V-346A（無水平尾翼後掠梯型翼＋雙垂直尾翼）、V-346B（後掠翼＋傳統尾翼）與道格拉斯D-565（直線翼）等三個設計案，最後由沃特V-346A勝出，於一九四六年六月獲得製造三架XF7U-1原型機的合約（註十一）。

註十一：一九四八年九月二十八日首飛的XF7U-1，是美國海軍第一種進行試飛的後掠翼艦載噴射機，不過由於技術問題導致事故連連，三架XF7U-1原型機全部墜毀，十四架F7U-1預量產機也損失兩架，拖到一九五一年七月才進行航艦適應性測試，但結果卻被判定不適合航艦操作。一直到經過大幅改進、並換裝J46發動機的F7U-3才勉強被海軍接受，最後在一九五四年七月通過航艦操作認證，獲准投入服役。不過這時候格魯曼F9F的後掠翼改進型F9F-6，已搶先在一九五二年底進入服役，搶去了原本應由F7U獲得的「第一種服役的海軍後掠翼噴射機」榮譽。

在發展第二代日間噴射戰機的同時，美國海軍也在一九四五年後期提出發展配有雷達的夜間噴射戰機需求，要求配備一套具有一百二十五哩偵測距離的機載雷達、且具備不低於五百哩（八百零五公里）的時速與至少四萬呎的升限。一共有五家廠商投標，最後由道格拉斯的D-561方案勝出，於一九四六年四月簽訂研製三架XF3D-1原型機的合約，這也是世界上第一種配有雷達的全天候艦載噴射戰機。

不過在夜間戰鬥機競標案中失利的格魯曼G-75設計案，也得到起死回生的機會。考慮到美國海軍既有的噴射機幾乎全都採用西屋發動機——剛簽訂發展合約的F7U與F3D都以西屋的J34發動機為動力來源、先前的FH-1與F2H也分別採用西屋的J30與J34，非西屋動力的機型只有FJ-1（採用GE

的J35），為了分散風險，美國海軍指示格魯曼將原本採用四具西屋J34發動機的G-75設計案，改為一具普惠J42發動機（J42是英國勞斯萊斯授權美國普惠生產的Nene發動機美國版），美國海軍接受了格魯曼修改後的G-79D方案，於一九四六年十月授予該公司研製XF9F-2的合約（XF9F-1編號是用於先前的G-75），這也讓二戰中壟斷海軍艦載機市場的格魯曼與普惠兩家公司，得以在噴射時代重回海軍艦載機市場。

在英國皇家海軍方面，繼Supermarine攻擊者之後，也引進了新的噴射機。霍克公司（Hawker）從一九四四年底開始研究噴射機，並以該公司海狂怒（Sea Fury）活塞動力艦載戰機的構型為基礎推出了P.1035設計案，後來進一步發展成P.1040，希望提供給英國皇家空軍作為高速攔截機使用。

接下來的故事幾乎是Supermarine攻擊者的翻版——皇家空軍對於P.1040興趣缺缺，認為性能相對於既有的流星與吸血鬼並沒有顯著進步，於是霍克公司將推銷對象轉向皇家海軍，於一九四六年一月向皇家海軍提出P.1040的海軍化版本P.1046，P.1046與攻擊者同樣採用勞斯萊斯Nene發動機。皇家海軍對這個

■ 美國海軍在1945年6月發出的第二代艦載噴射戰機標案中，提出了遠超過上一代機型的高性能要求，為達到海軍需求，最後得標的沃特F7U採用了無水平尾翼後掠梯型翼+雙垂直尾翼的嶄新設計，照片為試飛中的XF7U-1原型機，該機獨特的機翼構型清晰可見。　Chance Vought

表A 英、美海軍的艦載機「噴射化」進程對照

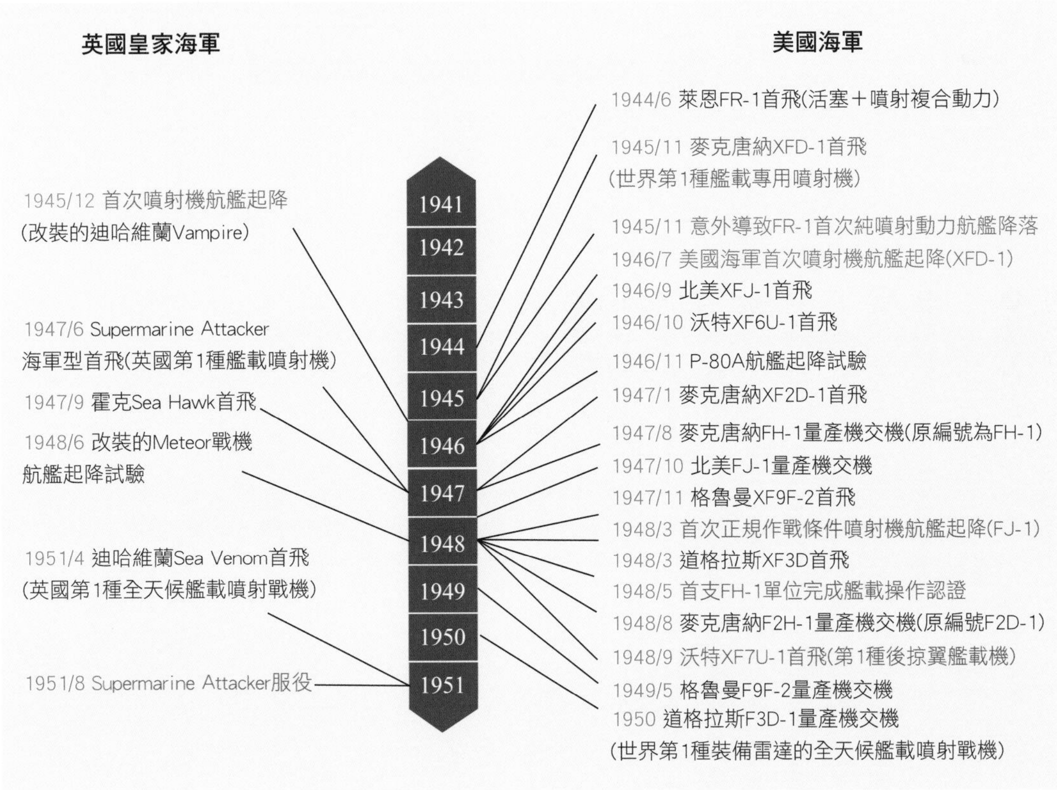

設計印象十分深刻，隨即訂購了三架原型機，最後發展為海鷹（Sea Hawk）戰機。

在美國海軍之後，英國皇家海軍也在一九四六年開始討論發展配有雷達的夜間艦載噴射戰機需求，隔年一月皇家空軍亦在F.44/46需求案中提出類似的夜間噴射戰鬥機需求，最後有格洛斯特GA.5與迪哈維蘭DH.110兩個設計案，參與這場海、空軍雙重需求競標。

如同美國的新一代噴射機，這兩個設計案也都採用了全新構型，格洛斯特採用了無尾翼三角翼設計，迪哈維蘭則以該公司傳統的雙尾衍設計搭配新的後掠翼，搭配新研發的勞斯萊斯Avon或阿姆斯壯・雪德萊（Armstrong Siddeley）的Sapphire等新型軸流式發動機，可將航速提高到〇・九馬赫以上（甚至略為超過音速）。但皇家海軍在一九四九年決定改用較便宜、且能快速交機的機型，選擇迪哈維蘭以吸血鬼改良而來的毒液（Venom）雙座型來滿足夜間作戰需求，於是由皇家空軍毒液NF.2雙座夜間戰鬥機發展而來的海毒液（Sea Venom），便成為皇家海軍第一種夜間噴射戰機（註十二）。

表B 英、美海軍早期艦載噴射機發展時程對照

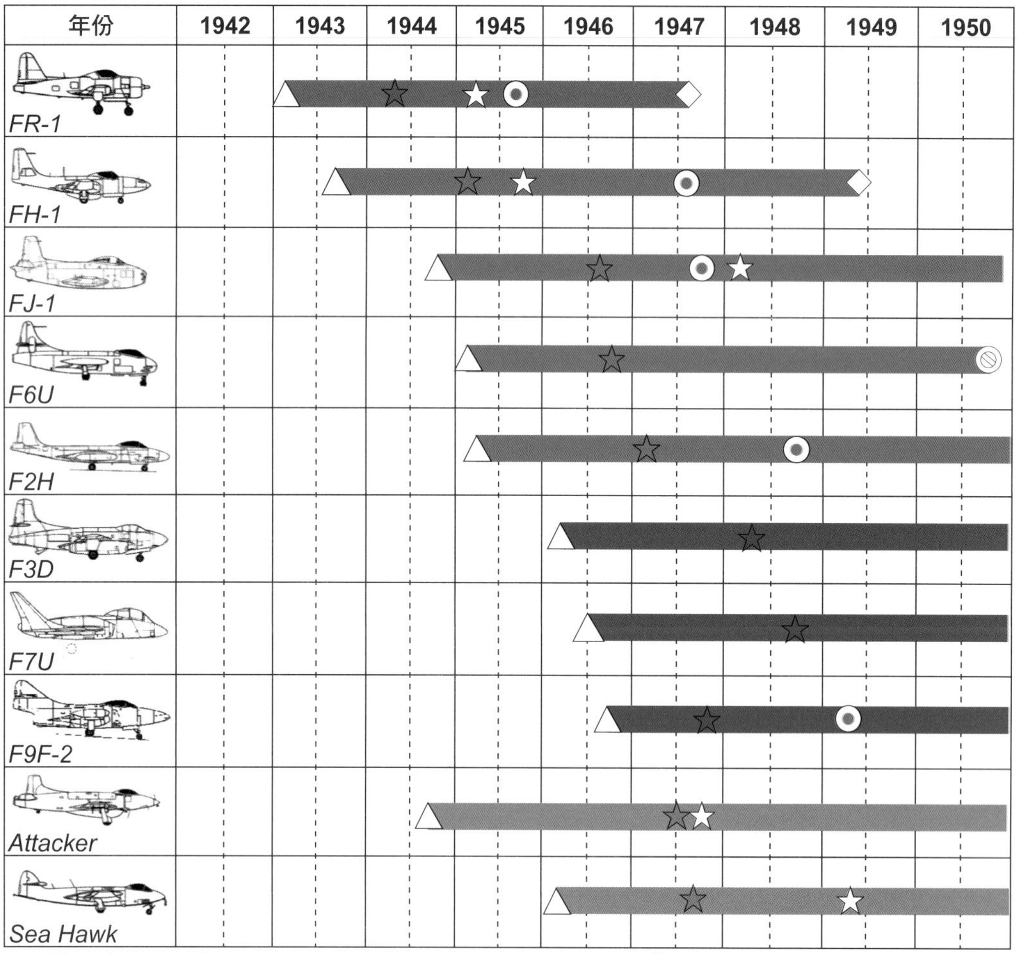

△：簽訂合約；★首飛；☆航艦試驗；◎交機服役；◇除役；⊘中止發展

註十二：至於皇家空軍則在漫長的測試評估後，選擇了格洛斯特的GA.5設計案，發展為標槍（Javelin）戰機。不過皇家海軍也再度發揮了「撿拾空軍淘汰設計」的傳統，於一九五四年底決定採用迪哈維蘭DH.110，以由DH.110發展而來的海雌狐（Sea Vixen）戰機來取代海毒液戰機的艦隊夜間防空攔截角色。

從二戰後期的一九四三年起算，到二戰結束後剛滿一年的一九四六年底，短短三年時間內，美國海軍便已啟動了七款艦載噴射機的開發計畫，英國皇家海軍也發展了三種艦載噴射機，並正在研擬一種夜間戰鬥機的開發，顯示海軍艦載機的「噴射化」浪潮，已經是勢不可擋。

Chapter 2

適應不良的航空母艦與噴射機

隨著英、美兩國海軍陸續展開在航艦上操作噴射機的試驗，並先後啟動了艦載用噴射機的開發工作，到了一九四四至一九四五年時，趨勢已經非常明顯——噴射機必將成為未來航艦艦載機的主流。

但噴射機的性能特性，與先前慣用的活塞動力螺旋槳飛機頗為不同，起降特性更是大異其趣，因此如何妥善因應噴射機在航艦上的操作需求，也就成了當務之急，率先回應這個問題的，依舊是英國皇家海軍。

一九四四至一九四五年間的冬天，英國皇家海軍一個資深軍官委員會在檢討日後的艦載機發展時，認為未來大多數的艦載機都將會是噴射機，因此必須設法修改航艦設計，使之能適應早期噴射機的特性，包括：

◆噴射機的降落速度高於活塞發動機飛機。事實上，為了得到最佳的控制效果，噴射機飛行員必須在發動機動力開啟的情況下著艦，而不像駕駛活塞動力螺旋槳飛機時，可在看到降落信號官發出「cut」信號後，就關閉發動機。

◆噴射機起飛時的加速較活塞動力飛機緩慢，從航艦甲板起飛時必須透過彈射器的輔助。

◆早期的噴射發動機遠比活塞發動機耗油，因此如何設法延長噴射機的滯空時間也就更形重要，尤其是要讓噴射機承擔戰鬥空中巡邏（CAP）等任務時。

噴射機的「航艦適應不良症」

簡單的說，噴射機在航艦操作上的主要問題，便在於既不容易降落、起飛性能也差、而且發動機又耗油。

噴射機的降落性能問題

突破螺旋槳效率的限制、追求更好的速度性能，是戰鬥機發展從活塞動力螺旋槳推進，轉為噴射動力推進的主要目的之一，為了達到這個目的，噴射戰機也採用了高速取向的氣動力設計。

第一代噴射機雖然與同時期的活塞動力飛機同樣為直線翼構型，但都採用了更有利於發揮高速性能的設計，如較高的翼負荷、更薄的主翼等，但這卻同時帶來了減損起降性能的副作用，高翼負荷與薄主翼的升力相對較低，飛機必須維持較高的速度才能擁有足夠的升力，以致第一代噴射機的失速速度明顯高出螺旋槳飛機一截，連帶造成進場速度（Approach speed）與降落速度（Landing Speed），普遍比活塞動力飛機高出不少（見表一）（註一）。

註一：按現在的民航標準，為了確保安全，飛機進場速度至少應為失速速度的一・三倍以上，降落速度則約為失速速度的一・二五倍。不過半個多世紀前的軍方標準沒這樣嚴苛，有時候訂出的進場速度只比失速速度高五節不到。在一九五三年十月完成*The Minimum Landing Approach Speed of High Performance Aircraft*報告之前，美國海軍是以一・一倍失速速度作為進場速度的基準，而後才提高到失速速度的一・二倍。

二戰時期主要的活塞螺旋槳戰鬥機，降落速度大都在七十至八十節左右，某些機型還可將降落速度壓低到六十多節。相較下，與活塞動力飛機同樣採用直線翼的第一代噴射機中，除了起降性能超群的FH-1，能將降落速度壓低在接近螺旋槳飛機的九十節以下外，其餘機型的降落速度大都在一百節上下，一些機型甚至接近一百一十節（詳見表一）。

噴射機較高的進場與降落速度，對於航艦降落操作來說是一大致命傷。顯然地，飛機進場或降落

■ 噴射機的進場與降落速度較螺旋槳飛機高出許多，要以尾鉤勾住航艦甲板攔截索的難度也隨之增加，飛行員可用的操縱反應時間，與允許的錯誤餘裕都減少許多，因此噴射機的航艦降落作業危險性，也比螺旋槳飛機大幅增加。如照片中正降落到拳師號航艦上的FJ-1，降落速度就比F4U、F6F等螺旋槳機型高出近百分之三十。

■ 螺旋槳飛機的進場與降落速度遠低於噴射機，如照片中的SBD（上）與TBF（下）兩種二戰時期美國海軍主力艦載機，降落速度分別只有六十五節與六十六節，這對噴射機而言可說是不可思議的低速度。

速度越高，則以尾鉤勾住航艦甲板攔截索制動停止的難度也隨之增加，第一代噴射機的進場與降落速度比起先前的活塞動力艦載機高出百分之二十五至百分之四十，飛行員可用的操縱反應時間與允許的錯誤餘裕，都大幅減少，對於習慣駕駛活塞螺旋槳飛機的飛行員來說，要駕駛噴射機降落在航艦上，將是一大挑戰，對新手飛行員來說更是如此。

而接下來採用後掠翼或三角翼的第二代噴射機，降落速度更是進一步攀升，進場速度普遍達到一百一十節至一百二十節，某些機型甚至達到一百三十至一百三十五節，降落速度亦是從一百節起跳，降落航艦的難度更形增加。

除了進場與降落速度過高以外，噴射機的航艦降落還面臨了其他問題。由於早期的噴射發動機油門操作反應很慢，因此在降落時，飛行員亦較難以適時的調節推力，來因應各種突發狀況。例如碰到需要緊急拉起或加速的情況時，飛行員即使立即拉大油門，但發動機卻無法即時的隨油門操作提供更大的推力。

不過，噴射機也有相對於螺旋槳飛機的優勢。多數螺旋槳飛機都是採用拉進式，由位於最前端的螺旋槳「拉」著發動機與飛機機身前進，螺旋槳與發動機都是安裝在座艙前方（就單發動機飛機而言），故座艙位置也相對較為靠後，以致影響飛行員越過機頭的前下方視野；相較下，噴射機的發動機大都是安裝於座艙後方（某些早期噴射機是將發動機安置於座艙下方），故座艙可以設置在更靠近機頭的位置，飛行員越過機頭的前下方的視野更佳，降落時可提供較單發動機螺旋槳飛機更理想的視野。

另外，噴射機通常採用前三點式起落架，比起絕大多數螺旋槳飛機採用的後三點式起落架，不僅地面滑行時的方向穩定性更好，由於降落時採用主輪兩點觸地，比起通常採用三輪同時觸地的後三點式起落架飛機，可讓飛行員有更好的前向視野、操縱也較為容易，另外還有發動機排氣尾焰較不會傷及飛行甲板的附帶效益。

表一 主要二戰螺旋槳戰機與第一代艦載噴射機進場/降落速度對比

類型	機型	進場或降落速度(kt)	失速速度(kt)
活塞動力	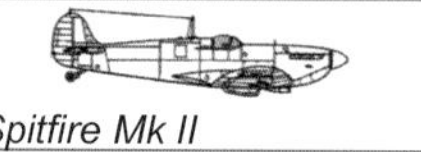 Spitfire Mk II	58(降落/襟翼放下)	59～67
	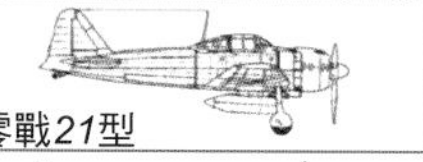 零戰21型	70～72(進場) 60～64.5(降落)	56～74
	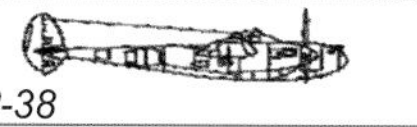 P-38	74(降落)	～91
	 P-47N	102(降落/襟翼收起) 85(降落/襟翼放下)	85～96
	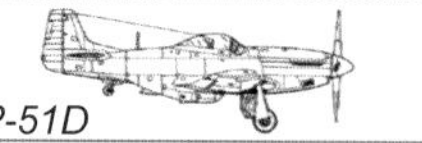 P-51D	86/100(降落)	78～82[1]
	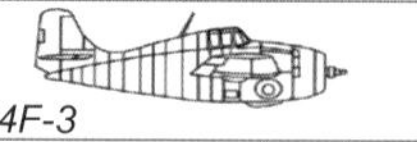 F4F-3	66(降落)	62～68
	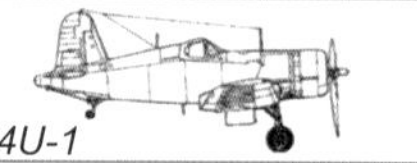 F4U-1	82～87(進場) 80(降落)	61～76
	 F6F-3	75～85(降落)	62～79
	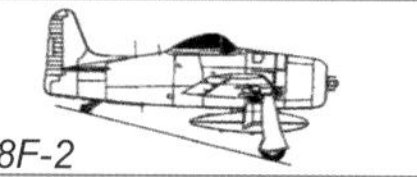 F8F-2	80～85(進場) 76～91(降落)	70～96(襟翼收起) 66～92(襟翼放下)
	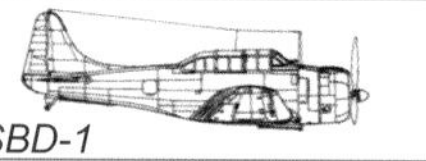 SBD-1	65(降落)	～65
	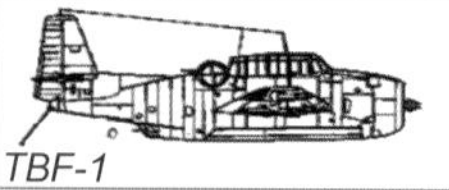 TBF-1	66(降落)	61
	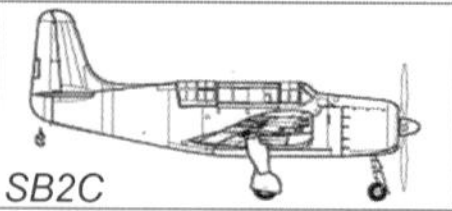 SB2C	68(降落)	65
	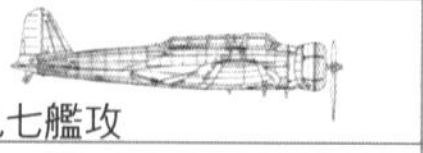 九七艦攻	59.9～63.7(降落)	—
	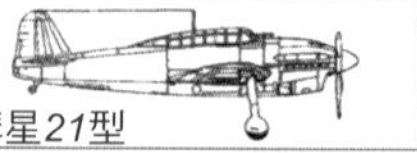 彗星21型	76(降落)	—
	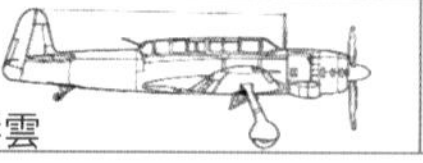 彩雲	65～71 (降落)	—

高速與起降性能的兩難

為了突破活塞發動機—螺旋槳推進機制所造成的制約，追求更高的速度性能，是戰鬥機發展在一九四〇年代中期開始轉向噴射推進的最主要原因。

第一代噴射戰機雖然沿用了與同時期活塞螺旋槳飛機相同的直線翼，但為了提高速度性能，都採用了有利於高速的設計，如較高的翼負荷、更薄的主翼等。翼負荷越高，代表機翼面積相對較小，有助於減少阻力，以便提高速度與爬升性能；而主翼厚弦比又與阻力係數（Cd）成反比，較薄的主翼同樣有利於減阻，並能提高臨界馬赫數，允許更高的速度上限。

二戰時期螺旋槳戰機的翼負荷大約在每平方呎二十至五十五磅之間，主翼厚弦比大多在百分之十二至百分之十九左右。相較下，第一代噴射機如Me-262、流星、P-80、P-84等，翼負荷則多在每平方呎四十至七十磅以上，主翼厚弦比約在百分之九至百分之十三左右。當然也有少數例外，如P-59翼負荷便只有每平方呎二十八磅，主翼厚弦比百分之十四，而針對艦載作業需求、特別講求低速性能的FH-1翼負荷也只有每平方呎三十六．四磅，不過P-59的速度性能在第一代噴射機中敬陪末座，FH-1的航速性能也不出色。總的來說，比起同時期的螺旋槳戰鬥機，第一代噴射機的翼負荷普遍更高，厚弦比則較低，明顯是更傾向高速性能的設計。

然而，前述高速化取向的設計，卻又有減損起降性能的副作用。在飛行攻角、氣流速度等其他條件都不變時，升力與翼面積成正比；而就厚弦比百分之五至百分之十五的中等厚弦比機翼來說，厚弦比越大，升力與升力係數也較大。因此在其他條件大致相同時，機翼面積相對較小、機翼厚度較薄的飛機，必須提高速度或增加攻角，才能在起降時提供足夠的升力。考慮到必要的前下方視野，艦載機起降時允許的攻角有其上限，所以相對於螺旋槳飛機來說，翼負荷較高、機翼也較薄的噴射機，必須以更高的速度飛行才能確保足夠的升力，從而維持控制性，也就是說允許的最小飛行速度、即失速速度更高。而失速

表一 主要二戰螺旋槳戰機與第一代艦載噴射機進場/降落速度對比（續上表）

噴射動力	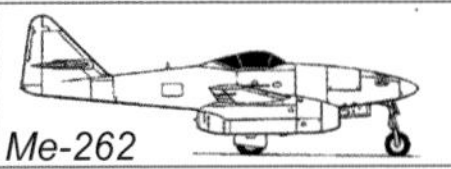 Me-262	**134**(進場) **107～121**(降落)	**86～92**＊ **97～108**＊
	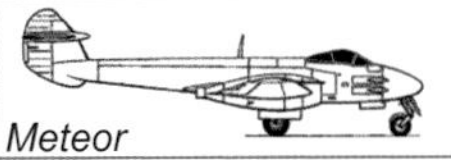 Meteor	**99～100**(降落)	**87～91**
	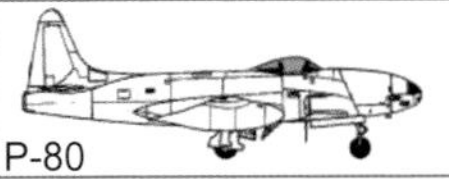 P-80	**100～**(進場) **91～107**(降落)	**85～95**
	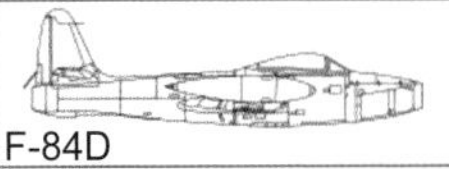 F-84D	—	**106～127**
	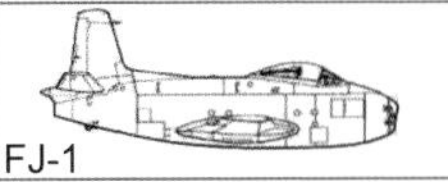 FJ-1	～**105**(降落)	～**105.5**
	 F2H-2	～**110**(進場) **88～99**(降落)	**86～115**
	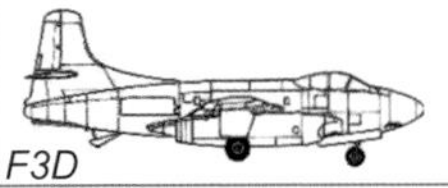 F3D	＞**97**(進場)	**81～101**
	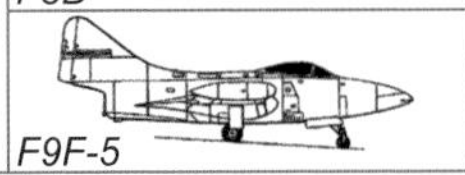 F9F-5	**100～110**(進場) **94～110**(降落)	**91～118**

＊不同來源的資料，對同一機型記載的數據略有差異。

＊＊降落／進場速度會隨著飛機的動力輸出狀態、襟翼作動狀態、機體重量、掛載等條件而變，本表列出的為典型狀態下的數值，但不同數值基於操作的條件各不相同，只能作為參考。

＊＊＊失速速度會隨著飛機的動力輸出狀態、襟翼作動狀態、機體重量、掛載與起落架是否放下等條件而變，本表列出的數值為不同狀態下的最低與最高值。

(1)某些情況下最低可達六十六節。

■ 採用後掠翼的新一代艦載噴射機，雖然擁有比直線翼的第一代噴射機更佳的速度性能，但後掠翼也對起降性能帶來更大的減損。如照片中的F7U雖然擁有極大的翼面積（幾乎是同時期其他噴射戰機的兩倍），加上採用很大的降落攻角，試圖在降落時盡可能獲得更多升力，但降落速度仍達到九十五至一百一十二節。

表α 幾種戰機的翼負荷、降落速度與失速速度對比

機型	翼負荷(lb/ft²)	降落速度(kt)	失速速度(kt)
 零戰21型	22	60～64.5	56～74
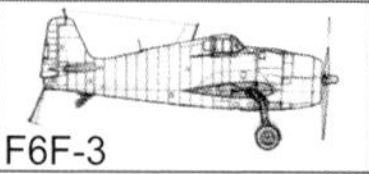 F6F-3	37.3	75～85	62～79
 P-47N	54.6	85～102	85～96
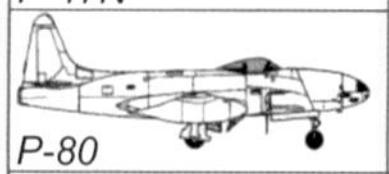 P-80	49.2～63.5	91～107	85～95
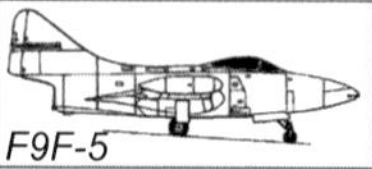 F9F-5	65.5～71	94～110	91～118

速度越高，則需要的起飛速度，與允許的降落速度也越高。

相對於厚弦比方面的差異，更直接的影響是來自翼負荷。一般來說，可直接以翼負荷來判斷起降性能，隨著翼負荷增加，失速速度也會以平方根比例增加，進而影響到起降性能，起降性能與翼負荷的基本關係如下：

◆（離陸距離）正比於（翼負荷×馬力荷重），也就是（離陸距離）正比於（翼負荷÷推重比）。

◆（著陸距離）正比於（翼負荷）。

所以在其他條件相等時，若翼負荷越高，則起飛滑跑與降落著陸所需距離都會跟著增加，如表α所示，翼負荷越低的飛機，降落速度與失速速度通常也較低。不過，這個問題可透過翼型設計與高升力裝置的設計來減緩，舉例來說，F9F戰機的翼負荷略高於P-80A，但透過主翼前緣翼根處的曲折構型與後緣襟翼設計，某些情況下可將降落速度壓低到比P-80A還稍低，輕載時甚至可降到九十四節。

後掠翼噴射機的起降性能問題

對於採用後掠翼、三角翼的新一代艦載噴射機來說，前述起降問題又會更進一步惡化。

機翼前緣的後掠，雖可延緩穿音速時因空氣壓縮性導致的震波阻力出現、並減少震波阻力，有助於提高飛行速度上限（也就是延後發生震波失速的速度上限）。但相對於直線翼，展弦比相對較低的後掠翼或三角翼構型，升力係數對攻角的斜率相對較低，也就是說，後掠翼或三角翼飛機必須採用更高的攻角，才能得到相同的升力，而且最大升力係數也較小（見圖A）。雪上加霜的是，襟翼等高升力裝置的增升效果，又會隨著機翼前緣後掠角的增加而降低。相同的襟翼裝置，在四十五度後掠角主翼下的最大升力係數，只有平直翼下的一半（見圖B）。

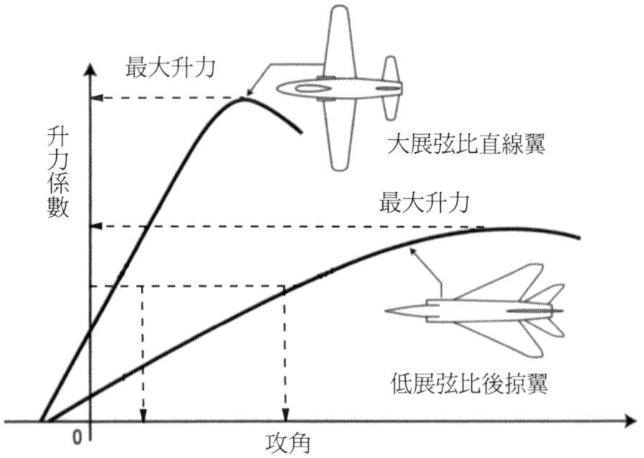

圖A 不同主翼平面形狀的升力斜率
由圖A可以看出，大後掠角、低展弦比的主翼升力斜率較為和緩，要得到與大展弦比直線翼相同的升力，必須採用高出許多的攻角。

兩相作用下，導致後掠翼噴射機的進場與降落速度進一步升高。舉例來說，北美公司從F-86E發展出來的艦載型FJ-2，採用與F-86相同的三十五度後掠角主翼，與F-86/FJ家族的前身——採用直線翼的FJ-1相比，FJ-2的重量略重，不過主翼面積也增加了百分之三十・三，因此整體翼負荷仍較低，又配有全展長前緣襟翼與後緣開槽式襟翼（slotted flap），但失速速度仍比FJ-1高了近十節（一百一十五節對一百零五・五節），進場與降落速度較前一代的直線翼噴射機高出許多。

為解決高速性能與起降性能之間的矛盾，讓採用後掠翼的高性能噴射機也能擁有可接受的起降性能，後來才會陸續出現試圖結合直線翼與後掠翼特點的可變後掠翼，以及試圖提高後掠翼升力係數的邊界層控制（BLC）襟翼吹氣、或是梯型主翼搭配前緣翼根延伸面（LERX）混合翼型等新技術，藉以改善後掠翼高速飛機的起降性能。

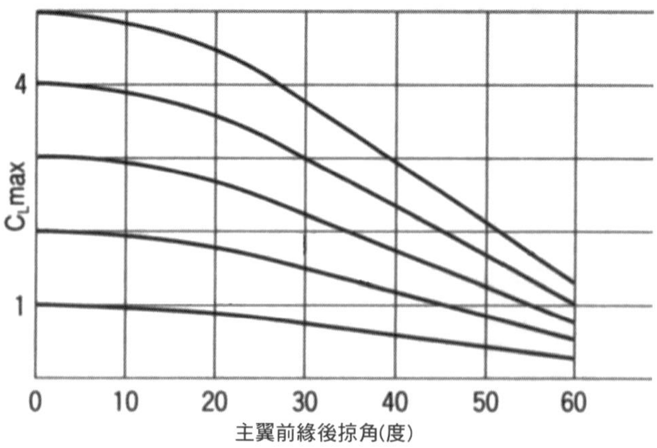

圖B 不同主翼後掠角下的高升力裝置效率
由圖B可以看出，高升力裝置的最大升力係數（CLmax），隨著主翼前緣後掠角的增加而降低，在四十五度後掠角時的升力係數只剩平直翼時的一半。

噴射機的起飛性能不足問題

飛機的起飛距離與其加速能力成反比——加速能力越高，能越快達到起飛離陸速度，所需要的滑跑距離也越短，而加速能力又與推重比直接相關。

雖然活塞發動機的動力輸出性質與噴射機不同，兩者不能直接比較——活塞發動機輸出的是「功率（power）」，噴射發動機輸出的則是「推力（thrust）」，不過在給定飛行速度與螺旋槳效率時，便可將活塞發動機驅動螺旋槳的功率換算為推力，並與相同條件下的噴射發動機相比較。

活塞發動機的輸出功率與速度無關，無論低速或高速狀態下都能產生相同的功率，「依照功率=推力×速度」的關係，可知在功率一定時，推力與速度成反比，螺旋槳發動機在低速下換算可得的推力（拉力），要比高速時更大。

雖然螺旋槳的效率隨速度提高而增加（低速時的效率較差），但以典型二戰後期活塞動力戰鬥機為基準計算（發動機功率一千五百至兩千匹馬力），可算出在低速滑跑狀態時，活塞動力螺旋槳換算所得的推力要比早期噴射發動機大得多。因此在機體重量相當時，螺旋槳活塞動力飛機在低速時的推重比，要比同時期的噴射機高出許多，低速加速性明顯更為優異。

雪上加霜的是，高速取向的氣動力設計，導致噴射戰機的失速速度要比螺旋槳戰機高出許多，連帶也造成噴射戰機離陸起飛所需的速度，普遍較二戰後期的螺旋槳戰機高出百分之二十五至百分之三十以上（詳見表二）（註二）。

在典型任務重量下，多數螺旋槳戰機只要加速到六十至七十多節速度就能起飛離陸，但第一代噴射機的離陸速度需求卻達到了一百節左右，而更晚推出、採用後掠翼等新設計的第二代艦載噴射機，有些還需要高達一百二十節的起飛速度（如F7U-1）。

註二：按現在的民航標準規定，最小起飛離陸速度應為失速速度的一．一倍以上，不過半個多世紀前的軍方標準沒現在這樣嚴格，離陸速度可相當於失速速度的一．〇五倍，某些情況下還允許以只比失速速度高一點點的速度起飛。

較差的低速加速性，加上較高的起飛離陸速度要求，導致噴射機需要的起飛滑跑距離，要比螺旋槳飛機長了非常多。對於甲板長度有限的航艦來說，噴射機起飛距離過長的問題，顯然是航艦作業上的另一致命傷。

表二 主要二戰螺旋槳艦載機與第一代艦載噴射機起飛距離與起飛速度對比

類型	機型	起飛滑跑距離(ft)(1)	起飛速度(kt)
活塞動力	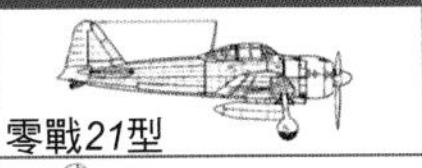 零戰21型	262＊	～70
	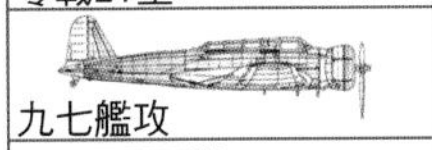 九七艦攻	328＊	—
	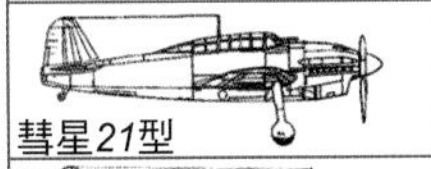 彗星21型	278＊	—
	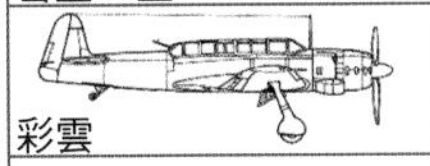 彩雲	406＊(9,800磅) 597＊(11,585磅)	—
	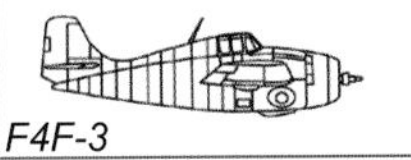 F4F-3	171(6,260磅) 252(6,895磅) 295(7,432磅)	60(7,369磅)(3) 63.4(7,370磅)(3)
	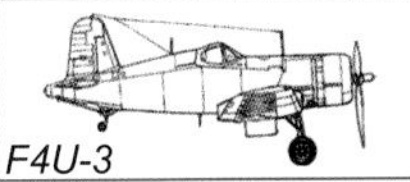 F4U-3	217(11,142磅) 318(12,656磅)	75.2
	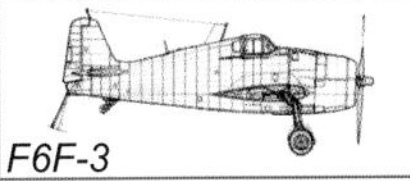 F6F-3	335(12,243磅) 327(12,225磅)	74.7(12,243磅) 74.3(12,225磅)
	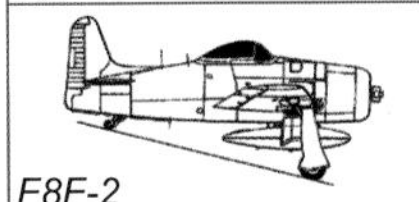 F8F-2	288(11,428磅) 417(12,837磅) 149(9,215磅)(2) 257(1,0278磅)(2)	77～83
噴射動力	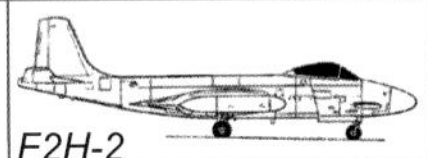 F2H-2	1,020(17,742磅) 1,480(20,612磅)	＞95
	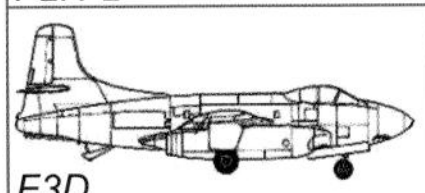 F3D	1,270(24,614磅) 1,530(26,731磅)	101～106
	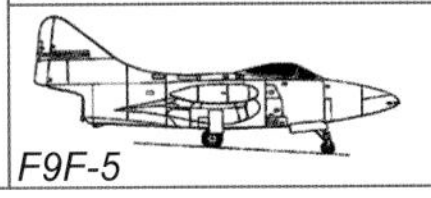 F9F-5	1,435(17,766磅) 1,562(18,721磅)	＞100

(1)除特別註明以外，均以迎頭25節風速為準，括弧內數字為該狀態下的起飛重量。
(2)以迎頭30節風速為準。
(3)此為F4F-4的數值。
＊日本軍機的數據均以23.3節(12m/s)甲板風為基準。

藉由二十五節甲板合成風力的幫助，二戰時期的螺旋槳艦載戰鬥機在標準戰鬥重量下，大多只需兩百至三百呎左右的滑跑距離就能起飛離陸，重酬載時頂多也只需要四百多呎，許多機型在輕載時的起飛距離甚至不到兩百呎。因此在多數情況下，螺旋槳艦載機都無須依靠外力、而可自行從航艦甲板上滑跑起飛，只有在特定情境（如夜間，或不便調整航艦速度、航向，以便獲得足夠甲板風的場合）、或在甲板狹小、航速緩慢的護航航艦上作業時，才有使用彈射器的需求。

■ 活塞動力螺旋槳艦載機的起飛性能十分優秀，多數情況下都可在航艦甲板上自行滑跑起飛，無須依靠彈射器的幫助。像照片中這架準備透過胡蜂號航艦（CV 18）前甲板彈射器彈射的F6F-3戰機，算是比較少見的情況。

相對地，在第一代噴射機中，即使是起飛性能最好的FH-1，在輕載、且有二十五至三十節甲板風幫助的理想條件下，起飛滑跑距離仍達到四百至五百呎，同時期其他噴射機在類似條件下的起飛滑跑距離，至少都需要九百至一千呎以上（如果是無風狀態，需要的滑跑距離更是得從兩千呎起跳）。換言之，若無外力的幫助（如助推火箭或彈射器，加上足夠的甲板風），多數噴射機都不可能從航艦甲板上自力滑跑起飛。

當初美國海軍在羅斯福號航艦上測試P-80A時，就發現即使有三十五節甲板風協助，輕載的P-80A還是需要九百呎長的滑跑距離才能自力起飛，然而羅斯福號的飛行甲板全長也不過九百六十一呎！在實際的航艦起飛作業中，這樣長的滑跑距離顯然並不具備任何實用性，還是非得依靠彈射器不可。

然而在下一階段試驗中，美國海軍卻又發現：P-80A若是在正常的作戰負載情況下，即便使用當時最強力的H 4-1液壓彈射器，也無法從航艦上起飛（註三）。而更晚發展的新機型如F2H、F9F等，起飛滑跑距離需求還比P-80A更長。

事實上，在美國海軍的第一代艦載噴射機中，也只有最早的FH-1具備實用的航艦甲板自力滑跑起飛能力，但仍需要足夠的甲板風協助（FJ-1也有過從航艦甲板上自力滑跑起飛的紀錄，但作業上十分勉強，實用性極為有限）。

註三：這也是為什麼FD-1的最大飛行速度比P-80慢了一百哩，但美國海軍依舊沒有選擇以P-80海軍型替代FD-1的原因之一。

■ 對採用後掠翼的新一代噴射戰機來說，由於對起飛速度的要求更高，若不藉助彈射器提供的外力幫助，便根本不可能從航艦甲板上起飛。照片為正準備從漢考克號航艦（CV 19）上彈射起飛的F7U-3。

第一代噴射發動機油耗過高問題

起飛滑跑距離過長，還不是噴射機在航艦起飛作業上遇到的唯一問題。早期的渦輪噴射發動機操作反應很慢，又十分耗油，以一九四六年美國海軍在羅斯福號航艦上進行的那系列P-80A測試為例，P-80A配備的J33發動機要在啟動運轉兩分鐘後才能達到最大功率，這將導致每架飛機完成起飛準備需要的時間過長，以致會拉長甲板彈射起飛循環，極大妨礙了飛行甲板運作效率的提高。而且僅僅只是彈射起飛、環繞航艦一圈後便立即降落，P-80A就得消耗掉三十七加侖燃油，相較下，若換成活塞動力的F4U，在相同操作下僅會消耗六加侖燃油。

■ 相較於同時期的活塞動力螺旋槳飛機，早期的噴射機低速加速性欠佳，起降性能明顯遜於螺旋槳飛機，但又非常耗油，給航艦應用造成許多困難。照片為編隊併飛的F2H與F4U。

至於美國海軍第一種專用艦載噴射機FH-1，耗油情況也十分嚴重，該機的內載燃油容量，雖然比二戰時的三種主力螺旋槳艦載戰機F4F野貓、F4U海盜、F6F地獄貓，以及最後一種螺旋槳戰機F8F熊貓分別大了三・四倍、一・六倍、一・五倍與兩倍（三百七十五加侖對一百一十加侖、兩百三十七加侖、兩百五十加侖與一百八十五加侖），但航程卻只達到後四種機型的百分之六十五至百分之八十。接下來的第二款艦載噴射機FJ-1，內載燃油量又比FH-1增加了百分之二十五（四百六十五加侖），但航程性能仍略遜於前一代的螺旋槳戰機。

噴射機起飛準備時間較長、但發動機卻非常耗油，將給編隊作業帶來很大麻煩——待全部飛機依序起飛完成編隊後，最早起飛的幾架飛機可能已經在滯空等待期間耗去過多燃油，而無法與最後起飛的飛機共同執勤了。

另一方面，也因為噴射發動機非常耗油，導致噴射機必須攜帶更多的燃油，才能提供接近螺旋槳飛機的任務半徑，這也造成早期噴射戰機的機體，普遍要比其欲取代的螺旋槳飛機大上一號。最早的FH-1最大起飛重量還可控制在與F6F、F4U相當的一萬兩千磅，後來發展的機型由於配備了更強力、但也更耗油的發動機，加上為了追求更長的航程，重量便一路攀升。如FJ-1最大起飛重量便超過一萬五千磅、F2H更達到兩萬三千磅，F9F也接近兩萬磅，均已直追、甚至超過二戰時期最大型的艦載機SB2C俯衝轟炸機與TBF/ TBM魚雷轟炸機（最大起飛重量約一萬三千磅至一萬七千磅）。而這樣大的起飛重量，也造成彈射的困難——在這些第一代艦載噴射機問世的一九四〇年代末期，美國海軍只有三艘中途島級配備的H 4-1彈射器，才能彈射這樣重的噴射機，其餘彈射器如艾塞克斯級配備的H 4B由於性能不足，除非有理想條件配合（獲得三十節甚至四十節以上的甲板風幫助），否則都力有未逮。

二戰型航艦的「噴射機適應不良症」

相較於活塞動力螺旋槳飛機，噴射機有著降落速度更高、起飛性能較差、滑跑距離需求較長、且更為耗油等問題。但二戰時期的航艦設計，在因應噴射機前述性能特性方面都存在缺陷，無論降落或起飛機制均有所不足，艦上攜帶的航空燃料數量，也難以支撐噴射機的作戰任務需求。接下來探討的重點將放在於降落與起飛機制，至於航艦航空燃油攜載量問題，可參見《美國海軍超級航艦》。

降落輔助機制的不足

在降落方面，當時航艦都採用直線型（Straight，或稱軸向型〔axial〕）飛行甲

噴射機vs.螺旋槳飛機的起飛能力

這個計算例子出自美國航太總署科學與技術分部一九八五年出版的Laurence K. Loftin, Jr.著*Quest for Performance: The Evolution of Modern Aircraft*一書的第兩百七十九頁與第兩百八十頁，筆者將計算中使用的部分數字做了調整，以更貼近實際環境。

假設一架一萬磅重的螺旋槳飛機以一具一千六百匹馬力的活塞發動機驅動，並具備每小時四百一十哩的海平面最大速度。依照「功率＝推力×速度」的關係，計算可得該機在剛開始起飛滑行、約每小時二十五哩速度時換算得到的推力為七千五百磅。由於活塞發動機的輸出功率與速度無關，在四一〇哩／小時與二五哩／小時時的輸出同樣是一千六百匹馬力，而在功率一定時，推力與速度成反比，因此該機在四一〇哩／小時速度時的推力就只有一千一百六十八磅（計算時所假設的螺旋槳效率為低速時百分之三十、高速時百分之八十）。

依據前述計算，該機在二五哩／小時低速時的推重比可達〇・七五，而在高速（四一〇哩／小時）時的推重比為〇・一二。

同樣的計算可套用到噴射機上，假設一架同為一萬磅重的噴射機，動力來源為三千兩百磅推力的渦輪噴射發動機。由於在相同高度時，渦輪噴射發動機在不同速度下的推力大致維持不變，所以這架噴射機在二五哩／小時與四一〇哩／小時速度下可獲得的發動機推力同為三千兩百磅，在這兩個條件下的推重比均為〇・三二（實際上受進氣道設計影響，渦輪噴射發動機在不同速度範圍所產生的「安裝推力」會略有差異（一般是隨著速度的增加而減少），不過此處為了簡化計算，我們在這裡暫時忽略這個因素）。

我們把計算結果整理在表β：

從計算結果可以看出：

(1)噴射機在低速時的推重比，要比同級的螺旋槳飛機低了許多，所以噴射機在起飛滑跑時的加速性也較差，起飛距離相對較長。

表β 假想的螺旋槳飛機vs.噴射機的推力特性對比

	螺旋槳飛機	噴射機
推力$_{25mph}$	7,500磅	3,200磅
推力$_{410mph}$	1,168磅	3,200磅
推重比$_{25mph}$	0.75	0.32
推重比$_{410mph}$	0.12	0.32

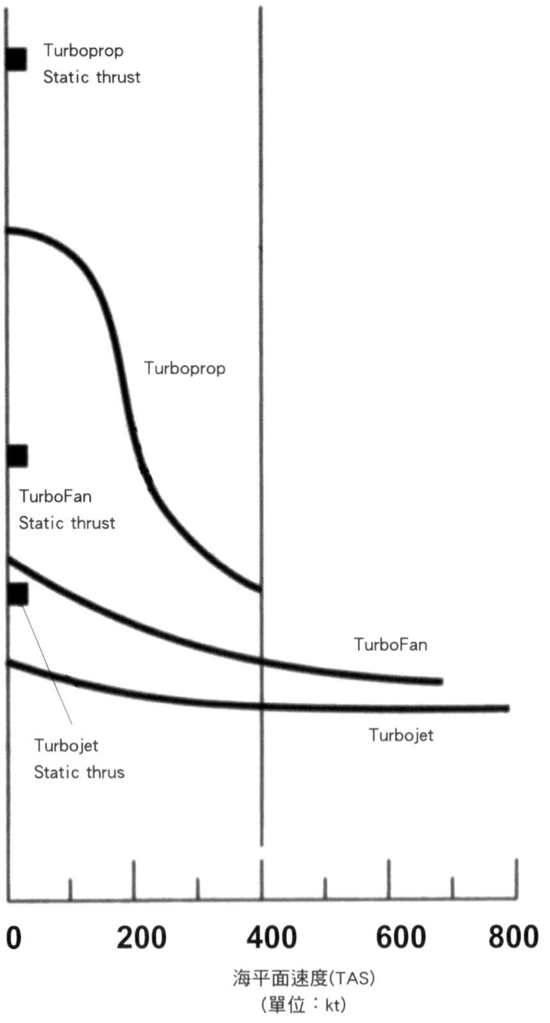

圖C 同一燃氣渦輪核心採用不同發動機構造時的推力—速度特性

(2)噴射機在整個速度範圍內都能維持恆定推重比的特性，可以在高速領域得到重要優勢。假設前述計算中的兩種假想飛機，擁有相近的阻力面積（drag area），由於噴射機在高速時的推重比較螺旋槳飛機大了不少，可預期最大速度也會比螺旋槳飛機的四一〇哩／小時極速更快上許多（實際上，多數第一代噴射機的水平飛行速度都比同時代的螺旋槳飛機至少高出一〇〇哩／小時）。

關於噴射推進與螺旋槳推進間的差異，我們可從下面這個例子中得到更清楚的說明。圖C是假想一個相同的燃氣渦輪核心，在分別採用渦輪旋槳（Turboprop）、渦輪扇（Turbofan）與渦輪噴射（turbojet）等三種發動機構造時的推力－速度特性曲線：

■ 活塞發動機結合螺旋槳推進，擁有強大的低速推進力。可為螺旋槳推進飛機提供良好的起飛性能。在航艦上操作時，只要有一定的甲板風輔助，活塞螺旋槳飛機依靠自力滑跑便能起飛升空。照片為正準備從約克鎮號航艦上滑跑起飛的F6F地獄貓戰機。

由圖C可以看出，三種發動機的雖然擁有相同的燃氣渦輪核心，但由於推進機制不同，因此推力－速度特性也大異其趣。

利用螺旋槳推進的渦輪旋槳發動機，在低速範圍內換算所得的淨推力與安裝推力，要遠遠大於噴射推進的渦輪扇與渦輪噴射發動機，所以渦輪螺旋槳推進飛機的起飛離陸性能十分優異，單位推力的耗油率也低。不過推力隨著速度的增加迅速降低，海平面速度到達四百節左右便達到運用速度上限，無法再提高。

■ 受限於推力不足的渦輪噴射發動機，早期的噴射機推重比低，起飛滑跑加速慢、需要的滑跑距離相對較長，唯有依靠彈射器等外力輔助，才能從狹小的航艦甲板上起飛。照片為正準備從塞班號航艦彈射起飛的FH-1幽靈式戰機。

渦輪扇發動機藉由風扇與旁通道的幫助，低速時可擁有較純渦輪噴射更大的推力，單位推力燃油消耗率較低，巡航時燃料效率較佳，不過隨著速度增加、推力明顯降低，海平面速度六百至七百節時便達到效率上限，再來便須依靠後燃器幫助才能提供更大推力。

至於純渦輪噴射的特點，便是從低速到高速範圍都保有穩定的推力輸出，但燃油效率較差。

由於不同推進方式各有優缺點，所以一九四〇至一九五〇年代初期才會出現萊恩FR-1、康維爾XP-81、麥克唐納XF-88B這類螺旋槳＋渦輪噴射複合動力飛機，試圖結合不同推進方式來兼顧高低速性能。

■ 在噴射發動機性能尚不成熟的1940～1950年代，曾出現過一類結合了螺旋槳＋渦輪噴射的複合動力飛機，試圖結合不同推進方式來兼顧高低速性能，如照片中的康維爾XP-81便是一種典型複合動力機型，機頭安裝了1具GE TG-100渦輪旋槳發動機(後來的T31發動機)，機身中段則安裝1具艾利森J33-A-5渦輪噴射發動機。

板，降落的飛機是朝著飛行甲板中心線下降，著艦路徑將會通過飛行甲板前方，完全依靠設置在飛行甲板中、後段的橫向制動攔阻索（arresting wires）與攔阻網（或稱安全柵欄〔safety barrier〕），來讓著艦滑跑中的飛機停止。

一旦著艦降落的飛機沒能勾上任何一條攔阻索，就只能依靠攔阻網作為最後一道防護，但透過攔阻網來強制攔阻降落滑行中的飛機，有傷及飛機乘員與飛機結構的風險。如果連攔阻網都無法讓飛機制動停止，那麼滑行中的飛機就會撞上停放於飛行甲板前端的其他飛機，從而引起爆炸、火災，並無可避免的造成飛行甲板作業的中止。

理論上，若攔阻索與攔阻網能充分發揮作用，且艦艉著艦區與艦艏停放區之間保留有足夠緩衝距離的前提下，直線型飛行甲板可讓艦艏的彈射起飛作業，與艦艉的降落著艦作業同時進行。但除了美國海軍的中途島級與艾塞克斯級，或是皇家海軍的大膽級等新造大型航艦，擁有較充分的飛行甲板長度外，當時大多數艦隊型航艦的飛行甲板長度都只有七百至七百五十呎上下，進行飛機降落回收作業時所需的攔阻與制動緩衝距離，就會占走三分之二的飛行甲板長度，再扣掉甲板前端一部舷內飛機升降機占用的空間，飛行甲板前端實際可用面積十分有限，實際上不可能讓艦艉的飛機回收作業與艦艏的彈射起飛作業同時進行。

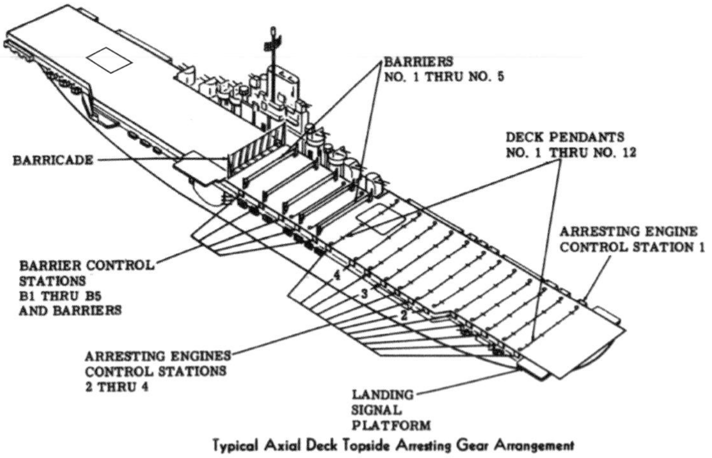

■ 典型的直線型甲板航艦攔阻設施配置。
在直線型甲板航艦上，是透過攔阻索來讓著艦飛機制動停止，加上攔阻網作為備援。但由於降落飛機是沿著飛行甲板中心線滑行，除非淨空艦艏甲板，否則攔阻失敗的飛機便會一頭撞上停放於艦艏甲板的其他艦載機。所以直線型甲板無法容許降落攔阻失敗，一旦沒有攔阻成功，就沒有重來的餘地，只能盡可能設置多套攔阻索與攔阻網，希望多少提高攔阻成功率。以圖中的艾塞克斯級為例，便設置了多達十二條攔阻索、五套低攔阻網與一道高阻柵網，但這也造成整個著艦區占用了超過一半的飛行甲板長度，如果再扣掉前端甲板的一部飛機升降區，當進行飛機回收作業時，飛行甲板前端剩餘的可用空間十分有限。

■ 傳統直線型甲板航艦在進行噴射機起降時存在相當大的安全性隱患，由於噴射機降落速度快，著艦時未勾到攔阻索、制動失敗的機率大增，如果升起攔阻網也無法讓飛機停止，著艦的飛機就會直接撞上停放於甲板前端的其他飛機。上圖為正準備轉彎進場、降落到安堤坦號航艦(USS Antietam CV 36)的1架TBF復仇者(Avenger)轟炸機，可見到安堤坦號航艦進行中的典型直線型甲板飛機回收作業，在甲板中段有1架飛機剛制動停止、正在折起主翼，甲板前段則有1架剛完成主翼摺疊的飛機，準備加入甲板最前端的飛機停放行列。

這個問題在噴射時代更為嚴重。噴射機無論重量、還是進場與降落速度，都遠高於螺旋槳飛機，勾到攔阻索的難度也大為增加，攔阻降落時需要的制動緩衝距離也更長，必須在航艦飛行甲板上規劃更長的著艦區，以便設置更多的攔阻索與攔阻網，並保留足夠的制動緩衝距離，才能確保噴射機安全著艦，但這也會導致攔阻網前端可用的甲板空間極度受限，嚴重影響飛行甲板的作業效率。

所以，如果不想讓噴射時代的航艦飛機降落回收作業，回到一九二〇年代那種沒有效率的「淨空整個飛行甲板」做法，便得改用新的降落回收技術。

另一方面，艦載機在降落航艦時，英、美兩國海軍傳統上都是由飛行甲板上的降落信號官（Landing Signal Officer, LSO）（註四），透過目視來判斷著艦飛機的下滑角度是否正確，並以手持的信號板向飛行員發出指示，協助飛行員調整合適的下滑角度，並在必要時禁止飛行員駕機著艦、命令飛行員拉起重飛。

這套著艦引導機制在螺旋槳飛機時代還算堪用，但進入噴射時代後，由於噴射機進場與降落速度大幅提高，無論降落信號官或飛行員，雙方可用的判斷與調整反應時間都大幅縮短，連帶也影響了這套傳統降落引導機制的效能，進一步增加了噴射機著艦作業的危險性。

■ 在直線型甲板航艦上，攔阻網是確保甲板安全的最後一道關卡，但攔阻網的使用仍存在風險，首先是不能確保被攔阻飛機的完好，其次是不能保證攔阻後的飛機不危及甲板上的其他飛機。如上面照片是1953年一架VF-191中隊所屬F9F-6在奧斯坎尼號航艦（CVA 34）上以攔阻網強制停止時，折斷了右起落架；下面照片為1955年9月29日降落到堤康德羅加號航艦（CVA 14）的一架VF-32中隊所屬F9F-8，這架編號K206號F9F-8雖然透過攔阻網強制制動，但該機仍拖著攔阻網一直衝到飛行甲板前端，撞上另一架位於彈射區的K201號F9F-8機尾。

■ 上圖為一架F2H戰機正準備降落到奧斯坎尼號航艦上，可見到甲板上的攔阻網已經升起，如果攔阻失敗，這架F2H便會撞上前端停放的其他飛機。

■ 當降落飛機沒能勾上任何一條攔阻索時，就只能依靠攔阻網作業，強制讓滑行中的飛機停止，以免撞上停放在飛行甲板前端的飛機。但攔阻網的使用存在傷及飛行員與飛機的風險，只能作為不得已時的最後一道防護手段，上圖為韓戰時一架降落到尚普蘭湖號航艦(CVA 39)上的F9F-2戰機，由於沒勾到攔阻索，最後依靠安全柵網才讓它停下。

■ 二戰時代，航艦飛行甲板的降落都是由飛行員出身、擁有豐富經驗的降落信號官，透過目視判斷與手持信號板，來引導飛行員駕機降落航艦，不過這套機制在面對進場／降落速度大幅增加的噴射機時，已無法勝任降落引導要求。

因此為了兼顧噴射機的降落作業安全，以及甲板作業效率需求，必須發展一種新的航艦降落機制，來解決傳統直線型航艦飛行甲板與降落信號官降落引導機制的不足。

註四：LSO是美國海軍的稱呼，英國皇家海軍則把類似的職稱叫做甲板降落管制官（Deck Landing Controller Officer, DLCO）。

起飛輔助機制的不足

在起飛方面，如前所述，除了FH-1與FJ-1兩種最早的艦載噴射機以外，其餘較晚發展的艦載噴射機，都得依靠外力幫助才能從航艦上起飛，理論上助推火箭與彈射器都可用於這方面的需求，其中助推火箭確實曾被應用在航艦艦載機起飛作業上，但不被當作正規作業方式（註五），考慮到儲存與管理大量助推火箭的麻煩、助推火箭儲存與作業時的安全性，還有火箭排焰傷害甲板等問題，加上飛行操作方面的問題，助推火箭並不受航艦指揮官與飛行員們的歡迎（註六），於是彈射器便成為唯一實用的選擇。

註五：美國海軍確實曾把助推火箭列為航艦飛機起飛的一種輔助方式，但僅作為緊急狀況下使用。例如A3D與A4D攻擊機的設計規格中，都具備使用JATO助推火箭從航艦上自力滑跑起飛的能力，A3D配備十二具四千五百磅推力的5KS4500 Mk7 Mod.2助推火箭時，只需六百至七百呎的滑跑就能起飛離艦；A4D則只需使用兩具同樣的5KS4500 Mk7 Mod.2助推火箭，便能在六百呎的滑跑距離下起飛。但使用JATO助推火箭時，火箭燃燒排焰造成的危險範圍幾乎涵蓋整個航艦甲板，以A3D來說，使用助推火箭時的危險帶寬達兩百呎以上，比整個航艦甲板還要寬，整個甲板都會受到影響，所以美國海軍規定只能在陸上基地使用助推火箭，除非是在下達發動核子攻擊的緊急戰爭指令（EWO）這種交關國家存亡的場合，且航艦無法使用彈射器時，才允許A3D或A4D在航艦上使用JATO助推火箭起飛。

註六：三個原因造成航艦飛行員們不喜歡使用助推火箭：首先，理論上安裝在機身兩側的助推火箭必須同時點火，以便提供平衡的推力，但實際作業中並不能保證兩側的助推火箭總是能同時啟動，且產生同樣的全推力，一旦艦載機起飛時兩側助推火箭出現不對稱推力，便會導致飛機起飛滑跑失控、而撞擊到甲板上物體甚至是墜入海中。其次，當飛機使用助推火箭起飛後，依照標準程序，使用過的助推火箭與其安裝支架將會從機身上拋離，但拋離作業並不完全可靠，有時只會拋離一邊的助推火箭，導致飛機氣動力不平衡，增加操縱的困難。第三，由於助推火箭在飛機起飛後就會被立即拋離機身，因此必須拉開艦載機起飛的間隔，在前一架飛機以助推火箭起飛後，在後方保持一段時間的淨空，以免前一架飛機拋離的助推火箭，碰撞到後一架起飛的飛機。

而就彈射器而言，二戰後期服役的新

■ 助推火箭也是一種幫助飛機縮短起飛距離的方法，但助推火箭燃燒排焰造成的危險區域非常大，要在狹窄的航艦甲板上使用助推火箭，將造成損傷甲板、以及危害甲板上人員與其他飛機的問題，美國海軍只允許在陸上基地使用助推火箭。照片為使用十二具5KS4500 Mk7 Mod.2助推火箭協助起飛的A3D-2攻擊機，只需六百至七百呎滑跑距離就能起飛，但助推火箭排焰危險範圍寬達兩百一十二・六呎，比整個航艦甲板還要寬。

■ 二戰時期發展的液壓彈射器，在搭配第一代艦載噴射機時的彈射能力已略顯不足，為因應越來越大、越來越重的新型艦載噴射機作業需求，更強力的新型彈射器便成了二戰後英、美海軍的發展重點。照片為在艾塞克斯號航艦甲板前端準備彈射的2架VF-114中隊所屬F2H-3戰機。

型液壓彈射器如美軍的H 4系列或英國的BH3，大致還能滿足彈射第一代艦載噴射機的需求，但也存在許多限制。

以美國海軍第一種大量服役的艦載噴射機F2H-2來說，按手冊記載該機可以使用H 4B、H 4C與H 4-1彈射器彈射。若要讓F2H-2以標準設計任務重量（一萬六千四百磅）起飛，在使用H 4B彈射器時得有至少二十八節甲板風的幫助，使用H 4C彈射器時則需要三十五節甲板風的幫助。若要讓F2H-2以最大起飛重量（兩萬三千兩百磅）起飛，使用H 4B彈射器時需要五十四節甲板風配合，使用H 4C彈射器時更需要六十節甲板風，五十、六十節這樣高的甲板風需求，在實務上幾乎是不可能達到的條件。

顯然地，F2H-2的彈射作業限制相當大，不是得限制起飛重量，就是得依靠外在條件的配合，只有使用當時最強力的液壓彈射器H 4-1時，操作條件才得以放寬。F2H-2在標準設計重量下利用H 4-1彈射器彈射時，只需十七節甲板風的幫助，但若要以最大起飛重量彈射，還是需要高達三十五節的甲板風幫助。

問題在於，當時只有三艘中途島級航艦才配有H 4-1彈射器，作為艦隊航艦主力的艾塞克斯級大多配備H 4B，而H 4C則是美軍二戰時期最後一級護航航艦科芒斯曼特灣級（Commencement Bay）的配備，由於科芒斯曼特灣級最大航速僅十九至二十節，要獲得足以讓F2H-2彈射起飛的甲板風必須要有理想的外在環境配合，操作上相當勉強，因此實際上只有中途島級與艾塞克斯級具有實用化的噴射機操作能力。

考慮到艦載噴射機重量日漸增加的趨勢—第一代艦載噴射機中，較早的FD-1/FH-1、FJ-1、攻擊者與海吸血鬼等機型的最大起飛重量都在一萬兩千磅到一萬五千磅之間，稍晚一點問世的F2H、F9F、F3D、海鷹、海毒液等機型，就增加到一萬六千磅到兩萬五千磅重，而更晚發展的第二代噴射機，最大起飛重量更達到三萬磅甚至四萬磅等級，對於當時英、美兩國海軍既有的彈射器來說，已經明顯難以應付，因此亦急需發展更強力的彈射器，來因應噴射機的航艦起飛作業需求（一九四〇年代中、後期的主要航艦用彈射器性能可參見表三）。

表三 二戰時期英、美海軍航艦主要彈射器性能概覽

國別	型號	類型	彈射能力＊	彈射行程	搭載艦艇
美國	H 2	液壓	7,000磅/61節(1) 5,500磅/56節(2)	55呎	約克鎮級/胡蜂號/ 早期的護航航艦
	H 2-1	液壓	11,000磅/61節	73呎	獨立級/塞班級/薩拉托加號/ 後期的護航航艦
	H 4A	液壓	16,000磅/74節	72呎	前期艾塞克斯級(3)
	H 4B	液壓	18,000磅/78節	96呎	後期艾塞克斯級(3)
	H 4C	液壓	—(4)	—	科芒斯曼特灣級
	H 4-1	液壓	28,000磅/78節	150呎	中途島級
英國	HI1	液壓	12,000磅/66節(5)	—	皇家方舟號(6)
	BH3	液壓	16,000磅/66節 20,000磅/56節	—	百眼巨人號/光輝級/獨角獸號/巨像號

＊彈射重量/彈射末端速度。
(1)飛行甲板用。
(2)機庫用。
(3)早期的艾塞克斯級配有H 4A與H 4B各一套，後期完工的則改為兩套H 4B。
(4)H 4C是H 4A修改型，彈射能力略低，但彈射作業間隔縮短為三十秒，較H 4A的四十二・八秒或H 4-1的六十秒更快，可提供更短的彈射作業循環。
(5)部分資料記載彈射能力為八千磅／五十六節或一萬磅／五十二節。
(6)部分資料記載皇家方舟號亦是配備BH3彈射器。

飛行甲板最後的安全屏障——航艦甲板攔阻網的發展

在航艦上要讓降落飛機制動停止，是透過飛機尾鉤勾住攔阻索（arresting wires）、利用攔阻索的液壓制動緩衝機構來讓飛機制動停止，如果飛機未能成功勾住攔阻索，便必須依靠設置於攔阻索後方的攔阻網（barrier），來強制攔阻滑行中的飛機，避免降落飛機危及甲板上停放的其他飛機。平時攔阻網放倒以便利甲板作業，待需要時再升起執行攔阻任務。

英、美兩國海軍使用的攔阻網構造有所不同，美式的攔阻網是兩條垂直架高、橫跨整個飛行甲板的鋼纜，架起的高度約三呎，透過拉住飛機的主起落架來制動；英式攔阻網則是一面三呎高的網子，上下緣各是一條鋼纜，用於承擔主要的制動任務，在鋼纜間另設有輔助用的縱向、橫向或交叉網線，整個攔阻網可在支柱上調整高度，最低與甲板齊平，最高可升高到六呎，透過攔住飛機的前機身、主翼前緣或起落架來制動。

攔阻網的制動效果大致上相當有效，不過隨著艦載機的發展，讓傳統的攔阻網不再適用。

當美國海軍開始在航艦上操作F7F虎貓、AJ野人這類雙發動機的艦載機後，發現原本的攔阻網無法用於這類前三點起落架飛機的攔阻作業。對於通常採用後三點式起落架的單發動機螺旋槳飛機來說，螺旋槳位於主起落架前方，當飛機衝撞攔阻索時，螺旋槳會先接觸攔阻索，不過由於接觸角度很淺，不致於切斷攔阻索，另一方面位於機鼻前端的螺旋槳與發動機，都可做為承受攔阻網衝擊的緩衝與屏蔽，從而保護座艙中的飛行員。

而對於採用前三點起落架的雙發動機螺旋槳飛機來說，前起落架會先一步接觸攔阻網，並把攔阻網向前拉，如此一來，接下來當機身兩側的螺旋槳碰上攔阻網時，形成的接觸角度有可能會導致螺旋槳切斷攔阻網。更進一步，雙發動機螺旋槳飛機的機頭是毫無屏蔽的光滑尖銳造型，被前起落架往前拉的攔阻網還可能會滑過平滑、尖銳的機頭，以致攔阻網的鋼纜切進座艙罩，嚴重危及飛行員的安全。

類似問題在噴射機上也存在，噴射機也是採用前三點式起落架，機頭同樣是毫無屏蔽的平滑尖銳流線造型，使用傳統攔阻網攔阻十分危險。

■ 美國式的攔阻網是兩條架起高度約三呎的鋼纜，透過攔住飛機的主起落架來讓飛機制動停止。（上）（下）

■ 英國式欄阻網構造比較複雜，是一面三呎高的網子，透過兩側支架可在齊平甲板到六呎高之間調整高度。

戴維斯式攔阻網

為了解決傳統攔阻網不適用於雙發動機螺旋槳飛機與噴射機的問題，美國海軍後來發展了一種改進的戴維斯式攔阻網（Davis barrier）。

戴維斯式攔阻網的架設高度可在三至五呎間調整，以配合不同飛機的高度，基本組成也是一上一下兩條鋼纜，由上面那條鋼纜來攔住飛機的主起落架，讓飛機制動停止。與傳統攔阻網的不同之處，在於戴維斯式攔阻網在上下兩條鋼纜之間增設了十多條尼龍製垂直條帶，當降落飛機的前起落架接觸到戴維斯式攔阻網的上方鋼纜時，垂直條帶會拉住鋼纜，待前起落架滑行越過鋼纜後，垂直條帶會將上方鋼纜往上拉、使鋼纜接觸並拉住飛機的主起落架，進而讓飛機制動停止。

但戴維斯式攔阻網碰到降落滑行速度太慢或太快的飛機時，都會出現問題。

若降落飛機的滑行速度太慢，以太慢的速度接觸戴維斯式攔阻網時（例如降落的飛機在最後一刻勾上最後一條攔阻索、大幅減緩了降落滑行速度，但攔阻網的操作員來不及把升起的攔阻網放倒時，就會出現這種飛機以很慢的速度接觸攔阻網的情況），則飛機前起落架下壓並滑行越過攔阻網後，當飛機主起落架隨後通過攔阻網時，攔阻網鋼纜可能還沒重新拉起、以致無法攔住飛機的主起落架。

若降落飛機的滑行速度太快，當飛機前起落架滑行通過攔阻網後，攔阻網可能會來不及升起到足夠高度、以便拉住迅速通過的主起落架，而且飛機滑行速度過高時，機身上的突出附屬物件也可能會切斷攔阻網的鋼纜。

尼龍阻柵網

接連發生幾次戴維斯式攔阻網無法攔阻飛機的事故後，攔阻網設計的下一步改進便是阻柵網（Barricades）。

阻柵網看起來就像是高度加高三倍的戴維斯式攔阻網，由上下兩條橫索與十多條垂直條帶

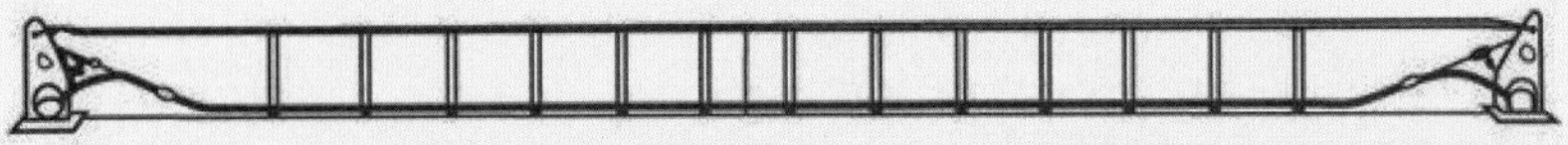

■ 為了因應操作前三點式起落架飛機的需求，美國海軍在二戰後引進基於傳統攔阻網改進的戴維斯式攔阻網(Davis barrier)，在攔阻網的上、下兩條鋼纜間，增設了尼龍製的垂直條帶。上圖是戴維斯式攔阻網圖解，下圖是正準備透過戴維斯式阻柵網攔阻的AJ野人轟炸機(。

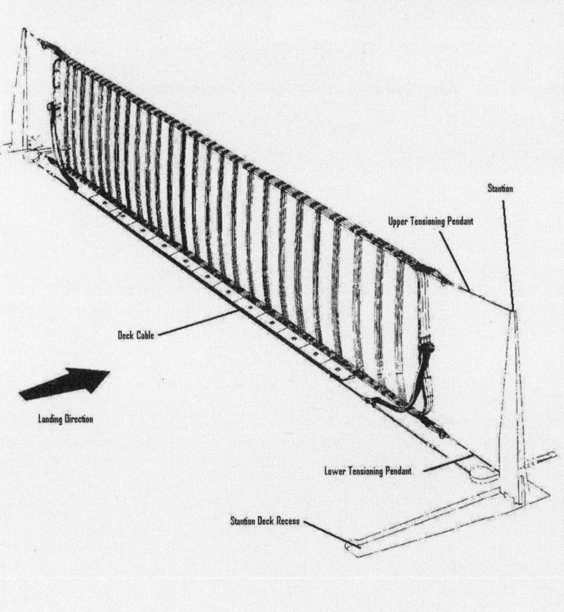

■ 為了克服傳統攔阻網或戴維斯式攔阻網均不適用降落速度高的噴射機問題，美國海軍最後發展了架高到十二呎、由尼龍條帶製成的阻柵網，並一直沿用至今。上圖是尼龍阻柵網的圖解，下圖是1954年拍攝的中途島號航艦回收飛機的照片，可見到飛行甲板同時配備了高度較低的戴維斯式攔阻網，與高度較高的阻柵網。

組成，但有幾個關鍵不同：

首先在材質方面，阻柵網是由寬的尼龍條帶製成，沒有使用鋼纜。

其次是攔阻機制方面，阻柵網是利用尼龍條帶拉住飛機機身與機翼，來使飛機制動停止。相對地，先前無論是傳統攔阻網或戴維斯式攔阻網都是透過拉住飛機的主起落架，來讓飛機制動停止。

尼龍阻柵網架起來的高度有十二呎，是以降落飛機整個機身為攔阻目標，這樣的架設高度可以確保一定能夠拉到飛機的機身，即使飛機起落架故障時也能發揮攔阻作用。而先前的攔阻網高度只有三至五呎，是以飛機主起落架為攔阻目標，若降落飛機的主起落架故障，必須讓攔阻網拉住前機身時，還會產生許多危險，攔阻網的鋼纜可能會滑過機頭、切進座艙中。

■ 傳統攔阻網或戴維斯式攔阻網，都是以攔阻降落飛機的起落架為目的，制動減速應力是透過橫向的鋼纜施加在飛機起落架上，如上圖這架F9F便透過主起落架勾住攔阻網的鋼纜，制動停止在飛行甲版上。而尼龍阻柵網則是透過垂直尼龍條帶將制動應力平均施加在前機身與主翼前緣，如下圖中這架F9F-6，便透過前機身與機翼前緣接觸阻柵網的垂直尼龍條帶，從而制動停止。

而且比起傳統攔阻網或戴維斯式攔阻網將制動應力施加在飛機主起落架上的做法，尼龍阻柵網是透過十多條垂直尼龍條帶，將減速制動應力平均分散到飛機的前機身與主翼前緣，相對安全許多。而且尼龍條帶會滑過機頭兩側、沒有傷害座艙中飛行員的疑慮。

為了確保傳統直線型甲板的降落作業安全，美國海軍航艦直到一九五〇年代中期都是採取戴維斯式攔阻網搭配阻柵網的型式，由四至六組戴維斯式攔阻網做為主要攔阻措施，加上一道阻柵網做為最後防護手段。

後來當革命性的斜角甲板出現後，理論上可不再需要任何攔阻網或阻柵網，便能確保降落飛機不會危及甲板上停放的其他飛機，不過考慮到因應飛機起落架故障的情況，設有斜角甲板的航艦還是保留了一道尼龍阻柵網的配備，以便遇上飛機起落架故障時，用於幫助回收這些無法正常降落的飛機。

英國引進尼龍阻柵網

英國皇家海軍傳統使用的攔阻網架設高度較高，是以攔住降落飛機的前機身與機翼前緣為目的，不像美國海軍高度較低的攔阻網，是透過攔住降落飛機的起落架來制動。

不過，當皇家海軍的艦載機從活塞螺旋槳跨入噴射動力時代後，皇家海軍發現原有的攔阻網不適用於噴射機，螺旋槳飛機可透過機頭內的活塞發動機與發動機支架，來承受接觸攔阻網時的衝擊，但噴射機的機頭缺乏這種可以承受攔阻衝擊的堅固結構物，攔阻網鋼纜施加的減速制動應力，將直接衝擊主翼前緣與平滑機頭後的座艙，對於機翼結構與飛行員來說都相當危險。

而美國海軍新發展出的尼龍阻柵網正好提供了一個現成的解決方案，於是英國皇家海軍也在一九五一年引進了尼龍阻柵網。

第2部　斜角甲板的發明與應用

Chapter 3
斜角甲板的誕生

一九四五年初，英國皇家海軍資深軍官委員會定義了在航艦上操作噴射機預期牽涉的相關問題後，便將這些問題轉給國防部直屬的皇家飛機研究所（Royal Aircraft Establishment, RAE），由皇家飛機研究所的技術專家們研究解決問題的實際方法。

噴射機航艦降落技術發展的起步

在此之前的一九三八年，皇家飛機研究所（以下簡稱RAE）便在主製圖辦公室（Main Drawing Office）下成立一個彈射器小組（Catapult Section），專門負責設計、測試皇家海軍航艦的彈射器與攔阻索設備。小組內除了擁有富有經驗的工程師、技工與製圖者等「地面組員」外，另有經驗豐富的試飛員提供飛行實務方面的協助。後來該小組在一九四五年四月更名為海軍飛機部（Naval Aircraft Department, NAD），並由一位文職工程師波丁頓（Lewis Boddington）負責領導。

在資深軍官委員會提出問題之前，RAE內部也已開始探討噴射機的航艦運用問題，並在波丁頓的主導下，在一九四四年形成了無起落架飛機的構想。

無起落架飛機概念

由於噴射機沒有螺旋槳，理論上可以不需要起落架、直接以機腹降落滑行；而且省略起落架還能減輕機體重量，並讓機翼作得更薄，有助於提高飛機性能。

一九四四年十一月，RAE總監收到海軍部指示：「我們已和海軍研究局長（Controller of Naval Research, CNR）討論過在航艦上操作無起落架高速飛機的可行性，他並未發現這種應用存在任何不可克服的目標。因此請你就海軍飛機能從這種（機構）獲得的好處提出正確評價，並探討這種操作方式可預見到的困難。這同時也要求你評估在航艦上操作噴射推進飛機的可能性。」

省略起落架的無起落架飛機概念獲得高層認可後，接下來的問題便是如何讓這種飛機安全地降落到航艦甲板上。

RAE在一九四五年一月集會討論了幾種不使用起落架的航艦降落方法，包括讓飛機直接降落到各式各樣的「軟性」甲板介質上，如鬆軟的地面或沙土、彈簧甲板（sprung deck）、可在水上漂浮的韌性材料，或金屬絲網（wire net）等，還有讓飛機勾住繫在兩座高塔間的纜線的回收方法（註一）、或降落到沿軌道運行的拖車上等。最後出線的是前皇家飛行軍團（註二）軍官格林少校（F. M. Green）提出的彈性甲板（flexible deck）。

註一：即美國在二戰期間發明的布羅迪（Brodie）降落系統，一種利用高塔間纜線讓飛機勾住回收與再次起飛的方法，這套系統可讓飛機不使用起落架即能回收與起飛，不過只適用於降落與起飛速度都很低的輕型機。英國海軍曾在一九四五年十月到一九四六年二月間測試過布羅迪系統，但目的並不是應用在航艦上，而且在測試使用的L-4B輕型觀測機墜毀後，便中止試驗。

註二：皇家飛行軍團（Royal Flying Corps）即一次大戰時的英國陸軍航空隊，一戰後轉型為獨立的皇家空軍主體。

■ 針對噴射機在航艦上降落的問題與解決方案的誕生，是起源自英國RAE從1945年開始的一系列研究，照片為1945年拍攝的位於法茵堡機場內的RAE全景，可見到機場上停滿了各式各樣試驗用的飛機。RAE於1988年更名為皇家航空研究所（縮寫仍是RAE），1991年併入新成立的國防研究局。

彈性甲板——航艦降落新概念

格林建議可將沒有起落架的飛機，直接降落到一個由韌性材質（如橡膠）製成、並由減震裝置支撐的「墊子（carpet）」上，希望透過這種緩衝墊跑道、搭配正規的攔阻索，在最短距離內讓飛機制動停止。針對降落八千磅重左右的艦載機（這是海吸血鬼戰機典型的降落重量），他提議可使用一條長約一百五十呎、寬約四十呎的緩衝墊跑道。格林認為，若能保持這種跑道的潮濕，則因降落而造成的橡膠跑道表面磨損將會相當小。

海軍飛機部在一九四五年六月七日向RAE主管部門提交了一份《試驗工作提案計畫》（*ProposedProgramme of Experimental Work*），目的在於測試在航艦上運用無起落架噴射機的可行性，這個計畫一共包含四個階段：

階段一是關於基礎設施的細節試驗計畫，將先在RAE所在的法茵堡建造一個200呎×70呎大小的特殊混凝土凹池，用於測試一種充氣甲板（pneumatic deck）。階段二則將以一架模型飛機（Hotspur滑翔機），在臨時搭建的「彈性甲板」上進行拋擲與牽引試驗。同時RAE的工程師也將開始設計用於海上試驗的全尺寸甲板。

在階段三，將在法茵堡以實際飛機進行彈性甲板或充氣甲板的測試，透過這項測試來確認無起落架飛機降落在彈性甲板上的合適程序。

最後的第四階段則由一系列海上測試組成，到那個時候，除了彈性甲板之外，RAE還希望能夠「有一種機械瞄準儀器，能夠充當『自動化著艦引導官』角色負責傳遞信號……為飛行員提供接近（航艦）時的標示與（操作）修正指示。」

在此之前的一九四五年六月，波丁頓與他的同事們已確認了兩種可行方案，用來解決前一個冬天資深皇家海軍官員們所提出的在航艦上操作噴射機問題——一種新型降落甲板，以及一種改進的、用於引導飛行員駕駛噴射機著艦的方法。波丁頓在他的提案中聲稱：「噴射機的發展，結果將帶來大幅增加起飛速度的要求……這又會造成必須去除當前對於甲板自由起飛（free-deck take-off）的限制規定，以便在所有情況下都能滿足協助噴射機起飛的需求。」

而他們提出的三種構想：修改的降落甲板，協助引導飛行員降落的降落輔助

■ 在實際進行海上試驗之前，RAE先在法茵堡機場進行陸基的彈性甲板試驗，上為艾瑞克·布朗駕駛吸血鬼戰機降落在彈性甲板上的情形，注意照片中這架即將著陸的飛機，起落架是收起的。下為吸血鬼戰機被拖離彈性甲板、置放到拖車上。無起落架飛機無法自行移動，只能依靠外力拖曳，從下面這張照片還可見到彈性甲板的側面剖面。

設備，以及「在所有條件下協助噴射機起飛」的彈射器，也讓日後以操作、運用噴射機為核心的現代化航艦，有了實用化的可能。

彈性甲板的實際測試

法茵堡的皇家海軍工程師與技術人員，從一九四六年開始發展與測試彈性甲板原型（或者稱為緩衝墊航艦降落甲板）。不過皇家海軍並沒把彈性甲板當作是一種立即可用的解決方案，掌管皇家海軍研究的斯拉特里少將（M. S. Slattery）在一九四五年四月指出，彈性甲板實際上「是一種過渡措施，用來應用到既有的噴射機設計上，去除這些機型的起落架，以便教導我們並顯示解決創造一種新類型航艦設計問題的方向。」

在以縮尺模型進行的彈性甲板發展延伸測試過後，法茵堡的人員從一九四六年一月開始著手全尺寸系統的相關工作。如同先前預測，此時他們也發現了一些問題。

彈性甲板的緩衝墊是由一系列充氣的香腸狀中空圓筒組成，在這些圓筒頂部鋪有一層作為襯墊的平面橡膠甲板，可讓降落的飛機在上面滑行。滑翔機模型拋擲試驗顯示，透過充氣圓筒之間的受力推擠所形成的緩衝效應，將能讓甲板承載降落飛機的重量與降落產生的衝擊。

法茵堡地面人員遇到的實際問題，在於橡膠襯墊的製造與鋪設上，如同一位工程師所看到的：「在此之前從未有人嘗試過像這樣巨大的（橡膠墊），許多製造方面的試驗工作必須在設計完成之前進行。」

從一九四七年三月起，法茵堡的工程師與技師便開始測試長兩百呎、寬六十呎，並含有攔阻索的彈性甲板。而第一次有人駕駛飛機的降落試驗，則是由創下世界首例噴射機航艦降落的著名皇家海軍試飛員艾瑞克．布朗執行。

一九四七年十二月二十九日當天，布朗駕駛一架收起起落架的海吸血鬼戰機，在法茵堡機場內的模擬彈性甲板上著陸，但這次試驗卻差點要了布朗的命。

當布朗駕機接近著艦區時，飛機突然發生快速下墜情況，布朗雖然試圖拉大油門、增大發動機推力來控制下墜速度，但因發動機加速反應過慢，飛機依舊繼續下墜，並重重地摔落到彈性甲板襯墊末端的進場斜坡上。劇烈撞擊導致飛機尾鉤彈起並卡住，由於尾衍已經受損，導致控制面也跟著卡住，這架海吸血鬼沿著甲板襯墊彈了兩下、最後撞到甲板上，整個機體嚴重受損，不過布朗幸運的沒有受傷。

記取首次試驗的教訓，接下來RAE略為調整了降落程序，並於三個半月後的一九四八年三月十七日，再次由布朗駕著一架海吸血鬼完成了首次完美的彈性甲板降落。

試驗在一九四八年繼續進行，最後布朗在法茵堡一共完成了四十次降落試驗。接下來皇家海軍選擇當時剛由加拿大海軍歸還的戰士號（HMS Warrior）號輕型艦隊航艦，作為彈性甲板試驗艦（戰士號在一九四六年三月到一九四八年三月間暫時借給加拿大海軍使用）。RAE工程人員在戰士號艦島後方的飛行甲板上，沿船艉方向

■ 鋪設在戰士號航艦甲板上的彈性甲板，由數十根香腸狀的充氣圓筒作為內部支撐、再覆蓋上橡膠襯墊組成。

鋪設了一層一百九十呎長、厚約二又四分之一吋、由橡膠構成的彈性甲板，彈性甲板末端接有一段延伸到船艉、長一百五十呎的金屬製進場斜坡（approach ramp）。

攔阻索則只設置一條，安裝在靠近彈性甲板後端位置。降落的飛機勾上攔阻索後，機體將會向前落到彈性甲板的橡膠襯墊上，藉由彈性甲板的緩衝、以及攔阻索的制動，可相當程度的緩和噴射機降落時的高速，讓飛機滑行數呎後便減速停止。

不過由於搭配彈性甲板的飛機並沒有起落架，飛機降落後無法自力在甲板上移動，因此無起落架飛機著艦後必須透過外力拖曳移動，如利用艦島後方的吊臂、或前甲板的絞車，將飛機吊放或牽引置放到彈性甲板前端的拖車上，然後透過拖車來搬移飛機，將飛機拖曳到飛機升降機上、收回到機庫內，或是拖放到前端甲板的起飛位置準備再次起飛。

首次海上測試仍然是由布朗負責駕機執行，他在一九四八年十一月三日駕著一架收起起落架的海吸血鬼戰機，成功降落到戰士號航艦的彈性甲板上，完成了無起落架飛機降落彈性甲板的首次海上試驗。

布朗在試驗報告中寫道：「無起落架飛機的彈性甲板降落原理，已經根本的宣告了……它甚至可以讓未來的後掠翼或三角翼飛機，透過這種方式降落到航艦上——既然所有關於讓這類飛機採用有輪降落方式的評估，都顯示將有嚴重問題的話。」

■ 收起起落架，正準備以機腹降落到戰士號航艦彈性甲板上的皇家海軍吸血鬼戰機，注意尾勾已經鉤上攔阻索。1948～1949年間，皇家海軍在改裝的戰士號航艦與陸地機場上一共進行了兩百多次彈性甲板降落試驗，而未發生過任何嚴重事故。

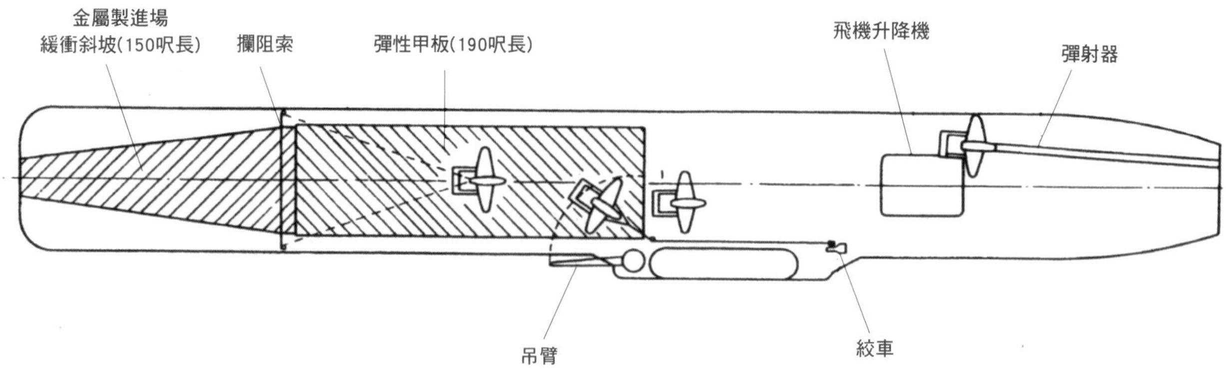

■ 改裝了彈性甲板的皇家海軍戰士號航艦甲板配置。
由於降落到彈性甲板上的飛機都收起了起落架(或是根本沒有起落架)，無法直接移動，因此當飛機降落到彈性甲板上停止後，便須透過艦島後方的吊臂將機體吊起、或利用艦島前端的絞車，將飛機放到位於彈性甲板前端的拖車上，利用拖車來移動飛機，將飛機移動到前方甲板，然後利用升降機回收到機庫內，或拖行到彈射器位置準備起飛。不過測試中使用的海吸血鬼戰機著艦後，再次起飛時並不使用彈射器，而是從彈性甲板前方長（約三百呎）的鋼製飛行甲板上自力滑行起飛。

駕駛過最多種飛機的世界紀錄保持人—艾瑞克·布朗

我們在前面文章中多次提到英國皇家海軍試飛員艾瑞克·布朗的名字，事實上他也是金氏世界紀錄記載飛過最多不同型式飛機的紀錄保持者，一共駕駛過四百八十七型飛機，除了飛過最多型飛機外，他在試飛領域的著名事蹟，還包括在二戰後負責試飛虜獲的多種德國噴射機。在海軍航空領域，布朗也保有第一位駕駛蚊式雙發動機戰機完成航艦降落、第一位駕駛噴射機完成航艦起降、英國第一位完成雙發動機噴射機航艦起降，以及第一位進行無起落架飛機降落彈性甲板試驗等紀錄，還是完成最多次航艦降落的世界紀錄保持人（兩千四百零七）。由於豐富的航艦飛行經驗，後來在皇家海軍的CVA-01航艦計畫中，他還為飛行甲板設計提供過諮詢，另外他為*Air International*雜誌撰寫的一系列試飛心得文章亦十分著名。

陷入歧途的美國海軍

當英國皇家海軍開始研究如何更妥善的在航艦上操作噴射機，並展開彈性甲板測試時，一個自然的疑問便是：美國海軍方面呢？擁有當時最龐大海上航空力量的美國海軍，在這方面難道毫無作為嗎？是否也有和皇家海軍同行們一樣的想法與計畫？答案既是「是」也是「否」。

舉例來說，一九四四年底時，該年十月率著第38特遣艦隊在菲律賓一帶作戰的米契爾中將（Marc Mitscher），就向海軍作戰部長金（Ernest King）建議，發展一種基於該年幾場主要航艦作戰教訓（註三）的新航艦設計，這個建議也獲得了太平洋戰區航空單位指揮官們的贊同。

註三：如菲律賓海海戰與雷伊泰灣海戰。

為回應米契爾的提議，負責海軍航空業務的副作戰部長（DCNO〔Air〕）辦公室中，掌管軍事航空規格特性部門的拉希爾上校（William Rassieur），便針對美國海軍既有與發展中那些重量越來越重的新型飛機，會對當時建造中的艾塞克斯級與中途島級航艦產生哪些衝擊，展開了一項全面性研究。

拉希爾在分析中將航艦與其航空團視為一個單一系統，並認為「航艦+航空團」這個系統的目的，便在於產生「出擊架次」——也就是提供盡可能高的出擊架次，為了讓這個目的能達到最佳化，航艦必須配備多條能同時操作的彈射器。此外，飛機升降機也需佈置在飛行甲板邊緣，以便把飛行甲板空間釋出給在各彈射器旁等待的飛機。

拉希爾上校在一九四五年六月底正式提出了回應米契爾中將提議的航艦設計分析報告，稍後在七月初，這種含有「徹底重新設計的飛行甲板，與一種新（甲板）作業模式」的新航艦概念，獲得了航空副作戰部長認可。

不過美國海軍的目光，很快就被新出現的核子武器給吸引，這也讓改革航艦飛行甲板設計的提案被擱置在一旁。

核子陰影下的海軍航空力量發展

一九四五年八月投在廣島與長崎的兩枚原子彈，永遠改變了現代海軍的作戰型態與技術發展方向。

原子彈這種毀滅威力空前的新武器出現後，顯而易見將成為強權手上的頭號打擊工具，甚至成為決定未來戰爭結果的「唯一仲裁者」，而目標顯著的水面艦隊與船團，也將成為打擊目標之一。因此核子時代的到來，讓美國海軍面臨了前所未有的危機，必須設法回應這兩個問題，來證明自身的存在價值：

首先，必須證明海軍艦隊在核子打擊下的生存性。

其次，必須證明海軍艦隊也能作為一

■ 核子武器的出現，不僅改變了美國海軍的政策主軸，也改變了美國海軍的航艦技術發展方向。照片為1946年7月在比基尼環礁進行的「十字路行動」核子試爆中的Baker水下核爆試驗景象，在蕈狀雲下方可以見到作為試驗目標的水面艦艇艦影。

種有效的核子打擊力量。

一九四六年七月在比基尼環礁（Bikini Atoll）進行的「十字路行動（Operation Crossroads）」核爆試驗，證明了只要採取適當疏散，配合一定的防護措施，水面艦隊在核子打擊下仍能維持相當程度的生存性。

較棘手的是第二個問題。顯然地，威力巨大的原子彈必然成為戰後最受重視的武器，任何軍種或者武器系統，若無法在核子打擊領域占有一席之地，也就意味著將失去預算分配上的優先權。然而開發原子彈的曼哈坦計劃（Manhattan Project）是由美國陸軍主導，美國海軍只有象徵性的參與（註四），一開始甚至連原子彈的尺寸、重量都未被告知。

註四：僅有少數海軍技術軍官被個別抽調參與曼哈坦計劃，負責發展原子彈的非核子部份部件。

不過二戰結束時，美國的核子打擊能力仍十分有限，實際可用的原子彈寥寥無幾，唯一可用的投擲工具也只有陸軍航空軍幾架改裝過的B-29轟炸機，因此海軍要在核子打擊能力方面追趕陸軍腳步，為時仍未晚。

在飛彈技術尚未成熟前，利用飛機攜載是唯一實用的投擲核彈手段，對海軍來說，也就是使用航艦艦載機作為核彈投擲載具。由於初期的核彈重達一萬磅以上，要攜帶這樣重的炸彈深入敵境、對敵方腹地施以打擊，對飛機酬載—航程性能有相當高的要求，這不僅影響機體設計，考慮到艦載機的艦載作業需求，連帶也會影響航艦設計。

著迷於核子武力的美國海軍

在拉希爾上校提出新型航艦設計分析報告的同時，海軍航空局也研究了在航艦上操作渦輪旋槳飛機的議題。這項研究是由海軍航空局沙拉戴少將（Harold Sallada）親自領軍，最後在一九四五年十二月向海軍作戰部長提議，海軍應發展與採購一種可攜帶極大炸彈酬載的新型艦載轟炸機——毫無疑問的，這是為了攜帶原子彈所作的準備。

此時剛從太平洋返回本土、接掌DCNO（Air）職位的米契爾，以及新上任的海軍作戰部長尼米茲，很快就批准了沙拉戴的建議。一九四六年二月，副作戰部長（VCNO）拉姆齊（DeWitt Ramsey）指示海軍艦船局（BuShips）啟動新航艦的設計研究，而海軍艦船局立即就在四月備妥一個C-2預備設計案。

除C-2設計案之外，在一九四六年當時還有另一個航艦概念正在發展中。C-2設計案是中途島級航艦的修改版，主要目的在於攜載與彈射非常大型的轟炸機。不過海軍艦船局同時也在進行新型艦隊航艦設計：一種稱為CVB-X、預定作為艾塞克斯級後繼者的新型通用航艦。CVB-X最後演變為命運不幸的合眾國號（USS United States CVA 58）（一九四九年被國防部長取消），亦是被設計用來搭載大型艦載轟炸機，並可兼顧核子與傳統任務。

美國海軍內部對於核子攻擊任務的興趣十分強烈，海軍航空局在一九四六年一月發出一份後來成為AJ野人艦載攻擊機的新型艦載轟炸機規格草案，為回應這份需求規格，海軍資深官員、海軍航空局與民間代表於三月進行了非正式會面，初步確認了發展方向。與此同時，海軍航空物資中心（NAMC）的飛機實驗室，也已經準備好新轟炸機的預備設計案，並收集了大量美國陸軍航空軍的陸基轟炸機資料作為參考。

一九四六年六月，負責政策與計畫的副作戰部長（DCNO〔Plans & Policy〕）萊特少將（Jerauld Wright），向海軍作戰部長尼米茲指出，核子武器的存在——即使是像一九四五年八月用來攻擊長崎的那種並不十分成熟、既龐大又笨重的鈽彈——仍給了海軍建造大型長程轟炸機與航艦的正當理由。

接下來在一九四六年七月，代理海軍部長沙利文（John Sullivan）寫了一封信給杜魯門總統，信中強調：「高機動性的海軍特遣艦隊透過它的能力，可以在世界上幾乎任何地方相繼進行持續的打擊，讓這支武力成為原子時代戰爭中最具價值的一個部分。」就如同退役海軍中將米勒（Jerry Miller）在二〇〇一年出版的 *Nuclear Weapons and Aircraft Carriers* 一書所說的，在二戰後，核子任務成了美國海軍唯一關心的主題（only game in town）。

■ 二戰結束後，美國海軍將海上航空力量的發展重點，放在發展可攜帶核彈的艦載轟炸機，以及可運用大型轟炸機的新型航艦上，以便與美國空軍爭奪核子武器控制權。相對地，英國皇家海軍則聚焦於如何因應噴射機的航艦操作問題上。照片為甲板上搭載了AJ野人轟炸機的中途島號航艦。

分道揚鑣的英美海上航空力量發展

正是基於核子任務方面的需求，讓美國海軍與英國皇家海軍在二戰後走向了不同發展方向。對皇家海軍來說，一九四五、一九四六年時的焦點，放在重新思考航艦飛行甲板的設計與作業流程，以便適應被設計用來執行護航任務的噴射機性能特性，但皇家海軍並不打算讓他們的航艦扮演核子攻擊角色。

美國海軍則截然不同，把航艦力量發展重點，放在重型對地打擊與後來的核子打擊任務上，因此強調發展更大型的新航艦。不像皇家海軍，美國海軍一直力圖證明自己在核子打擊任務領域，擁有與陸基航空力量同等的能力。

但這也意味著，美國海軍是想讓航艦與艦載機去適應（adapt）新的任務（即核子打擊任務）；而皇家海軍則是想讓航艦克服（overcome）噴射機的操作問題（如更高的降落速度、渦輪噴射發動機反應速度慢等），以解決幾乎無法在既有航艦上安全操作噴射機的困境。

在法茵堡的皇家海軍技術專家們理解到：他們必須提出新發明來解決前述問題，包括新的降落甲板、輔助著艦設備與彈射設備。美國海軍雖然也提出了新發明，但卻是在非常不同的方向與層次上，包括重量超過六萬磅的新轟炸機，以及能讓這種轟炸機起飛的新航艦。

兩者相較下，英國皇家海軍採取的路線顯然更為「巧妙」，面對艦載機越來越重，且噴射機起降速度遠高於傳統螺旋槳飛機的問題，他們並不企圖擴大航艦尺寸噸位，而是發展新的降落與起飛輔助機制

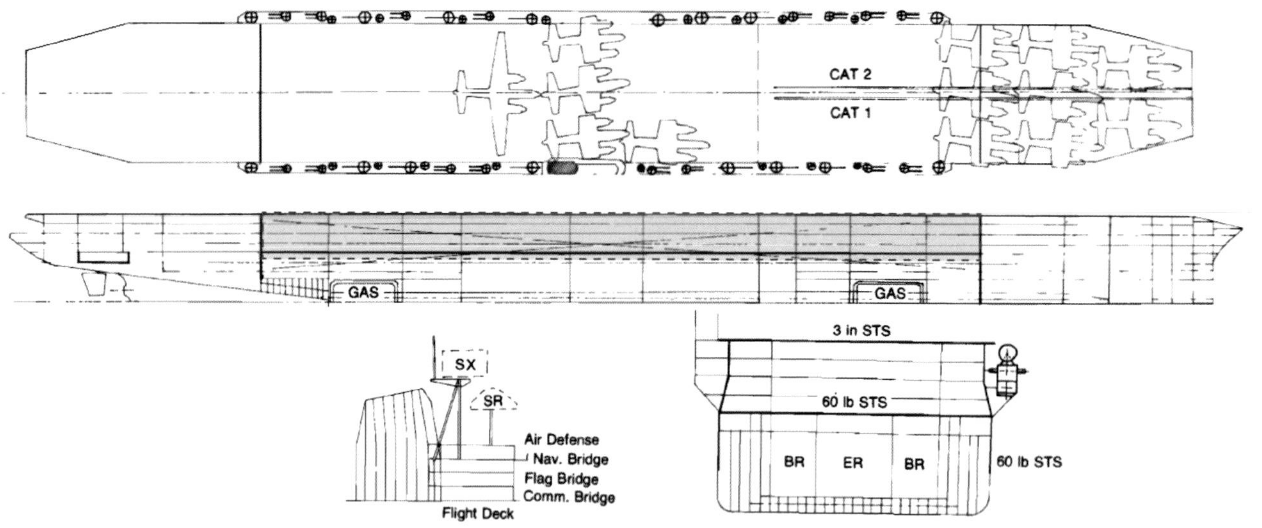

■ 1946年的CVB X航艦設計草案。
二戰後美國海軍航艦力量發展的首要課題，並不是搭配新型的噴射戰鬥機，而是如何操作具備核子攻擊能力的轟炸機，上圖中的CVB X設計案，便是美國海軍第一種以搭載重型轟炸機執行核子打擊任務為目的的航艦設計，船體與飛行甲板基本構型類似中途島級航艦，但船體內未設機庫，轟炸機直接露天停放於飛行甲板，飛行甲板寬度可並排停放三架折疊後的轟炸機，轟炸機可利用艦艏的兩組液壓彈射器彈射起飛，然後由艦艉降落回收。雖然海軍航空局強烈建議採用無艦島的平甲板構型，但海軍艦船局仍試著保留一個小型艦島，以便保有較佳的操艦視野，並用於配置雷達與煙囪。

來因應。

美國海軍採取的解決方式則顯得更為「直接」。美國海軍希望在航艦上操作能攜帶原子彈的大型轟炸機，顯然地，只有大型航艦才能搭載這樣大的機型，因此規劃中的新航艦尺寸噸位，是從當時最大型的中途島級起跳。但即使是中途島等級的船體，要操作這種大型轟炸機仍嫌不足，因此美國海軍又採取了一些極端的「特化」做法：

首先，新航艦將專門用於搭載大型核子轟炸機，不考慮搭載其他機型。

其次，考慮到航程與酬載能力的要求，這種新型轟炸機體型將會非常龐大，甚至比B-17、B-24等陸基轟炸機都還大上一號，為運用這種尺寸空前的艦載機，必須在航艦設計上採用有別於傳統的做法。考慮到要在船體內設置能容納這種機型的機庫將會非常困難，因此乾脆省略機庫、改用露天甲板來停放這種轟炸機；更進一步，為去除上層結構對轟炸機翼展造成的限制，以利新轟炸機的甲板作業，還打算省略艦島。

最後，新航艦的航空燃料與武器酬載能力，是以讓十六至二十四架重型轟炸機、每架可執行四至六次全程飛行任務為基準，顯然地，這是基於讓少數轟炸機執行核子打擊任務為目的。

海軍助理作戰部長加雷利少將（Daniel Gallery）甚至在一九四七年十二月十七日發出的一份備忘錄中，建議採用轟炸機單程攻擊概念，他認為：「原子彈轟炸任務的重要性，值得因此犧牲負責投彈的飛機，但我們並不希望犧牲乘員——透過在預設地點部署潛艇，然後讓投彈完畢的轟炸機飛往該地水上迫降（讓潛艇回收轟炸機乘員），便可作到這一點。」

不管加雷利的構想是否合理，我們仍可看出當時的美國海軍對於獲得獨立海上核子打擊能力的期望，是多麼的執著！

從彈性甲板到斜角甲板

一九四八至一九四九年間，皇家海軍在改裝的戰士號航艦與陸地機場上一共進行了近兩百次彈性甲板降落試驗，除了艾瑞克·布朗外，還有五位不同經驗的飛行員參與試驗，整個試驗過程未發生過任何嚴重事故。

儘管試驗頗為成功，但艾瑞克·布朗對於其他國家海軍為什麼沒有注意到彈性甲板的效用感到困惑，他知道美國海軍航空局正在觀察皇家海軍的發展工作進展，海軍航空局的工程師也對這種設計感興趣，但美國海軍卻遲遲沒有展開任何實際行動（註五）。

但他不知道的是，當時的海軍航空局局長普萊德少將（Alfred Pride）並不贊同彈性甲板這種設計。直到普萊德於一九五一年五月調任西岸航空部隊指揮官後，海軍航空局內部關於發展美國版彈性甲板的構想，才有可能獲准。不過儘管美國海軍後來也進行了彈性甲板試驗，但最後還是沒有接受這種設計。

註五：美國海軍曾派員參與皇家海軍的彈性甲板試驗。從一九四八年十一月到一九四九年五月間，一名美國海軍試飛員，便與來自英國皇家海軍與皇家空軍的飛行員，一同參加了在戰士號航艦與法茵堡基地進行的彈性甲板降落測試。

事實上，當時美國海軍正在發展可由普通水面護航艦搭載，專供船團護航任務使用的垂直起降飛機。海軍航空局在一九四八年向航空業界發出了開發這種機型的提案需求，並在一九五四至一九五五年間進行了兩種實驗機的測試（即康維爾〔Convair〕XFY-1與洛克希德〔Lockheed〕XFV-1），垂直起降飛機可大幅減少飛行甲板面積需求，因此對彈性甲板這種針對噴射機的新型降落技術，需求自然就不那麼迫切。

不過，兩國海軍對彈性甲板接受態度上的差異，還是源自根本目的的不同。皇家海軍技術專家們在二戰後的工作，是針對如何讓航艦與噴射機結合在一起運作的需求，創造出一種新發明；而美國海軍在這方面的努力，則被發展一種可攜帶大型核子武器的艦載機需求給蓋過。

換句話說，皇家海軍關心的重點，在於如何讓航艦適應新出現的噴射戰鬥機操作需求。而美國海軍雖然也開始在航艦上操作噴射機，但是在航艦發展上

■ 盡快賦予航艦執行核子打擊任務的能力，是二戰後美國海軍最關心的議題。為了盡快獲得自身的核子打擊力量，美國海軍曾以改裝的陸基P2V反潛巡邏機充當過渡用核子轟炸機，讓加裝了八具一千磅推力JATO火箭的P2V-3C從中途島級航艦上起飛，執行完任務後再於友軍基地降落。照片為1949年4月2日一架P2V-3C從羅斯福號航艦上起飛的連續鏡頭，可見到JATO助推火箭燃燒產生的白煙籠罩了整個甲板。

的最優先目標，是設法讓航艦具備執行核子打擊任務的能力，重心放在發展能在航艦上操作的核子轟炸機，以及能夠操作這種轟炸機的航艦設計，相較下，如何更好地在航艦上操作噴射機，就不是那樣受重視的目標。

海軍航空局在一九四六年六月向北美航空訂購了AJ野人（Savage）——一種能攜帶原子彈的最小型飛機。AJ野人是種採用直線翼的活塞＋噴射複合動力飛機，以兩具R-2800活塞發動機為主要動力來源，機尾另安裝有一具用於提供額外動力的J33渦輪噴射發動機，理論上沒有噴射機降落速度過高的問題。

不過AJ野人超過五萬兩千磅的最大起飛重量，明顯超過先前的航艦操作飛機最大重量紀錄（原紀錄是一九四四年十一月在香格里拉號航艦〔USS Shangri-La CV 38〕上進行的PBJ-1H雙發動機轟炸機起降測試時創下）。要直接在現有航艦上操作AJ野人也存在困難，因此尼米茲便在一九四六年十一月指示負責後勤的副作戰部長，為三艘CVB航艦（中途島級）進行修改（強化甲板、增設核彈處理設施等），以便能運用攜帶原子彈的AJ野人。

美國海軍採用的策略是：首先，發展並部署AJ野人的量產型AJ-1，同時展開後繼的純噴射動力轟炸機開發工作，也就是後來的A3D天空戰士（Skywarrior）；其次，修改三艘CVB航艦（即中途島級）以便操作AJ-1；第三，專門針對A3D的特性與操作需求設計一種新型大型航艦。

與此同時，海軍高層還藉由以重達七萬磅的P2V-3C海神巡邏轟炸機，在中途島級航艦上進行起飛試驗，向杜魯門政府展示海軍有能力在航艦上操作核子轟炸機。

於是二戰結束後不到五年時間內，美國海軍便將第一種可攜帶原子彈的艦載轟炸機AJ-1投入服役，海軍艦船局則花了許多時間設計可操作大型轟炸機的「超級」航艦，海軍航空局的新型轟炸機競標則產生了A3D，此外海軍也在三艘中途島級上部署改裝的P2V-3C，作為過渡用艦載核子轟炸機。

彈性甲板出局

接下來噴射機航艦降落技術的發展，又有了新變化。

彈性甲板的試驗大致上還算成功，估計顯示，專門針對彈性甲板設計的無起落架飛機，光是省略起落架相關機構便能節省百分之四至百分之五重量，而這又能帶來其他改進（如採用更薄的主翼），從而讓機體總重減輕大約百分之五至百分之六，換算為性能的話，對航艦艦載機這意味著可延長大約四十五分鐘耐航時間，或增加每小時十七至二十三哩航速。

而對於航艦運用來說，無起落架飛機

■ 無起落架飛機可以一邊機翼翹起的傾斜放式停放，從而讓多架飛機以機翼交疊的方式緊密停放在機庫中，提高機庫停放密度，如照片中這兩架停放在蘇賽克斯（Sussex）皇家海軍福特基地的吸血鬼戰機一般。

美國海軍的彈性甲板試驗

在英國的彈性甲板試驗結束四年多後，美國海軍才在一九五三年於馬里蘭Patuxent River海軍飛行測試中心，搭建了一條570×80呎、由三十吋充氣管支撐的彈性甲板，由格魯曼公司試飛員諾里斯（John Norris）與海軍試飛員摩爾（John Moore）負責駕駛兩架改裝過的F9F-7美洲獅戰機，從一九五五年二月起進行了二十三次收起起落架的彈性甲板降落試驗。

■ 1955年2月在Patuxent River海軍飛行測試中心進行的彈性甲板試驗，上為在彈性甲板上制動停止的試驗用F9F-7戰機，可注意到這架飛機沒有放下起落架，而是以機腹直接著陸；右為該機在彈性甲板上彈跳滑行的連續鏡頭。

試飛員諾里斯回憶表示，他在試驗時額外穿了棒球捕手用護膝來保護膝蓋，並戴了特製頭盔，頭盔後有機構與彈射椅頭靠連在一起，以便在遭遇降落衝擊時固定頭部，但降落產生的彈跳還是使他大吃苦頭。「第一次彈跳很美妙，可是它卻又再彈跳了至少兩次，彈起的高度比捕捉鉤最高高度還高三倍！這並不有趣，會讓你的脖子受傷，即使當我一察覺攔阻降落負荷出現，便盡力抬起腳然後踩下，但我的腿還是被猛撞一下。」不過特製頭盔很有用，「直到最後，頭盔都把（我的頭）牢牢鎖定在固定位置上，直到彈跳停止為止……我在我的十次降落（試驗）中每次都戴著它。」

整個試驗在技術上大致可算成功，但此時更有效率、更具實用性的斜角甲板概念已經誕生。

還有兩個優點，首先是對於機庫高度的需求較低，其次是可讓飛機以一邊機翼翹起的左右傾斜方式停放，從而讓一架飛機的翼尖停放在另一架飛機翹起的翼尖下方，以機翼交疊的方式來提高停放密度。

但問題在於，無起落架飛機無法降落在普通機場或未安裝彈性甲板的航艦上，除非全面普遍部署彈性甲板，否則無起落架飛機的適用性將非常窄。但無論是耗費巨資為陸基基地與航艦全面配備彈性甲板，或為了發揮彈性甲板的最大效用，而去專門開發一種新的無起落架飛機，就成本效益來說都是不值得的。

而且對於航艦來說，當安裝了總長三百四十呎以上的彈性甲板與配套緩衝斜坡後，飛行甲板前端只會剩下很少空間，可以給等待使用前端彈射器的飛機使用，這將會造成整個飛行甲板運作的困難。如同皇家海軍資深航空專家、當時擔任供應部（Ministry of Supply）海軍代表副主席的康貝爾上校（Dennis Cambell）所說的：「（彈性甲板）的困難是無法克服的。」

康貝爾認為彈性甲板+無起落架飛機概念存在兩大問題，首先是無起落架飛機的陸基操作問題，若給無起落架飛機配上一套陸基作業專用起落架，將會完全失去彈性甲板這個概念在節省飛機重量上的優勢。其次，由於沒有機輪，無起落架飛機在航艦甲板上的移動將會十分麻煩，必須

彈性甲板的缺陷與改進嘗試

法茵堡的陸基試驗與戰士號的海上試驗，證實了無起落架飛機搭配彈性甲板的概念是可行的，但僅止於「可行」，而沒有達到「實用」的層次。

省略起落架是無起落架飛機的主要賣點，但同時也是致命缺陷所在，缺少起落架這個機構，導致作業適應性很窄、甲板作業效率的低落，以及其他一系列問題。

狹窄的操作適應性

只有配備彈性甲板的航艦與陸基基地，才能操作無起落架飛機，除非在世界範圍內所有海軍飛機可能轉場的機場都準備彈性甲板，否則無起落架飛機的適用性將非常狹窄。

此外，無起落架構型只適用於噴射機，螺旋槳飛機仍然需要使用起落架，所以航艦上還是必須保留傳統飛行甲板用於操作螺旋槳飛機與直升機。

飛機外載物的處理

作戰飛機經常必須在機身或機翼下安裝掛架，以便攜帶外載副油箱或武器彈藥。除非在每次降落前都將外載物連同掛架一同拋棄，否則這些掛架與外載物在飛機沿著彈性甲板滑動過程中，可能會被撕裂或損壞。

低落的甲板作業效率

配備輪式起落架的飛機，在直通甲板上透過攔阻索進行傳統著艦時，回收飛機的速率大約是每分鐘兩架，若飛機進場速度為六十節，則當第一架飛機捕捉到攔阻索時，第二架飛機正位於艦艉一千碼的進場最後轉向位置。

海軍飛機部主管、同時也是彈性甲板的倡導者波丁頓認為，一千碼的間隔是兩次降落作業間可接受的最小距離，他建議進場速度一百一十節的飛機，應該以十六秒的速度執行降落回收作業，也就是每分鐘回收四架次。考慮到最糟糕的情況，若飛行甲板來不及淨空、以致必須向下一架進場降落的飛機發出重飛的「Wave-Off」信號，至少要在下一架飛機接近到兩百碼距離之前，才會有足夠餘裕讓第二架飛機拉起重飛。由於兩架降落飛機的間隔設為一千呎，而飛機的進場速度為一百一十節，計算可知，當第二架飛機接近到兩百碼距離前，甲板人員只有十二秒的時間，可以用來回收與清除第一架降落的飛機。

但是在戰士號航艦上進行的彈性甲板試驗顯示，當吸血鬼戰機降落到彈性甲板上以後，得花五分鐘時間將飛機吊放或拖曳到拖車上，然後利用拖車移動離開甲板，或者直接將飛機吊放到鋼製甲板區域、讓飛機放下起落架自行離開甲板。但長達五分鐘的著艦時間間隔，顯然是無法接受的。

改善甲板作業效率的努力

為了改善彈性甲板作業效率低落的問題，海軍飛機部提出了許多構想，包括：在彈性甲板著艦區前端安裝一個斜板，幫助將飛機拖離彈性甲板區域；透過設置在舷側的起重機，以鋼纜拖曳飛機進入機庫。

還有一種是彈性甲板結合傳統直線型甲板的混合型式，在彈性甲板前方設置一組尼龍攔阻網，利用尼龍攔阻網將甲板分隔為兩個區域。執行降落作業時，先把尼龍攔阻網放倒，當降落的飛機在彈性甲板上停止滑動後，甲板人員迅速將一條鋼纜掛到飛機鼻端的環上，以絞車將飛機往前拖、通過放倒的尼龍網後，尼龍網隨後便升起以發揮攔阻作用。透過尼龍攔阻網可防止後續降落的飛機撞上第一架降落的飛機，故可以提高降落回收飛機波次的間隔，不過降落後的無起落架飛機仍然必須搬到拖車上才能在甲板上移動，所以這種方式沒有改善無起落架飛機甲板調度作業遲緩的問題。

能夠根本解決問題的方法，是將彈射甲板與降落甲板分離、使彈射起飛與降落回收作業徹

■ 搭配彈性甲板的無起落架飛機，無法自行在甲板上移動，必須先透過絞車將飛機拖曳、放置到彈性甲板前端的拖車上，然後利用拖車來移動飛機，但這個拖曳與上拖車的過程十分麻煩且耗時，大為減損了甲板作業效率。照片為在戰士號航艦上拖曳與利用拖車移動的吸血鬼戰機，注意該機收起了起落架，藉以模擬無起落架飛機的操作。

底隔開的提案。實現這個目的的方式有兩種，第一種是採用雙層甲板的設計，類似皇家海軍一九三〇年代建造的暴怒號（HMS Furious）、勇敢號（HMS Courageous）與光榮號（HMS Glorious），或是舊日本海軍早期的赤城號與加賀號等多層甲板航艦，飛行甲板分為上下兩層，上層為設置了彈性甲板的降落用甲板，下層則為起飛用甲板。由於起飛甲板與降落甲板完全分離，所以彈性甲板的降落作業不會影響到起飛作業效率。

第二種概念是雙層甲板加上斜向降落甲板。這種設計同樣分為上下兩層甲板，下層甲板即為機庫甲板，在這層甲板前端設有彈射器，可以讓機庫中直接彈射起飛。上層甲板則設有一條朝向左舷外側、鋪設了彈性甲板的斜向降落甲板，所以這便在上層甲板的前段形成了兩條甲板——一條是朝向左舷的降落用彈性甲板，另一條是沿著船體中軸線的直線甲板，兩條甲板以大約八度的夾角隔開。

構想出這種斜向降落甲板與直線甲板彼此緊臨的設計，目的在於大幅縮短將降落飛機從彈性甲板上拖離的距離。對於配備彈性甲板的傳統直線甲板航艦來說，當飛機降落到飛行甲板後端的彈性甲板上後，必須利用絞車將飛機往前拖曳至少一百五十呎距離，才能將飛機拖到彈性甲板前端邊緣待命的拖車上，光是牽引作業就至少得花十五秒時間。而改用斜向降落甲板結合直線甲板的設計後，降落到斜向甲板上彈性甲板區域的飛機，只需往左側或右側挪動很短的距離，就能離開彈性甲板區域、移動到緊臨的直線甲板上，大幅縮短了將飛機拖離降落甲板時間。雖然出發點不同，不過這個結合彈性甲板的斜向甲板構想，和後來的斜角甲板只有一步之遙。

彈性甲板概念的消亡

隨著一九五一至一九五二年間誕生了更有效率的斜角甲板概念，皇家海軍與美國海軍對彈性甲板的興趣也迅速降低，前述種種關於改善彈性甲板作業效率的構想，沒有一個能進入到海上試驗階段。最後一次解決彈性甲板問題的嘗試是在一九五二年，由RAE針對英美兩國海軍共同實施，這次嘗試了在飛機機腹設置可收放的「滑行輪（taxiing wheels）」設計，當飛機降落並利用絞車拖離彈性甲板後，便可放下這組滑行輪自行移動，從而省略將飛機放上拖車的程序，只需利用吊臂吊放或絞車拖曳讓飛機離開彈性甲板區域後，就能直接移動飛機，不再需要拖車的幫助。這組滑行輪只能用於在甲板上移動，比起必須承受降落負載的正規起落架，構造相對簡單許多，不過這也讓「無起落架」概念大打折扣，而且這種只用於移動、而不能用於降落的滑行輪不僅會增加重量與複雜性，也得不到操作人員的認同。

最後皇家海軍的彈性甲板試驗在一九五四年終止，美國海軍也在稍後的一九五五年結束了相關試驗。雖然彈性甲板概念沒有進入實用化，不過這也是二戰後針對如何更好地在航艦上操作噴射機，所做出的首個新概念嘗試，並由此促生了斜角甲板概念，是現代航艦發展歷程中不能忽視的一個環節。

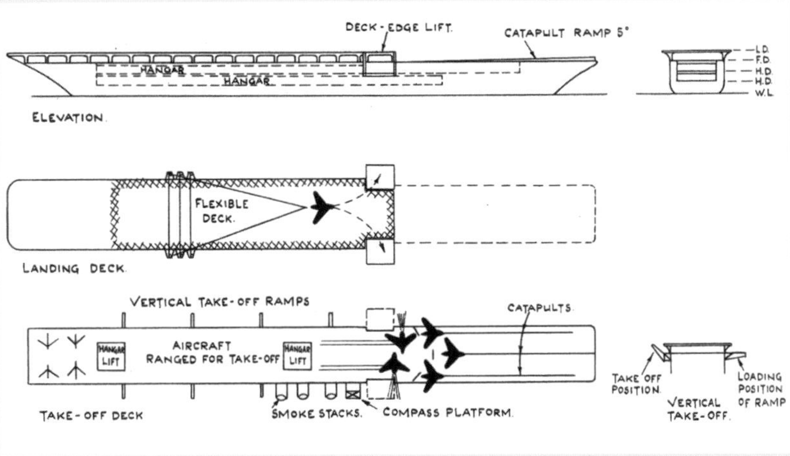

■ 為了改善彈性甲板與無起落架飛機的甲板作業效率，RAE的海軍飛機部提出了幾種新型態的航艦設計。上圖為一九四九年提出的一種雙層甲板航艦設計，上層甲板為設有彈性甲板的降落用甲板，降落到彈性甲板上的飛機可就近從兩側的升降機送到下層甲板或機庫；下層甲板為設有彈射器的起飛用甲板，藉由徹底分離起飛與降落作業甲板，來改善甲版作業效率。

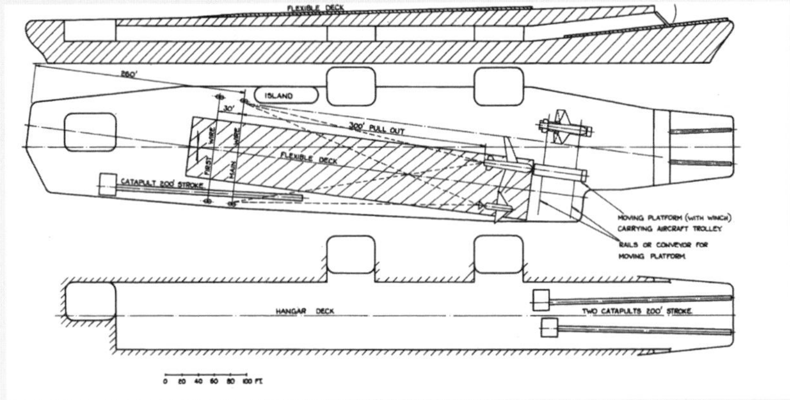

■ 為了改善彈性甲板的作業效率，還出現了帶有斜向甲板的航艦設計。上圖為一九五〇年代初期的一種結合了斜向降落甲板的雙層甲板航艦概念，下層甲板為機庫兼起飛甲板，甲板的中、後段為機庫，前段為設有彈射器的起飛甲板；上層甲板則有兩條，一條是沿著船體中軸的普通鋼製甲板，另一條是朝向右舷外側、設有彈性甲板的降落用甲板，降落到彈性甲板上的飛機制動停止後，可利用彈性甲板前端的拖車與軌道就近搬移到左邊的直線甲板上，藉此可減少飛機拖曳移動的距離與時間。這個設計案還有一個十分特別之處：艦島設置在左舷，而非設於右舷，藉由這種設計可讓彈性甲板朝向右舷外側，當降落飛機進行五邊繞行進場時，最後一個從航艦左舷進入的左轉彎，可以只轉一百七十度，而不是原本的一百九十度。

依靠起重機、拖車、絞車等機械的幫助，流程複雜且耗時，不像一般飛機可輕易的利用起落架滑行到甲板上的停機位，低落的甲板運作效率是彈性甲板的另一致命傷。

康貝爾並不僅只於揭露彈性甲板本質上的缺陷，還提出他構想的替代方案，也就是「斜角甲板（Angled Deck）」。

斜角甲板概念的誕生

一九五一年八月七日，康貝爾在他的辦公室主持了一場會議，討論皇家海軍應否發展具備操作無起落架飛機能力的航艦，負責領導彈性甲板發展工作的波丁頓亦出席了會議，康貝爾在會議中首次提出斜角飛行甲板構想。

康貝爾本人是海軍飛行員出身，曾擔任過803中隊指揮官、光榮號航艦（HMS Glory）航空指揮官，後來還出任一九五五年服役的新一代皇家方舟號航艦（HMS Royal Ark）首任艦長，當他還在第一線飛行時，曾有在老的皇家方舟號、百眼巨人號（HMS Argus）等多艘航艦上駕機起降的經驗。

■ 丹尼斯．康貝爾，斜角甲板概念的創始者，也是英國皇家海軍資深飛行員、並擔任過航艦指揮官，這張照片是在皇家方舟號航艦上所拍攝，他在一九六〇年退役前的最終階級是少將。

按康貝爾對當天會議的回憶：「主持這種會談是我的工作。我在吃午餐三明治的時候，也一邊構想著幾種可行方法，以協助飛機降落（航艦）後的搬運作業。我的辦公桌上有一艘三呎長的光輝號航艦模型，我嘗試畫著可以怎樣安裝這個瘋狂的甲板，以允許（飛機）能以合理的速度依序降落。我草擬了幾個想法，如將降落甲板架高，然後將停機甲板放到下面，還有一些古怪的方案，但沒有一個看起來是可行的。

然後我明白了，何不把甲板朝向左舷（偏轉）大約十度呢？（如此）你仍然可以在（船艏）前方甲板得到可用的停放空間，也不再需要設置尾鉤未勾到（攔阻索）時緊急使用的攔阻柵網，你甚至可以在其他飛機降落的同時，讓飛機彈射起飛。當然，你對於如何將飛機帶離降落區仍然會有疑問，不過這只需從側面拖帶很短的距離，就能清空（降落）跑道。」

康貝爾在當天的會議中並沒有立即提出他的構想。「我決定暫時保留我的想法，直到所有人都清楚認識到，若要接受彈性甲板概念，最重要的需求便在於確保甲板（飛機）停放。」但這個問題卻又沒有簡單的解決辦法，於是康貝爾拿出他事先準備好的草圖——向左舷偏轉十度、並配有四條攔阻索的斜角甲板。藉由向左舷外偏的斜角甲板，不僅可隔開艦艉降落區與艦艏起飛區，彼此互不干擾，也讓同時進行起飛與著艦作業成為可能。

「我承認我這樣作帶有炫耀的意味，但也因為沒有收到預期中的回應而憤慨，事實上，會議中的反應是混合了冷漠與些許嘲諷。」不過有個人例外，那就是波丁頓。「會議結束後，他（波丁頓）要求再看一次我的草圖，我記得他用鉛筆草草畫了幾條線，顯示可以讓斜角甲板在左舷形成的突出角，平滑的融入主飛行甲板內。這是件小事，但一直留在我記憶中。」康貝爾在回憶錄中表示，只有波丁頓一開始就認識到斜角甲板的意義與價值。

斜角甲板概念的推廣

真正的突破發生在三週之後。當時波丁頓正在為新造的皇家方舟號飛行甲板構型設計而苦惱。皇家方舟號的姊妹艦、稍早服役的老鷹號航艦（HMS Eagle），雖然是皇家海軍當時建造過的最大型航艦，擁有總長超過八百呎（兩百四十四公尺）的飛行甲板，並配備了多達十六條攔阻索與三種不同型式的攔阻網，但這樣頂多也只能應付第一代的直線翼噴射機，不足以因應即將服役、重量更重、速度也更快的新型噴射機。

受限於經費與既定的基本設計，延長飛行甲板是不可行的，況且就算是比皇家方舟號更大、全長達九百六十八呎（兩百九十五公尺）、當時世界最大的美國海軍中途島級航艦，也依舊無法妥善因應操作新一代噴射機的問題。皇家海軍曾嘗試過其他變通方法，如將攔阻索與攔阻柵網往艦艏方向前挪，以增加降落緩衝距離，但這又會造成艦艏可用甲板空間過小的副作用，如戰士號在一九五二至一九五三年間做了這樣的改裝後，由於在攔阻網之後（靠艦艏方向）又設有兩條攔阻索，以致大幅壓縮了船艏甲板可用的停機空間，甲板停機數量就被限制在只剩十二架。

問題的根源，在於傳統直線型甲板＋攔阻索／攔阻網的配置已不敷使用，若要滿足日後的操作需求，需要的是一種創新的降落方法，而康貝爾提出的斜角甲板構想，正好給了波丁頓新的啟發。

一九五一年八月二十八日，波丁頓寫了一封信給海軍造船部副總監巴特立特（Bartlett），同時也送了一份副本給康貝爾。波丁頓在信中提出為皇家方舟號配置斜角甲板的設計草案，並指出，如果斜角甲板足夠朝向左舷，則任何降落的飛機若沒有成功勾到攔阻索而衝過頭時，將可加速再次起飛，然後重新嘗試一次降落程序。

於是斜角甲板的基本原理與效益，至此也獲得了完整的闡明。要讓飛機安全著艦，同時確保飛機著艦失敗不會危及停放在飛行甲板上的其他飛機，最理想的方式便是把著艦區域與飛機停放區域徹底隔離，至於隔離的方式可以是前後隔離，也可以是左右隔離。

前後隔離是把直線型的飛行甲板分為前、後兩個區域，後段用於著艦，前段用於停放飛機，兩個區域之間透過攔阻柵網隔開。但如同前面提過的，考慮到噴射機重量越來越重、降落速度越來越快的趨勢，所帶來的著艦區域長度日漸提高的需求，除非飛行甲板的長度足夠（比方說一千呎），否則沒辦法在確保艦艉著艦區長度的同時，仍保有充分艦艏停放區空間。

■ 斜角甲板概念在英國海軍內部的推廣，始自對於新造皇家方舟號航艦飛行甲板佈置的檢討。皇家方舟號的姊妹艦——稍早服役的老鷹號雖配備了多達十六條攔阻索與三種不同的攔阻網，但也只能勉強應付第一代直線翼噴射機的降落，而無法應付更大、更重的新一代噴射機，顯示傳統直線型飛行甲板已不適用於未來環境。照片為剛服役時的老鷹號，直線型甲板構型清晰可見。

左右隔離則是把著艦區與停放區左右並排設置，也就是一種降落跑道與停放／起飛跑道雙跑道並排的概念，如此可確保兩個區域都有足夠的長度，但這又會造成船體舷寬增加到無法接受的程度。

而斜角甲板這個概念，將能巧妙解決如何隔離著艦區域與飛機停放區域的問題，藉由讓著艦跑道的方向從船體中軸線往左舷旋轉幾度，成為朝向左舷外側的斜角甲板，降落的飛機不再是往船艏方向進場，而是改向左舷外側進場著艦，因此不會與停放在船艏甲板區域的其他飛機衝突，自然達到了讓降落區與艦艏起飛區或停放區彼此隔離的效果，但船體的長度與水線寬度並不需要增加。

此外，朝向左舷外側的斜角降落甲板前端沒有任何阻礙，為進場的飛行員提供了完全淨空的降落跑道，著艦的飛機即使錯過了所有攔阻索，只需拉起飛機、從斜角甲板前端便能再次復飛。

藉由斜角甲板的設計，也在飛行甲板前端與右舷創造了一個不受降落作業干擾、面積也有效擴大的可用空間，當斜角甲板進行降落飛機回收作業的同時，艦艏或右舷區域仍可正常地進行彈射起飛或甲板調度作業。斜角甲板與船艏甲板合計的可用飛行甲板長度與面積，大幅超過了船體長度相同的直線型甲板。

因此引進斜角甲板後，無論降落作業安全性，或飛行甲板可用空間與運作效率都可大幅提高，但航艦船體的水線長度或寬度都不需要增加，只需把降落甲板往左舷外傾一個角度，並且把這個斜角甲板的前端適當地延伸、外張到左舷外側即可，可說是一個耗費小、但收益非常大的創造性構想。

「我經常在想，如果我們的角色顛倒會怎麼樣——正因我是一個有經驗的航艦飛行員，所以能想出根本的新理論；而路易斯（即波丁頓）是個科學家，所以能提出讓它（斜角甲板）立即投入應用的提案。」康貝爾這樣總結。

直線型甲板vs.斜角甲板

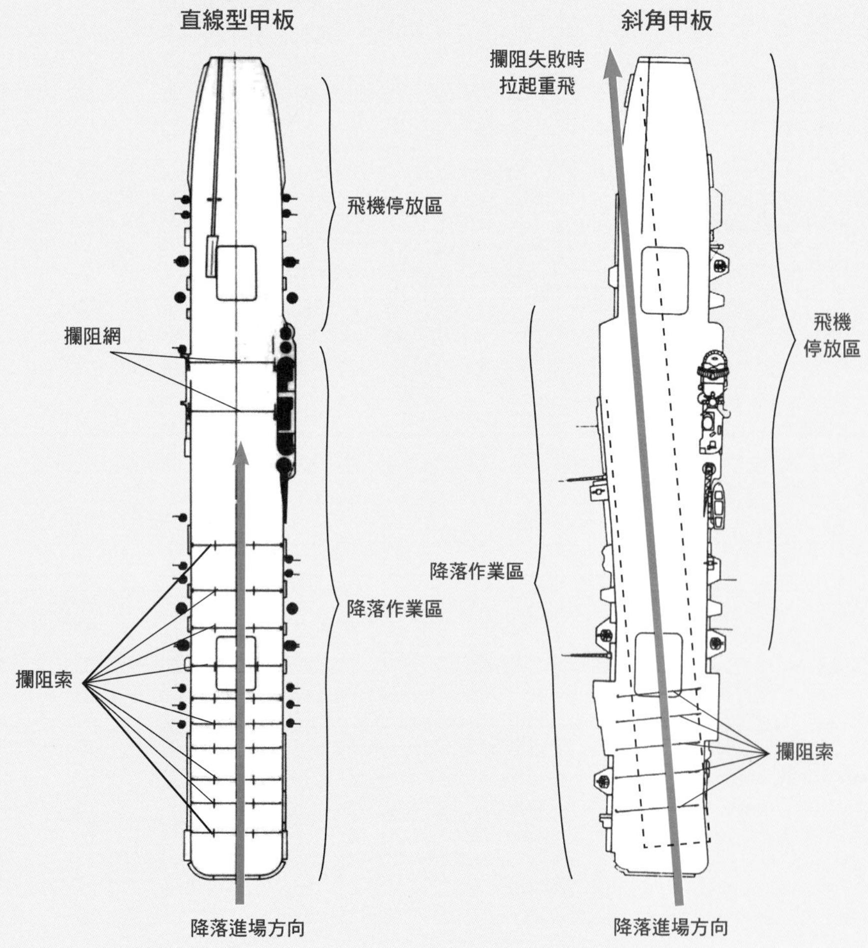

■ 左圖為英國皇家海軍莊嚴級輕航艦原始直線型甲板構型，以及改裝斜角甲板後的構型對照，從中可以看出斜角甲板的巨大效益。
對於直線型甲板來說，艦載機降落進場方向，與艦艏用於停放、調度飛機與彈射起飛的區域同一軸向，為了避免降落的飛機因攔阻失敗而撞上停放於艦艏甲板的其他飛機，必須盡可能多設置攔阻索，並在艦艏與艦艉甲板之間配置多道攔阻網作為最後的防護，但也導致降落作業區占去將近三分之二甲板長度，大為壓縮了甲板前端可用空間。而且降落飛機一旦沒有勾上任何一條攔阻索，就只能透過攔阻網強制讓飛機制動停止，但這也存在著損及飛行員安全與機體結構的疑慮。如果要確保絕對的安全，讓攔阻失敗的飛機有重新拉起復飛的機會，便得清空整個飛行甲板，然而這也會嚴重制約飛行甲板運作效率。
但是只要把降落甲板略為朝向左舷外偏幾度，成為斜角式的降落甲板，就能讓飛機降落進場方向，與艦艏區域彼此錯開，如此一來，降落作業不僅不會影響到艦艏甲板區域的運作，也會在飛行甲板右舷額外空出一塊便於飛機停放與調度的三角區域，無形間擴展了甲板可用空間。而對於降落飛機來說，由於是沿著朝向左舷外側的斜角甲板進場，斜角甲板前端沒有任何障礙物，即使沒有勾到攔阻索，也能拉起重新進場，不再需要使用攔阻網強制制動（除非遇到降落飛機無法進行正常攔阻的緊急情況），也可大幅減少甲板上需要的攔阻索數量。
一般來說，八至十度的斜角甲板效果較好，能兼顧降落作業與擴展甲板可用面積的需求，但即使是只有五至六度小幅偏轉的斜角甲板，也能發揮相當程度的效果，還可把從直線型甲板改為斜角甲板需要的改裝作業降到最低——甲板構型不需太大變動，只需重漆飛行甲板上的標線、調整攔阻索的安裝角度，並讓飛行甲板左舷外側稍微向外擴張即可，因此斜角甲板可說是一項耗費小、但收益極大的航艦航空設施新發明。

首次斜角甲板試驗

確立了斜角甲板概念後，接下來的問題便在於說服海軍部委員會（Board of Admiralty）接受。

在波丁頓寫了那封關於關鍵信件後不久，兩年一度的法茵堡航空展於同年九月展開。這次航空展中，一個不尋常之處在於特別多的美國訪客，包括一個由美國海軍庫姆斯中將（Thomas Coombs）率領的代表團。

按照慣例，英國海軍部與美國海軍代表團之間，進行了禮貌性的會談，簡短交換關於雙方未來發展的訊息。在會談中，康貝爾再次提起斜角甲板構想，而美國訪客們的反應，與康貝爾首次提出斜角甲板概念時他的英國同僚們大不相同，按照康貝爾的回憶：「他們（美國海軍官員）話說得不多……不過他們明顯彼此交換了眼色。幾週以後我們聽說……美國海軍已計畫在中途島號上進行斜角甲板的預備試驗。」

在英國方面，康貝爾與波丁頓也展開合作，共同推動將斜角甲板構想付諸實際的試驗。在他們催促下，RAE經過一九五二年二月四至八日的進一步討論後，同意在當時被作為訓練艦使用的凱旋號航艦（HMS Triumph）上進行斜角甲板試驗。

這次試驗並沒有對凱旋號進行太多改造，只是在後段飛行甲板上漆上左傾十度的斜角降落區，拆除了一些左舷邊緣障礙物，並卸除原本設在直線甲板中線位置攔阻索與攔阻網，所以頂多只能進行落地重飛（touch-and-go）試驗，而不能真正的讓飛機制動停止在這個斜角甲板上。實際上，由於懷疑臨時漆上的斜角甲板長度不夠，所以凱旋號也沒有進行實際著艦滑行然後重飛的試驗，而只是低空進場通過斜角甲板上空而已，儘管如此，凱旋號從同年二月中旬展開的一系列斜角甲板降落進場試驗，仍獲得極大的成功，參與試驗的飛行員們反應極為熱烈，於是緊接在三月又於光輝號航艦（HMS Illustrious）上進行進一步測試。

一系列測試證明，斜角甲板可有效改善噴射機著艦安全性，還有大幅提高航艦作業能力的作用，不僅可讓艦艏起飛與艦艉降落作業互不干擾，還可在艦艏、斜角降落區與右舷間形成一塊三角停放區，能在不影響起飛與降落作業的情形下用於停放與調度飛機。海軍空戰總監（DAW）在一九五二年便指出，透過增設斜角甲板，可讓兩萬噸級的赫密士級航艦（HMS Hermes），具備與三萬三千噸級、但採傳統直線型甲板的老鷹號同等的作業能力。

由於測試十分成功，加上美國海軍也開始進行同樣的試驗，終於促使英國海軍部同意考慮在新一代艦隊航艦設計上，應用斜角甲板這種新構型。不過由於政策上的延宕，加上經費限制，皇家海軍在斜角甲板的實際應用上，反而落到美國海軍之後。

■ 一九五二年二月進行史上首次斜角甲板試驗的凱旋號航艦，可見到該艦在後段飛行甲板漆上了左傾十度的斜角降落區，不過攔阻索與攔阻網並沒有從原來的直線甲板中線位置，改挪到斜角甲板上，所以只能進行進場與落地重飛（touch-and-go）試驗，而不能真正將飛機制動停止在斜角甲板上。儘管如此，這一系列試驗仍證明了斜角甲板的價值。

Chapter 4

斜角甲板的應用與普及

英國皇家海軍的斜角甲板概念，很快就傳入美國海軍，並得到發揚光大，讓斜角甲板迅速進入實用化與全面普及。

斜角甲板傳入美國海軍

核子打擊能力的發展，雖然在二戰後一度占據了整個美國海軍政策與技術發展的重心，不過韓戰的爆發，重新喚起美國海軍對於航艦傳統打擊力量發展的重視，而噴射機的航艦操作問題，也終於成了美國海軍關注的重點之一。

尤其是韓戰中艦載噴射戰機的降落作業高事故率問題，更讓美國海軍苦惱不已，舉例來說，光是韓戰爆發後的頭兩個月（一九五〇年七至八月），趕赴戰區參戰的兩艘美國海軍艾塞克斯級航艦——佛吉谷號（USS Valley Forge CV 45）與菲律賓海號（USS Philippine Sea CV 47）所屬F9F噴射戰機單位，就發生了多達三十五起著艦事故，顯示改善噴射機航艦作業安全性，已是刻不容緩。

於是海軍航空局局長普萊德指示位於馬里蘭Patuxent River海軍航空站的海軍航空測試中心（Naval Air Test Center, NATC），針對如何在航艦上更安全的操作噴射機展開研究。如同上一章提到的，普萊德已拒絕支持彈性甲板方案，不過斜角甲板概念的適時出現，為美國海軍提供了現成的解決方案。

■ 韓戰開戰後頭兩個月，部署在戰區內的兩艘艾塞克斯級航艦所屬F9F中隊就發生了多達三十五起降落事故，迫使美國海軍正視噴射機的航艦降落事故率過高問題，這也成為引進斜角甲板的契機。照片為韓戰時期在艾塞克斯級航艦上降落的F9F戰機。上面這張照片可以清楚看出傳統直線型甲板的缺陷，若著艦中的那架F9F未能及時透過攔阻索或攔阻網制動停止，就會一頭撞上前端甲板停放的其他F9F。

相較於備受普萊德抵制的彈性甲板，斜角甲板很快便被接受——事實上，海軍航空局在一九三〇年代的「飛行甲板巡洋艦（flight-deck cruiser）」設計中，就曾有過類似構想。於是斜角甲板概念，也讓原來基於不同路線的英、美兩國海軍航艦發展，迅速跨越了彼此間的差距。

在二戰時期，英、美兩國海軍便有很緊密的連繫，皇家海軍在戰後仍舊繼續向海軍航空局派遣連絡官，英國技術專家也與美國同行們密切接觸。例如美國海軍就在一九四八年十一月，向皇家海軍提供了全套的合眾國號航艦甲板設計資料、全套的中途島級設計圖，以及用於搭配大型艦載機的攔阻索套件資訊。

相對地，當美國海軍代表團在一九五一年九月舉行的法茵堡航空展中，從皇家海軍的康貝爾處得知斜角甲板概念後，立即便對這個構想產生興趣。在皇家海軍試飛員艾瑞克·布朗的回憶錄*Wings of My Sleeve*中也提到，當他在一九五一年夏天奉派前往美國、加入美國海軍航空測試中心的試飛員時，也被上級要求：「（為我們）詳細說明這種航艦甲板降落的革命性新想法（即斜角甲板）。」

不過，布朗向美國海軍引介的斜角甲板概念，卻未能立即得到美國同行們的認可。二戰時著名的俯衝轟炸機飛行員、當時在華盛頓海軍作戰部長辦公室（OpNav）服務的布埃爾中校（Harold Buell）指出（註一），布朗提倡的斜角甲板之所以未在海軍航空測試中心內立即獲得支持，這是由於「布朗所提的斜角甲板只有四度斜角，這將會嚴重制約執行飛行作業時，飛行甲板上（允許停放）的飛機數量……但這個想法激發了更進一步的構想，將斜角增加到八度……（最後）決定對這個概念進行進一步測試。」

美國海軍選上的試驗平臺，是當時最大型的中途島號航艦（USS Midway CVB 41）。中途島號的斜角甲板預備試驗是在一九五二年五月二十六至二十九日進行，與英國在凱旋號上的試驗相似，中途島號也只是在飛行甲板後段漆上斜角降落區，攔阻索與攔阻網仍位於原來的直線甲板中線位置，但已足以證明斜角甲板的功效。

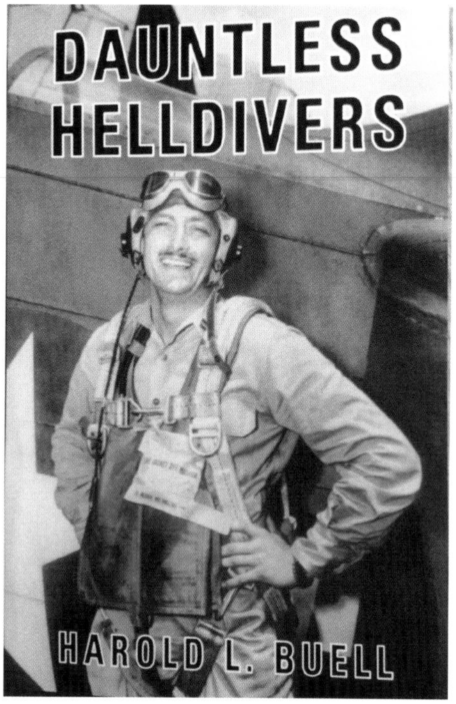

■ 哈洛德．布埃爾是二戰時期最著名的航艦飛行員之一，也是美國海軍內率先倡導採用斜角甲板的先行者，照片為布埃爾自傳*Dauntless helldivers*的書影，中文版書名為《太平洋之翼：一名俯衝轟炸機飛行員的親身經歷》。

註一：哈洛德．布埃爾可說是當時世界上實戰經驗最豐富的航艦飛行員，他於一九四〇年十二月進入美國海軍航空隊服役，是史上唯一參與了太平洋戰爭中全部五場航艦對航艦海戰——珊瑚海、中途島、東所羅門、聖塔克魯茲，以及菲律賓海海戰——最後又能生還到戰後的飛行員（包括美日雙方），先後在三支俯衝轟炸機中隊與四艘航艦上服役，執行了超過一百二十五次戰鬥任務。他還曾在一九四二年八至九月間，被派遣到瓜達康那爾島上，與仙人掌航空隊的陸戰隊飛行員們並肩作戰。在一九四四年六月的菲律賓海海戰中，他在六月二十日傍晚率領大黃蜂號航艦VB-2中隊的SB2C地獄俯衝者中隊，冒險襲擊了三百浬外的日軍航艦艦隊（任務距離接近飛機任務半徑極限，而且必須在夜間返航降落），並取得一枚炸彈命中日軍瑞鶴號航艦飛行甲板的戰果，讓該艦喪失飛行作業能力。

斜角甲板的實用化

基於在中途島號上成功的初步測試經驗，美國海軍決定緊接著進行「真正的斜角甲板」試驗，選上了未被列入航艦現代化計畫、當時處於預備役狀態，被編在太平洋預備役艦隊中的安提坦號航艦（USS Antietam CV 36），改裝為斜角甲板試驗艦。

安提坦號於一九五二年九月至十二月間入塢完成改造，最初打算採用八度斜角甲板，後來改為十．五度斜角，並在左舷飛機升降機後端、也就是斜角甲板前端位置，增設一個由覆蓋了軟鋼的木質甲板，所構成的三角形外張甲板構造。

除了增設斜角甲板以及相對應的左舷外張結構外，安提坦號也重新調整了攔阻索佈置角度，略向右斜以配合斜角甲板中線位置。至於位置恰好在增設斜角甲板前端的左舷舷側升降機，則被鎖定在頂部位置，以免妨礙斜角甲板運作。安提坦號在這次改裝中並沒有安裝正規的攔阻網，不過如果發生飛機尾鉤故障或其他事故，可在兩分鐘內搭起一組緊急攔阻網來對應。

緊接在一九五三年一月，搭載著第8艦載航空團（CAG 8）的安提坦號成功完成了海上試驗，在關達那摩灣的訓練中，第8艦載航空團只花了兩個多月時間，便學會了如何適應新構型甲板的運用。

在一九五三年初調任第84戰鬥機中隊（VF-84）指揮官、帶領VF-84的F9F-5噴射戰機機群參與這次訓練的布埃爾中校評論道：「身為一名經驗豐富的海軍飛行員（tailhooker），駕著噴射機降落在斜角甲板上是種至高的享受（sheer bliss）」。

在一九五三年一月十二至十六日的試驗中，第8艦載航空團在安提坦號上一共完成了超過五百次、包括日、夜間，以及六種噴射動力與螺旋槳推進機型的降落作業，而未發生任何事故。

初步試驗告一段落後，作為對英國分享技術的回報，安提坦號稍後在一九五三年五月橫渡大西洋來到英國，於六月底到七月初間配合英國皇家海軍進行了斜角甲板降落試驗。皇家海軍以攻擊者（Attacker）、海鷹（Seahawk）等噴射機，以及翼龍（Wyvern）螺旋槳攻擊機，在安提坦號上進行了六十四次落地重飛與十九次攔阻著艦試驗，讓皇家海軍也同步體驗了真正的斜角甲板操作。

斜角甲板航艦的誕生

到了這個階段，已沒有任何人懷疑斜角甲板的價值與必要性。

當安提坦號於一九五三年初來到英國時，康貝爾與波丁頓也被特別邀請登艦參訪，艦上官兵向這兩位斜角甲板概念創始者簡報了所有他們關心的議題。而這次成功的訪問，也促使英國海軍部決定立即為既有航艦展開改裝斜角甲板的動作。

■ 艾塞克斯級航艦中的安提坦號，是世界上第一艘配備真正斜角甲板的航艦。注意該艦與後來接受SCB 125工程改裝斜角甲板的另外十四艘艾塞克斯級航艦不同，這十四艘艾塞克斯級在進行SCB 125改裝前，都先接受了SCB 27工程，強化了飛行甲板與飛行支援設施、增設H8液壓彈射器或C 11蒸汽彈射器，並移除了艦島前、後的5吋砲，而後在SCB 125工程中，這十四艘艾塞克斯級不僅增設了斜角甲板，艦艏也改成封閉式的風暴艏。而安提坦號則從未接受SCB 27或SCB 125工程，雖然配備了斜角甲板，但仍保留開放式艦艏，以及原始的5吋砲配置，在艾塞克斯級中是個特異的存在。照片為改裝斜角甲板後的安提坦號。

被皇家海軍列入第一艘改裝斜角甲板的航艦，是當時才剛完工、正在進行試航的半人馬座號（HMS Centaur）。不過為了節省經費、並加快工程進度，半人馬座號只採用五・五度的斜角甲板，而非康貝爾理想中的十度斜角甲板。

斜角甲板的角度越小，則斜角降落區在整個飛行甲板所占比例也越大，將導致剩餘可用甲板面積減少，從而影響到甲板操作與調度效率。不過角度較小的斜角甲板，在左舷形成的突出外張結構也越小（甚至不需增設左舷外張結構），有助於減少需要的工程量，對飛行員降落作業的衝擊也較小（航艦航行方向與斜角甲板中線差距小，飛行員駕機降落時更容易對正斜角甲板中線）。

由於改裝五・五度斜角甲板牽涉到的工程量不大，無需改動飛行甲板結構，僅需在左舷增設一小段外張結構、移除左舷防空砲、調整攔阻設備安裝角度，並重漆甲板塗裝即可，半人馬座號很快便於一九五四年二月改裝完成重新投入服役，成為皇家海軍第一艘配備斜角甲板的航艦。

斜角甲板的普及

繼半人馬座號後，該艦仍在建造中的兩艘姊妹艦阿爾比恩號（HMS Albion）與保壘號（HMS Bulwark），也都臨時變更設計，納入五・五度斜角甲板，並分別於一九五四年五月與十一月服役，其中進度較快的阿爾比恩號，也成為世界上最早在建造階段便納入斜角甲板的航艦。

同樣地，在卡梅爾・萊德（Cammell

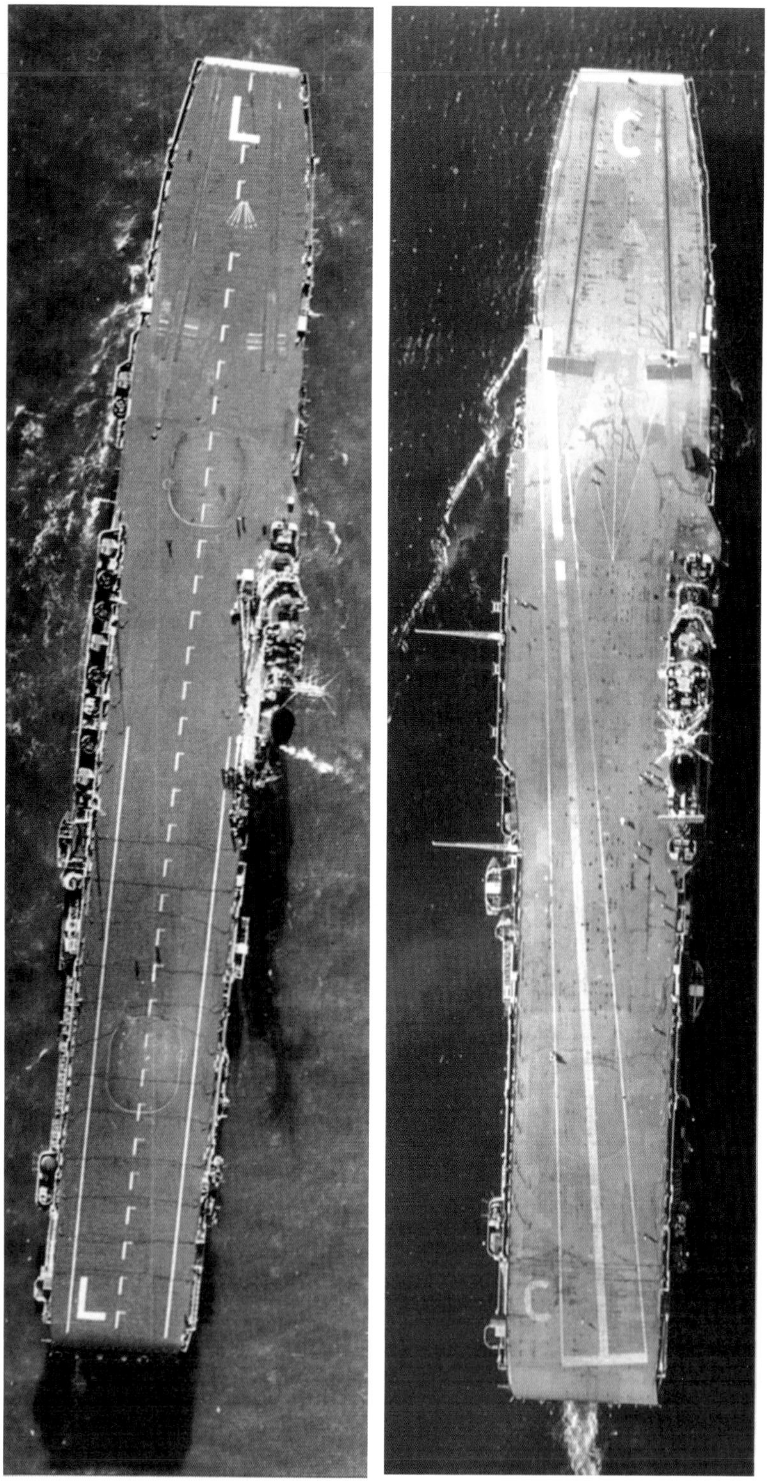

■ 半人馬座級航艦首艦半人馬座號，是同級航艦中唯一依照原始直線型甲板設計建造完工的，該艦在完工試航後，馬上便被皇家海軍選為首艘配備斜角甲板的航艦。左為完工試航中的半人馬座號，仍為直線型甲板構型，右為改裝了斜角甲板後的半人馬座號，為了降低修改工程量，半人馬座採用的是只有五・五度夾角的斜角甲板，可見到飛行甲板上漆上了朝向左舷外側的斜角降落跑道，攔阻索數量減少了一半並重新排列方向，左舷也略為向外擴張。

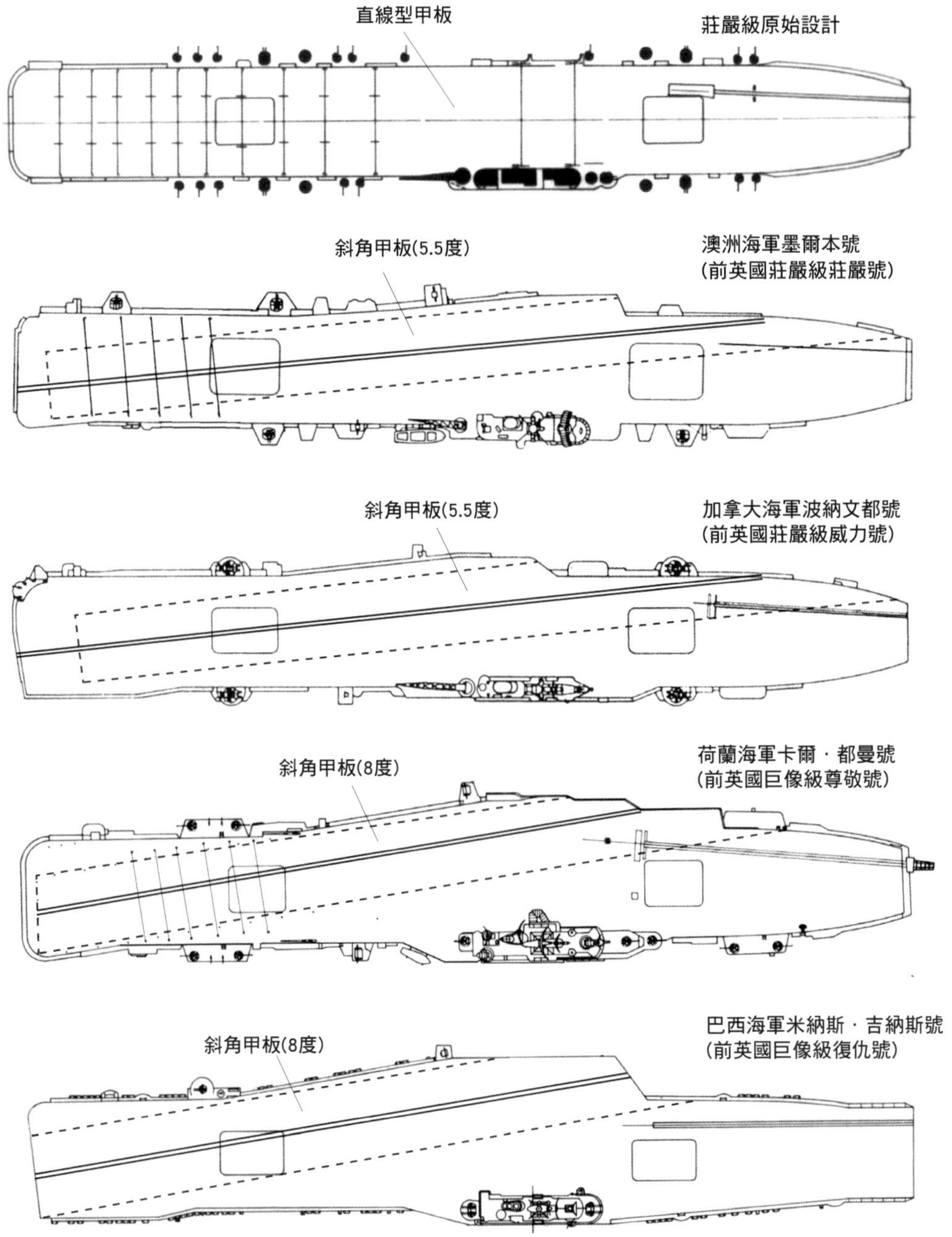

■ 直線型甲板、「過渡型」斜角甲板與「完整」斜角甲板的對比。

這四艘航艦均屬於英國海軍「一九四二年輕航艦計畫」下誕生的莊嚴級與巨像級，可視為準同級艦，原始設計為傳統的直線型甲板，但在後續建造工程中增設了斜角甲板。

由於莊嚴級與巨像級各艦完工時間不同，採用的斜角甲板型式也有異。墨爾本號與波納文都號改採用五・五度斜角甲板，卡爾・都曼號與米納斯・吉納斯號則為八度與八・五度斜角甲板。從圖中可看出五・五度斜角甲板只需少許更動原來的直線型飛行甲板構型，改裝工程量較小，但斜角降落區會一直延伸到船艏，佔去過多甲板空間，以致剩餘空間不足。

而八度以上的斜角甲板，則能顯著增加艦艏與船舯右舷部位的可用空間，甲板利用效率更好，不過為了讓斜角甲板擁有足夠的長度與面積，須在左舷搭建出額外的外張甲板，所需工程量明顯較大。

但從另一方面來看，斜角甲板的角度越小，則斜角甲板中線與航艦航向（即船身中線方向）的差距越小，更有利於降落的飛行員駕機瞄準斜角甲板中線，也可減少船艏方向亂流的影響。反之，若斜角越大，則降落難度也會跟著增加。

Laird）船廠中將近完工的皇家方舟號，也臨時變更飛行甲板設計，增設五・五度斜角甲板，並於一九五五年二月正式服役。至於皇家方舟號的姊妹艦老鷹號，則在一九五四至一九五五年返港大修間配置了五・五度斜角甲板。下一艘接受改裝的皇家海軍航艦，是曾擔任彈性甲板試驗艦的巨像級航艦戰士號，在一九五五至一九五六年間進行了包括增設五・五度斜角甲板在內的修改工程。

除前述六艘皇家海軍航艦外，後來還有四艘轉賣給其他國家的前英國航艦，也採用了類似的四度至五・五度斜角甲板配置，依改裝後服役時間順序，分別為澳洲海軍的墨爾本號（HMAS Melbourne）（前英國莊嚴級輕航艦莊嚴號〔HMS Majestic〕）、加拿大海軍波納文都號（HMCS Bonaventure）（前英國莊嚴級威力號〔HMS Powerful〕）、法國海軍阿羅芒徹斯號（Arromanches）（前英國巨像級航艦巨像號〔HMS Colossus〕）、印度海軍的維克蘭特號（INS Vikrant）（前英國莊嚴級力士號〔HMS Hercules〕），除阿羅芒徹斯號是在服役十年後才在大修中改裝四度斜角甲板外，其餘三艦都是在建造工程中納入五・五度斜角甲板配置，一服役便配有斜角甲板。

雖然小角度斜角甲板工程簡便、成本效益頗高——能發揮斜角甲板功效，改裝

■ 1955年剛完工、配有五・五度「過渡型」斜角甲板的皇家方舟號（左），以及1970年代改裝了八・五度「完整」斜角甲板後的皇家方舟號（右）俯瞰照片對比，可看出八・五度斜角甲板時期的左舷甲板外張部分明顯大了許多，在飛行甲板右舷形成的可用甲板面積也隨之增大，在艦艏與靠艦島的右舷部位多出許多可用甲板空間。

或變更設計所需時間與費用相對不高，但畢竟無法充分發揮斜角甲板的效用，僅被視為「過渡型（interim）」斜角甲板，與八至十度斜角的「完整」斜角甲板仍有差距，因此後來皇家海軍又為幾艘航艦改裝了更大角度的斜角甲板。

如半人馬座級的4號艦赫密士號（HMS Hermes），該艦建造時間要比其他三艘姊妹艦晚了許多（雖然一九四四年六月便開工，但工程一度中斷，拖到一九五三年二月才下水），有機會吸收前幾艘改裝工程的經驗與教訓。赫密士號的斜角甲板被改為六・五度，以避開船艏方向從右舷五度到左舷二十度間的氣流干擾，由於斜角甲板較姊妹艦多了一度，又增設一部左舷舷側升降機，導致該艦的左舷外張結構比同級艦大了許多。一九五九年十一月才服役的赫密士號是皇家海軍第四艘、也是最後一艘服役時便設有斜角甲板的英國海軍航艦。

但赫密士號的六・五度斜角甲板仍不算是理想配置，皇家海軍第一艘配有「完整」斜角甲板的航艦，是一九五〇年十月便入塢進行大規模重造工程的勝利號（HMS Victorious）。海軍造船總監（DNC）於一九五三年十月批准為勝利號改裝八・五度的斜角甲板，由於改裝工程規模浩大，勝利號的現代化工程直到一九五七年底才完工，並於一九五八年一月重新服役。

接下來擁有完整斜角甲板的英國航艦

是老鷹號，在一九五九至一九六四年的大修中也改裝了八・五度斜角甲板。皇家方舟號則一直等到十多年後於一九六七至一九七〇年進行的大修中，才跟進改裝了八・五度斜角甲板。

另外兩艘前英國海軍航艦——荷蘭海軍的卡爾・都曼號（HNLMS Karel Doorman）（前英國巨像級尊敬號〔HMS Venerable〕），以及巴西海軍的米納斯・吉納斯號（NAeL Minas Gerais）（前英國巨像級復仇號〔HMS Vengeance〕），也分別採用了八度與八・五度斜角甲板，特別的是這兩艘航艦分別是由荷蘭Wilton-Fijenoord船廠與鹿特丹Verlome船廠負責改裝，不像前述各艦是由英國船廠改裝。

美國海軍的斜角甲板航艦

繼試驗性質的安提坦號後，美國海軍接下來所有新造艦隊航艦都採用了斜角甲板，同時也為部分已服役航艦改裝斜角甲板。相對於為了省錢、省工而採用五・五度斜角甲板的英國皇家海軍，經費相對充裕的美國海軍，一律都是採用十・五度的完整斜角甲板，能完全符合康貝爾的原始構想。

在新造航艦方面，美國海軍於一九五三年中決定為已在建造中的佛萊斯特級航艦前兩艘——佛萊斯特號（Forrestal CVA 59）與薩拉托加號（Saratoga CVA 60），引進包括斜角甲板在內的新設計，變更設計後的佛萊斯特號於一九五五年十月服役，是美國第一艘在建造時便配備斜角甲板的航艦。接下來服役的三艘佛萊斯特級、四艘小鷹級與一艘企業號航艦，也都採用十・五度斜角甲板，直到一九七〇年代陸續開工的尼米茲級才改為較小的九・五度斜角甲板（註二）。

除新造的超級航艦外，美國海軍在為現役艾塞克斯級與中途島級航艦所進行的現代化改裝工程中，也引進了斜角甲板。一九五二至一九五七年間，一共有十四艘艾塞克斯級在SCB 125改裝工程中增設十・

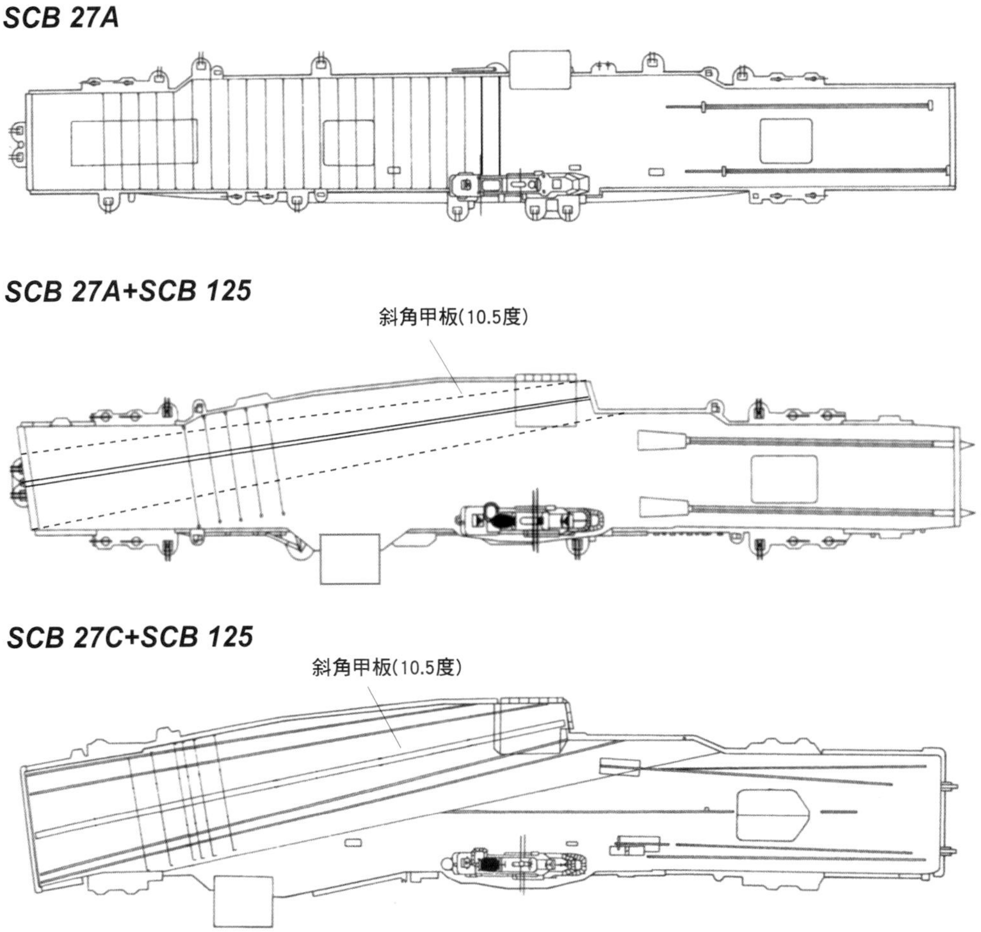

■ 艾塞克斯級航艦改裝斜角甲板前、後的對比。
上為SCB 27A改裝後的構型，中為SCB 27A+SCB 125改裝構型，下為SCB 27C+SCB 125構型。可清楚看出增設斜角甲板後，所需的攔阻設備數量大幅減少，並可在斜角降落區與艦艏之間形成一塊不受起降作業干擾的三角形飛機停放區。

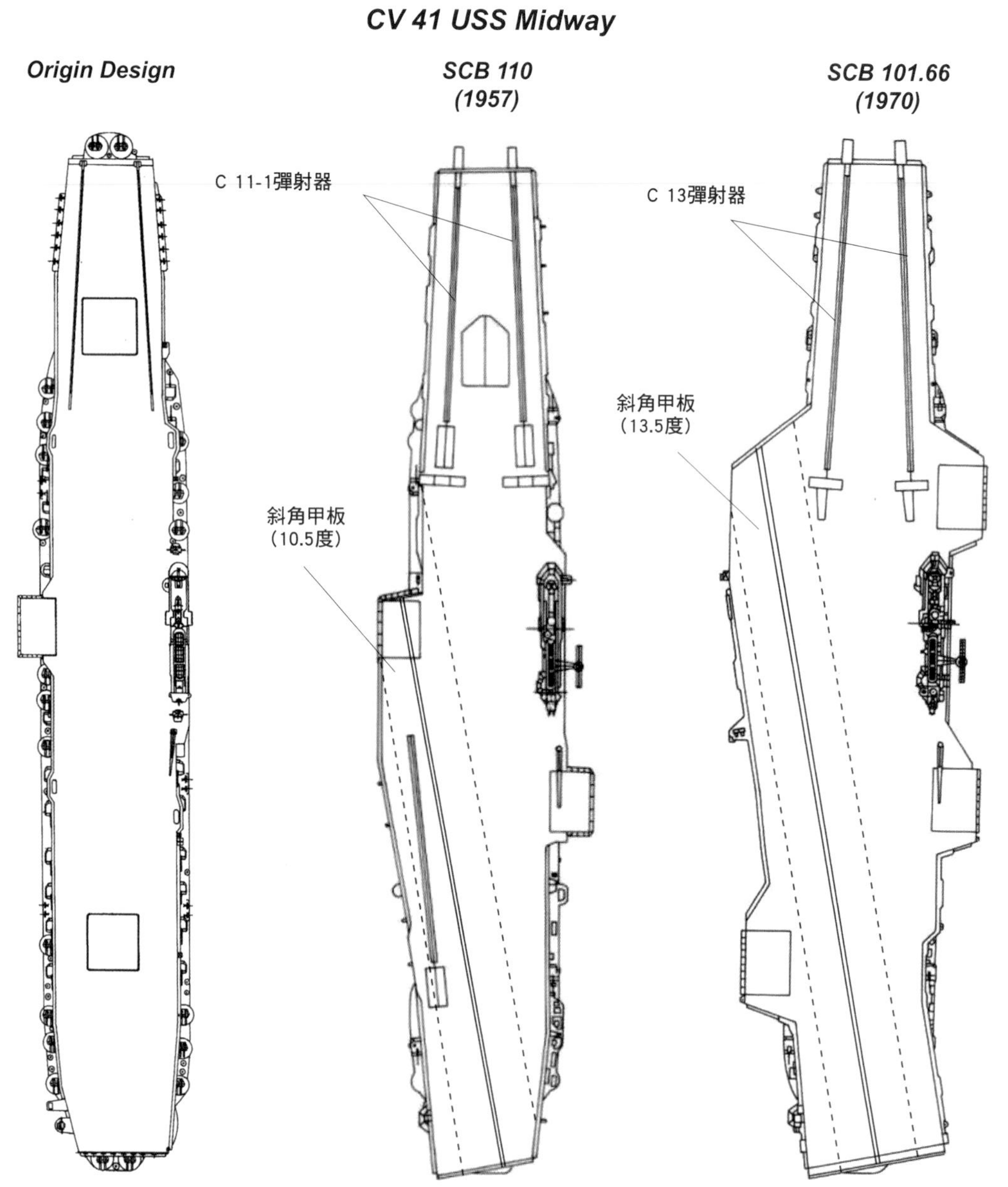

■ 中途島號航艦飛行甲板構型演變——從直線型甲板到斜角甲板。從中途島號歷次改裝過程中的飛行甲板構型演變，可清楚看出斜角甲板角度大小的影響。中途島號完工時是採用傳統的直線型甲板，在一九五五至一九五七年的SCB 110現代化工程中，設置了十・五度的斜角甲板，不僅可讓降落回收作業與船艏彈射作業互不干擾，也有效擴大了飛行甲板空間。接下來在一九六六年開始的SCB 101.66現代化工程中，中途島號換裝了更強力、但長度也更長的C 13彈射器，在飛行甲板長度不變的情形下，為了避免艦艏C 13彈射器的後端延伸進斜角甲板區域而干擾到降落作業，中途島號在這次工程中也改裝了航艦史上斜角角度最大的十三・五度斜角甲板，藉由更大的斜角，不僅可讓斜角甲板避開艦艏的彈射作業區，還有效擴大了飛行甲板面積，不過這也帶來飛機降落操作難度提高、船體頂部過重、穩定性降低等副作用。所以斜角甲板的角度也不是越大越好。

五度斜角甲板（最後一艘奧斯卡尼號採用的是改進的SCB 125A構型），並陸續於一九五五年二月到一九五九年五月間完工重新投入服役。

三艘中途島級航艦也在一九五四至一九六〇年間的SCB 110/110A改裝工程中，增設十・五度斜角甲板，羅斯福號與中途島號為SCB 110，珊瑚海號為改進的SCB 110A（註三）。後來中途島號又在一九六六年開始的SCB 101.66現代化工程中，將斜角甲板進一步擴大為十三・五度，並採用類似珊瑚海號SCB 110A現代化工程的舷側升降機配置，是歷來斜角角度最大的一種斜角甲板配置（註四）。

值得一提的是，隨著英、美兩國海軍共同接受了斜角甲板概念，兩國海軍也統一了斜角甲板的稱呼。英國皇家海軍最初是使用「偏斜甲板（skew deck）」這個稱呼，美國海軍則稱為「傾斜甲板（canted deck）」，最後統一稱為「斜角甲板（angled deck）」。

註二：斜角甲板的斜角角度並非越大越好，越大的斜角，則航艦的航行方向，與飛行員降落時所要對準的斜角甲板中線方向差距越大，將會增加飛行員駕機對正斜角甲板中線的困難，且受飛機降落作業船艏方向紊亂氣流的影響也越大，因此尼米茲級便略為減小斜角甲板角度，不過這也會造成飛行甲板面積縮小，因此尼米茲級拉長了飛行甲板長度作為彌補。

■ 斜角甲板是二戰後航艦技術最重要的發明之一，其效益從這兩張艾塞克斯級航艦照片的對比便可清楚看出，上為未改裝時，仍維持直線型甲板的奧斯坎尼號（CV 34），下為改裝了斜角甲板的漢考克號（CV 19）。上面這張照片中，若著艦中的這架F2H沒有成功的透過攔阻索或攔阻網制動停止，就會一頭撞上前端甲板停放的其他飛機，為確保安全，進行降落作業時最好清空甲板，但這也嚴重制約了飛行甲板的運作效率；而下方照片中，當改用斜角甲板來回收著艦飛機後，即使飛機沒有勾到攔阻索，也可直接從斜角甲板前端拉起飛離母艦，艦艏與甲板右舷仍能停放飛機或進行其他作業，而不會妨礙到降落作業。 USN

註三：SCB 110與SC 110A主要差別在於飛機升降機與斜角甲板構型不同，SCB 110採用一部艦艏舷內升降機與兩部舷側升降機，且左舷升降機位於斜角甲板前端，這種配置所需修改工程較小，但舷內升降機與左舷升降機都會妨礙到甲板運作；SCB 110A的三部升降機全部採用舷側配置，左舷升降機也後挪到斜角甲板後方，配置更為理想，不過改裝工程規模更大。

註四：中途島號之所以配備角度這樣大的斜角甲板，主要是在SCB 101.66工程中在艦艏配備了新型的C 13彈射器所致，C 13彈射器的長度比起該艦船艏原先配備的C 11-1彈射器長了二十五呎（兩百六十五呎對兩百四十呎），彈射器後端將會更往飛行甲板後端延伸。為了避免彈射器後端部分延伸進斜角甲板區域、以致干擾到斜角甲板作業，加上又為了保有足夠的斜角甲板長度，中途島號只能擴大斜角甲板的外斜角度。然而高達十三．五度的斜角甲板，雖然讓中途島號的艦艏彈射器與斜角甲板彼此避開、互不干擾，還擴大了可用甲板面積，但也增加了飛行員降落著艦的難度，擴大的飛行甲板也帶來了重心升高、穩定性較低的副作用。

斜角甲板的附帶效益

斜角甲板概念創始人康貝爾在回憶錄中指出，斜角甲板不僅能提高艦載機降落安全、提高甲板作業效率，並因應新型高速噴射機的操作，還能帶來四點附帶效益：

(1)可減少攔阻設備數量。由於降落作業安全性更高，斜角甲板航艦只需配備較少的攔阻設備即可滿足需求，康貝爾舉例指出，皇家方舟號改用斜角甲板後，只需配備四條攔阻索與一道緊急使用的攔阻網，相對地，同級採用直線型甲板的老鷹號，則須配備十六條攔阻索與三道攔阻網。因此採用斜角甲板後，將可節省許多攔阻設備所需的重量、並空出更多可用的艦內艙室空間。

(2)由於降落意外頻率大幅降低，航艦所需攜帶的預備用飛機與飛機零部件數量，都可大幅減少，可顯著降低操作成本。

(3)可大幅降低航艦飛行組員與甲板作業人員的傷亡率，這不僅能降低操作與訓練成本，也有助於提高航艦乘員的信心與士氣。

(4)可在甲板上增加額外的停放空間，提高航艦在不同風速與風向下作業時的彈性，更容易與更迅速的甲板飛機處理作業等。

自斜角甲板概念在一九五〇年代初期提出並獲得應用後，經過半個多世紀以來，迄今也一直是要在航艦上操作高性能噴射機不可或缺的一項配備。

ハスキー地雷探知機搭載車

Husky MkIII

Vehicle Mounted Mine Detector (VMMD)

■AF35347 1/35 "哈士奇"
車載型地雷探測系統三型

AFV CLUB
1/35 SCALE
AF35347

●全內構模型
●附德軍無線電機、恩尼格瑪密碼機與地圖
●附德國非洲軍水貼(Max、Moritz與第五輕裝師)

■AF35235 1/35 德國非洲軍 隆梅爾AEC裝甲指揮車-猛獁象"

■HF733 1/35 Bussing-NAG 4500A 三噸吊車操作 -二人組

■WQT003 俄國KV-1 Q版戰車 (監修中)

第3部
蒸汽彈射器的發展

Chapter 5
蒸汽彈射器的誕生

■ 1940～1950年代普遍使用的液壓彈射器，在彈射推力重量比低、加速緩慢、但重量又比活塞螺旋槳飛機重得多的早期噴射機時，顯得彈射能力嚴重不足。上為1949年9月在拳師號航艦（CV 21）上進行試驗的VF-51中隊所屬F9F-3，下為1952～53年間搭載於菲律賓海號航艦（CV 47）參與韓戰的VF-93中隊所屬F9F-2。由於艾塞克斯級早期搭載的H4 B液壓彈射器性能不足，當F9F配備在艾塞克斯級上時，外載能力與起飛重量都受到很大的限制。

如同我們在第二章提到的，噴射機的起飛速度需求遠高於螺旋槳飛機，若不依靠外力輔助，絕大多數噴射機都無法從甲板長度有限的航艦上起飛。

雪上加霜的是，新型噴射機的重量也不斷增加，遠超過二戰時期的螺旋槳艦載機。二戰時期最大型的艦載機，最大起飛重量大約在一萬三千磅至一萬七千磅間，但一九四〇年代末期到一九五〇年代初期服役的新一代噴射機，最大起飛重量便達到了一萬六千磅到兩萬五千磅，三萬磅級的機型也即將問世，這樣大的重量，已經超出當時航艦裝備的液壓彈射器性能上限。

液壓彈射器達到性能極限

美國海軍噴射機單位在韓戰中遭遇的種種困難，正是傳統航空母艦運作模式在噴射機時代面臨困境的縮影。

格魯曼的F9F豹式（Panther），是美國海軍在韓戰中的主力噴射戰鬥機，以性能規格來說，當F9F-2在無外載、一萬六千四百五十磅的標準離艦重量下時，若能得到二十五節甲板風（Wind Over the Deck, WOD）的輔助，理論上可以一千四百五十呎的滑跑距離自力起飛。然而美國海軍當時的主力航艦艾塞克斯級，飛行甲板長度不過八百九十呎左右，顯然沒有讓F9F自力滑跑起飛的可能，唯有透過彈射器的輔助，才能讓F9F從狹小的航艦甲板上起飛。

問題在於，美國海軍當時使用的幾種液壓彈射器，要彈射F9F這種推力重量比低、加速緩慢的早期噴射機，都顯得力有未逮。

艾塞克斯級配備的H 4B彈射器只有在三十五節甲板風條件下，才能彈射標準離艦重量的F9F-2，這在現實中已經是頗不容易滿足的條件，但如果換成F9F-2攜帶炸彈時的一萬九千八百二十五磅最大離艦重量，則除非能獲得高達四十四節的甲板風，否則將無法以H4 B彈射器彈射起飛，這樣的條件幾乎不可能在現實環境中得到。換句話說，F9F在配備H4 B彈射器的艾塞克斯級上操作時，外載能力將受到很大的限制。

換成當時美國海軍手上最強力的彈射器——中途島級航艦配備的H 4-1液壓彈射器，彈射無外載標準離艦重量、與攜帶炸彈最大離艦重量的F9F時，可將甲板風需求降到比較容易滿足的二十五節與三十三節，但中途島級只有三艘，不能滿足美國海軍的調度需求

所以在韓戰中，美國海軍只能以限制外載的方式，在艾塞克斯級航艦上操作F9F戰機。燃料滿載、20公釐機砲砲彈滿載，加上六發HAVR火箭的F9F-2/-2B，要以H4 B彈射器彈射必須提供三十三節以上的甲板風，每少一節甲板風，就必須少帶兩發

HAVR火箭，當甲板風只有三十節時，F9F就不能攜帶HAVR火箭，如果甲板風低於三十節，則不可能讓F9F彈射起飛。

遭遇瓶頸的液壓彈射器發展

面對既有彈射器性能不足的問題，英、美兩國海軍最初採取的對策，是開發更強力的液壓彈射器，美國海軍開發了H 4液壓彈射器的改良型H 8，同時也著手發展性能更高、專為搭配規劃中的合眾國號超級航艦的H 9液壓彈射器，英國皇家海軍也發展了BH5彈射器。

H 8與BH5彈射器都在一九五〇年代初期投入使用。H 8彈射器是美國海軍艾塞克斯級航艦SCB 27A現代化升級計劃的一環，從一九四九至一九五三年間，先後有八艘艾塞克斯級在SCB 27A改裝工程中配備了H 8彈射器。BH5則被用於搭配當時皇家海軍最大型的老鷹號（HMS Eagle）航艦，以及新完工的三艘半人馬座級（HMS Centaur）輕航艦，這四艘搭載BH5彈射器的航艦分別於一九五一年底與一九五三至一九五四年進入服役。

相較於上一代的液壓彈射器，H 8與BH5的性能都有大幅度提高，某些條件下的彈射能力超過上一代彈射器一倍以上，相當程度減緩了艦載噴射機面臨的起飛問題。舉例來說，使用H 8彈射器彈射無外載標準離艦重量，與最大離艦重量的F9F戰鬥機時，所需要的甲板風分別只要十四節與二十四節，遠勝過上一代的H 4B與H 4-1彈射器。不過液壓彈射器發展到這個階段時，也已接近性能極限，難以再持續提高彈射能力。

液壓彈射器，精確的說法應該是空氣－液壓驅動彈射器，是一九二〇年代中期時由英國的皇家飛機研究所，以及美國Waygood Otis電梯公司的工程師凱瑞（Falkland Carey）各自獨立發展出來，在美國又被稱為凱瑞式彈射器。液壓彈射器從一九三〇年代後期開始投入航艦使用的飛機彈射裝置，成為一九四〇至一九五〇年代的航艦飛機彈射器主流。

液壓彈射器的基本運作方式，是先透過高壓空氣擠壓、驅動液壓油，再以高速流動的液壓油推動活塞，藉由活塞的高速移動帶動一系列複雜的滑車、滑輪與纜線機構，然後利用與纜線連接的彈射梭帶動、牽引飛機加速。

為了提高彈射能力，必須採用更高的液壓作業壓力，以便提高活塞的推進速度，並搭配增加滑輪組的纜線纏繞比（reeving ratio）等措施，藉以提高活塞驅動滑輪－纜線機構的牽引能力，但如此一來，相關的活塞、滑車、滑輪、纜線等元件的尺寸與重量也會跟著攀升，勢必造成整套彈射器日趨龐大笨重。

舉例來說，隨著彈射能力的提高，彈射器使用的纜線所需承載的張力也隨之升高，必須採用強度更高、但也更粗重的纜線才能因應，如BH5彈射器使用的纜線重量，便從BH3的一萬一千磅增加到一萬七千磅，換言之，僅僅只是纜線這一項元件，BH5的重量就比上一代的BH3重了百分之五十四・五。

而美國海軍在研發H 9液壓彈射器時也發現，若要讓H 9達到預期中的超高性

表1　英、美海軍主要液壓彈射器基本諸元

國別	型號	類型	彈射能力＊	彈射行程	搭載艦艇
美國	H 4A	液壓	16,000磅/74節	72.5呎	前期艾塞克斯級
	H 4B	液壓	18,000磅/78節	96呎	後期艾塞克斯級
	H 4-1	液壓	28,000磅/78節	150呎	中途島級
	H 8	液壓	15,000磅/105節 62,500磅/61節	190呎	艾塞克斯級SCB 27A
	H 9	液壓	100,000磅/78節 45,000磅/105節	—	未實際發展完成
英國	BH3	液壓	16,000磅/66節 20,000磅/56節	—	百眼巨人號/光輝級/獨角獸號/巨像號
	BH5	液壓	18,500磅/95節(1) 30,000磅/82.5節(1) 28,000磅/60節(2)	—	老鷹號/半人馬座級

＊起飛重量／彈射末端速度
(1)用於老鷹號上的BH5版本。
(2)用於半人馬座級上的版本。

能——將十萬磅重的大型轟炸機以七十八節速度射出，或將四萬五千磅機體以一百零五節速度射出，將導致整套彈射器的體積、重量過大，即使是八萬噸級的合眾國號，也難以安裝這樣龐大笨重的彈射器。而且當彈射能力提高到如此高的程度時，彈射器中的滑輪、纜線等組件都將承受非常大的應力，對一九五〇年代的製造工藝與材料技術來說，將是一大挑戰。

此外，液壓彈射器使用的液壓油，在高速流動推進時也容易出現沸燃現象，在安全性與可靠性上都存在問題，而且液壓油推動活塞的速度提高到一個上限後（大約九十哩／小時），效率便開始迅速降低，繼續提高液壓作業壓力所能帶來的效益有限。種種情況都顯示，液壓彈射器的發展已難以為繼，急需發展採用全新運作機制的新型彈射器。

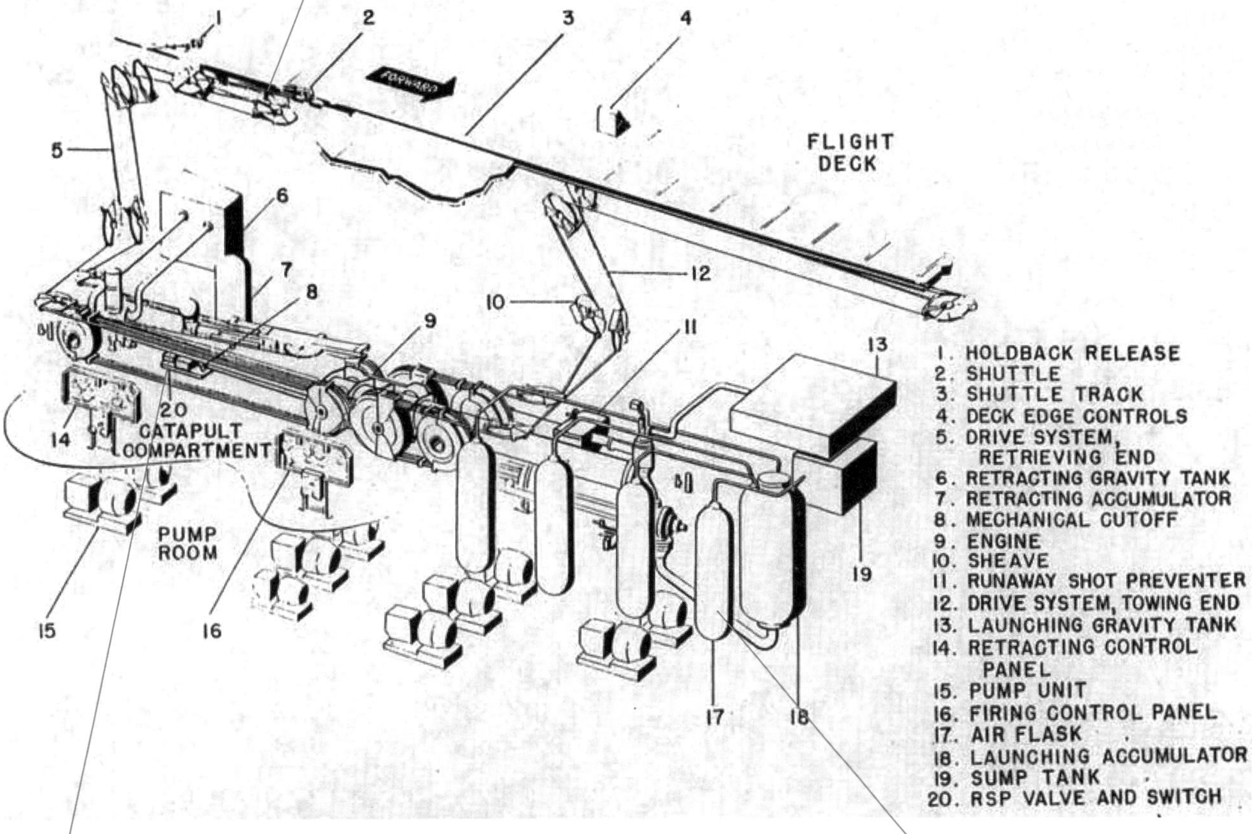

■ H 8彈射器的結構剖圖，與安裝在大黃蜂號航艦（Hornet CV 12）的H 8液壓彈射器各部元件照片，由上而下分別為飛行甲板上的彈射梭軌道溝槽、甲板下的活塞—滑輪組，以及制動用的四組高壓空氣槽與Accumulator槽。H 8是美國海軍最後一種液壓彈射器，被安裝在八艘經SCB 27A現代化工程的艾塞克斯級航艦上，由於液壓彈射機制遭遇技術瓶頸，性能難以繼續提升，後來被新發展的蒸汽彈射器所取代。

■ 為了操作十萬磅級重型艦載轟炸機，美國海軍原打算為規劃中的超級航艦合眾國號（上），配備新開發的H 9液壓彈射器。但當時液壓彈射器的發展已達到瓶頸，要達到性能需求必須付出龐大的尺寸與重量代價，美國海軍最後決定放棄H 9液壓彈射器的發展，改採火藥爆炸驅動的開槽氣缸式彈射器。

■ 液壓彈射器是透過活塞帶動滑輪組，再由滑輪組帶動纜線驅動彈射梭，從而牽引飛機加速，整個彈射驅動機制十分複雜，發展到1940年代後期便達到效率上限。照片為美國海軍的H 4B彈射器，是二戰時期美國海軍航艦的主力彈射器，照片中只呈現出該彈射器核心的活塞與滑輪組，未包括儲存壓縮空氣的儲氣槽與完整的纜線機構。

液壓彈射器的運作原理

液壓彈射器是一九四〇至一九五〇年代航艦飛機彈射器的主流，基本原理是利用由高壓空氣-液壓機構驅動的纜線，來帶動彈射梭（shuttle），從而牽引並加速飛機。以下我們以美國海軍的H 8彈射器為例，來說明液壓彈射器的運作方式：

用於帶動彈射梭的纜線，被安裝在飛行甲板下方船體內的一套滑輪組上，滑輪組再接到一組長約三十呎的液壓引擎（hydraulic engine）上。所謂的液壓引擎其實就是一組活塞油缸與滑輪機構，利用活塞的運動來驅動滑輪組，然後再帶動纜線帶動彈射梭。至於驅動活塞運動的動力來源，則是來自於四座壓縮空氣槽中的壓縮空氣。

當要進行彈射作業時，四座壓縮空氣槽中壓力高達3,500 psi的壓縮空氣（最高可達4,000 psi），會同時被釋放到一座儲滿了液壓油的累積槽（Accumulating tank）中，累積槽中原先儲放的液壓油將會被壓縮空氣以極高的速度擠出到槽外管路中，並經由管路進入活塞油缸，然後猛烈推擠活塞，迫使活塞在油缸中高速運動。而活塞的運動又將會帶動滑輪組、纜線與彈射梭，然後彈射梭再透過連接彈射梭與飛機的鋼索，牽引飛機高速滑行，在短短兩秒時間內，便可將七八噸重的飛機從靜止加速到一百零五節速度。

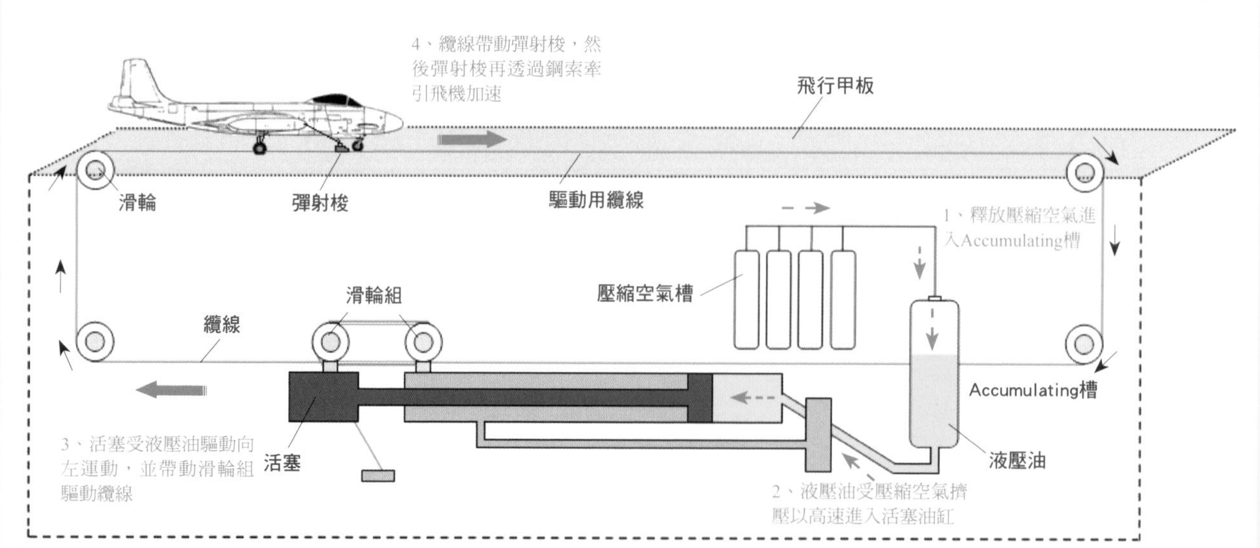
4、纜線帶動彈射梭，然後彈射梭再透過鋼索牽引飛機加速
飛行甲板
滑輪
彈射梭
驅動用纜線
1、釋放壓縮空氣進入Accumulating槽
壓縮空氣槽
滑輪組
纜線
Accumulating槽
3、活塞受液壓油驅動向左運動，並帶動滑輪組驅動纜線
活塞
液壓油
2、液壓油受壓縮空氣擠壓以高速進入活塞油缸

發展新型彈射器的嘗試

二次大戰後，美國海軍航空局投入了三種型式彈射器的開發，包括：既有液壓彈射器的改良型；一種電力驅動的彈射器設計；以及一種由戰時的德國工程師率先開發、利用火藥爆炸氣體膨脹驅動的開槽汽缸式（slotted-cylinder）設計。

其中改良型液壓彈射器也就是前面提到過的H 8，被安裝在經現代化改裝的艾塞克斯級上，能滿足彈射第一代艦載噴射機的需求。但液壓彈射器已經接近其效率上限，而海軍航空局發展中的艦載機卻越來越重，如AJ野人（Savage），以及後來發展為A3D天空騎士（Skywarrior）的新型重型攻擊機等，都是起飛重量五萬磅以上甚至達到七萬磅的機型。於是海軍航空局局長普萊德少將（Alfred Pride）在一九四九年一月作出結論：以爆炸氣體驅動的開槽汽缸彈射器，最終將會取代既有的液壓彈射器。

開槽汽缸彈射器的汽缸是一根長管子，圓管狀的汽缸上表面開有長度接近整個汽缸全長的溝槽，透過火藥爆炸產生的氣體壓力，便可驅動活塞沿著汽缸高速移動。活塞頂部則被製成鉤狀外型，以便伸出到汽缸溝槽外，然後透過牽引鋼索（bridle）與飛行甲板上的飛機連接。利用高壓氣體壓力推動活塞沿著汽缸高速移動，便能牽引飛機加速。

美國海軍航空局雖然知道英國皇家海軍當時正在發展蒸汽彈射器，不過只將蒸汽彈射器列為第三順位，位於他們自己開發的火藥爆炸驅動彈射器與改良型液壓彈射器之後。

美國海軍的開槽汽缸式彈射器發展，可以追溯到二戰時期的德國技術。

二戰時德國也發展了一種用於彈射V-1飛彈的開槽汽缸式彈射器，採用過氧化氫—過錳酸鈉混合液體反應產生的高壓燃氣作為動力推動活塞、然後活塞再帶動V-1飛彈加速升空。二戰結束後，美軍將擄獲的V-1飛彈帶回本土研究，海軍航空局也參與了相關測試，並特別著重在V-1的彈射器的研究上，以作為設計航艦彈射器的參考，先後以過氧化氫與高壓蒸汽作為動力進行了彈射試驗。

舊有的液壓彈射器屬於「間接驅動」機制——原動力來自壓縮空氣與液壓油驅動的活塞，必須透過一系列纜線、滑車輪等機構，帶動拉桿（ram）將力量傳遞到與拉桿連接的艦載機，從而牽引飛機加速，彈射力量是間接傳遞到牽引機構上。開槽汽缸彈射器則屬於「直接驅動」機制，透過與汽缸活塞頂部直接連接的彈射梭，可將活塞從高壓氣體獲得的彈射力量、直接傳遞給艦載機，不僅節省重量，也迴避了液壓彈射器採用纜線／滑車輪所帶來的種種問題。

然而在推動汽缸活塞的動力來源上，美國海軍卻做了與眾不同的選擇，相較於德國由過氧化氫反應產生蒸汽，或英國直接使用艦艇主機鍋爐產生的蒸汽，美國海軍航空局更偏好採用火藥，認為火藥的能量密度更高，佔用的重量與空間都更小，而且透過引爆火藥直接產生高壓氣體的運作機構，也比

■ 二戰中納粹德國用於發射V-1飛彈的彈射器，是第一種實用化的開槽氣缸彈射器，照片中可見到V-1飛彈底部的方型發射滑軌中，帶有圓形的汽缸。英、美兩國都十分重視這套V-1飛彈彈射器的設計，對於日後的蒸汽彈射器發展產生了啟發作用。

須要依靠燃氣產生器或鍋爐的過氧化氫或蒸汽動力等方式更簡單（註一）。

但困難在於，當引爆火藥產生膨脹氣體推動活塞時，如何恰當的開啟與關閉汽缸開槽，以便伸出開槽外的活塞頂部掛鉤，既能沿著汽缸開槽移動、藉以帶動彈射梭，但又同時必須確保汽缸的密封，以免氣體從開槽逸散而損失能量。由於氣缸開槽形成的縫隙至少有上百呎長，要保持汽缸的密封也非常困難。

對德國的V-1飛彈彈射器來說，由於彈射需求並不高，只需將不到五千磅重的V-1彈體、在一百五十呎長的軌道上加速到一百八十多節速度，採用簡單的汽缸開槽密封機構就能滿足要求。但美國海軍發展的火藥驅動開槽汽缸彈射器，目標卻是要彈射重達十萬磅的重型轟炸機，可承受高壓的汽缸開槽密封機構，就成為彈射器設計上的一大重點。

■ 德國V-1飛彈使用的開槽氣缸彈射器，對於英美兩國的彈射器發展產生了相當程度的啟發作用，但英美軍方與研發單位都認為，V-1飛彈這套彈射器透過過氧化氫化學反應產生蒸汽，來推動彈射器活塞的機制太過危險，過氧化氫也難以儲存與處理，因此尋求改用其他蒸汽產生機制來推動活塞。照片為美國陸軍航空軍透過逆向測繪仿製的美國版V-1飛彈—JB-2，便放棄仿造德國的過氧化氫蒸汽彈射器，幾經嘗試後，最後改用火箭助推方式發射。

總而言之，火藥驅動開槽汽缸彈射器面臨了兩個問題：一為如何安全的產生膨脹氣體，以便以適當的加速度驅動圓筒中的活塞；二為在活塞活動時，如何保持活塞後方的密封，以免氣體外洩導致壓力下降。然而海軍航空局的工程師始終無法解決這些問題。

蒸汽彈射器的早期發展

在美國海軍航空局的火藥驅動彈射器發展陷入困境的時候，英國皇家海軍的蒸汽彈射器開發卻大有斬獲。

蒸汽彈射器也是屬於開槽汽缸式彈射器，不過驅動彈射的動力來自鍋爐產生的高壓蒸汽，比起美國海軍所使用的火藥更安全、穩定得多。現代蒸汽彈射器的基本型態，是出自皇家海軍志願預備役軍官柯林・米契爾中校（Colin Mitchell）提出的設計。

早在二戰之前的一九三〇年代中期，米契爾便在愛丁堡的MacTaggart, Scott & Co公司擔任工程師，負責為英國海軍部開發開槽汽缸式彈射器，並於一九三八年獲得了個人專利。他的專利解決了如何將更高的彈射力量傳遞給飛機，但又避免了固定飛機的機構過於笨重的問題。

米契爾提議：可在航艦飛行甲板上埋設一根內含活塞的長管子（即汽缸），管子上表面開有一條軸向狹縫，飛機則固

註一：V-1飛彈的開槽汽缸彈射器頗受英美兩國的開發單位注目，不過他們對於德國人選擇的過氧化氫氣體產生機制都很不滿意，不只美國海軍航空局，美軍其他單位同樣也不喜歡以危險、又難以處理過氧化氫作為推動彈射器的動力來源。如美國陸軍航空軍（USAAF）曾依據擄獲的V-1飛彈，逆向測繪仿造出JB-2飛行炸彈，並委由民間承包商大量生產。但考慮到德國原版V-1採用的過氧化氫蒸汽彈射系統在作業上相當危險，美國當時要量產同類系統也有所困難，美國陸軍航空軍決定改用其他發射方式。嘗試過幾種不同型式的彈射器後，最後選擇德國人也曾試驗過的火箭助推方式，由於助推火箭所能提供的推動力量較過氧化氫蒸汽彈射系統更大，所以只需五十呎長的滑軌就足以推送JB-2升空。

定在活塞伸出管子槽縫外的鰭狀構造上，只要沿著管子高速推動活塞，便能牽引飛機加速。至於推動活塞移動的動力，則來自未特別指定的高壓流體（或氣體）。這種利用高壓氣體推動管子中的活塞運動，從而作為一種驅動物體移動的方式，其實是一種十分古老的構想，早在十九世紀中期時，便有人試圖利用類似的方法來作為鐵路推進機制，也就是有名的「大氣鐵路（atmospheric railway）」。

在一八三〇年代時，由於當時的蒸汽機車頭被認為既不可靠、又骯髒、吵雜，且功率負荷過大以致無法爬坡，一些充滿想像力的工程師，便企圖建造一種乾淨、安靜、輕量的低功率火車，利用大氣壓力的力量來推動設於兩條鐵軌中的列車傳動活塞，從而帶動火車行進。但由於成本與技術問題，大氣鐵軌這項技術最後遭到失敗，未能普遍推廣。

至於米契爾的創新之處，便在於解決了開槽氣缸的漏氣問題。過去的開槽氣缸推進機構設計者，都是試圖在氣缸開槽外部覆蓋襯墊物，來達到密封的目的，但成效均不理想。而米契爾在他那份編號no. 478,427、公開日期一九三八年一月十八日的專利《關於用於發射目的的飛機加速裝置改進》（*Improvements in and relating to devices for accelerating aircraft for launching purposes*）中，則提出了異於以往的新思路。

米契爾建議使用一種V型柔性襯帶條，來作為汽缸縫隙的密封襯墊，襯帶條與活塞彼此相嵌，透過活塞在汽缸中的前後移動，便可引導襯帶條封住氣缸開槽。這種柔性襯帶條被安裝在氣缸內部、位於開縫的正下方，並進入活塞內部、嵌在活塞內的三組滑輪上。當活塞被高壓氣體或流體推動、沿著氣缸向前移動時，活塞內嵌著襯帶條的三組滑輪，便會順勢帶動襯帶條，先由第一、二組滑輪把襯帶條往下壓到活塞下方，以便活塞頂部伸出開槽外的突翅（projecting fin），能不受阻礙的沿著汽缸開槽移動，然後活塞內的第二、三組滑輪再把襯帶條從活塞突翅後方往上頂入氣缸開槽中，透過氣缸內的壓力即可將襯帶條壓緊，從而保持氣缸的密閉（見下圖的說明）。

米契爾的構想提出後，並未立即得到英國海軍部的接受，事實上，當時剛投入服役的液壓彈射器就已能充分滿足艦載機起飛需求，暫時也還用不到米契爾這套理論上具備更高性能潛力的新型彈射器構想。

隨著二次大戰的爆發，米契爾被徵召服役，中斷了他的彈射器研究工作，不過類似的開槽氣缸彈射器卻在海峽另一邊的德國，率先獲得實用化。

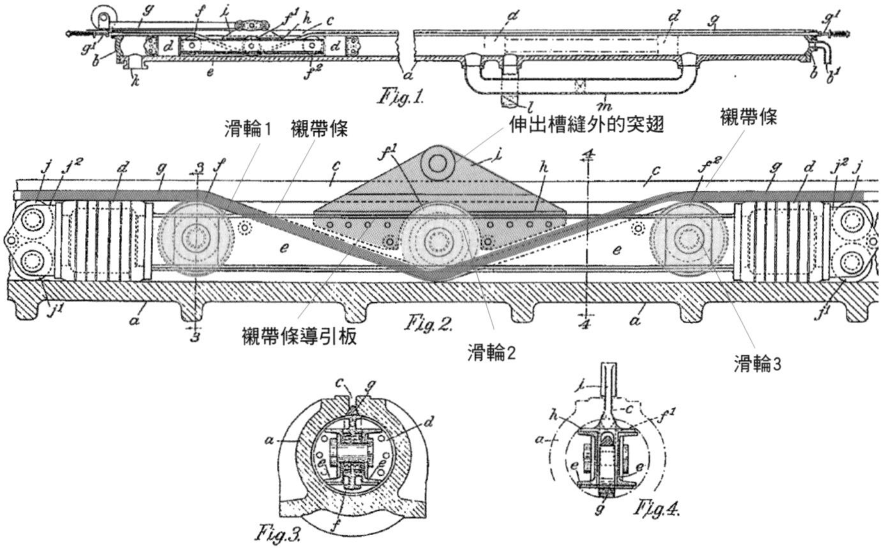

■ 米契爾在1938年專利中所描繪的開槽汽缸彈射器圖解。利用氣體驅動開槽汽缸內的活塞來帶動物體移動，是個早在十九世紀便已出現的構想，但米契爾的創新在於構想出合理的汽缸開槽密封機構。
沿著汽缸開槽下方安裝有一條細長的柔性襯帶條（Fig.2中的g），並嵌入活塞內部的三組滑輪上。當活塞沿著往前移動時，活塞內的滑輪一與滑輪二會先把襯帶條往下壓到活塞底部，以便活塞頂部伸出汽缸開槽外的突翅（圖中的i）能不受阻礙的沿汽缸開槽移動。接下來活塞內的滑輪二與滑輪三又會把襯帶條從活塞突翅後方往上頂，把襯帶條塞到汽缸開槽中，利用活塞後方高壓氣體或流體的壓力，即可將襯帶條緊緊的壓在汽缸開槽上，從而保持汽缸的密閉，防止壓力從開槽縫隙中洩出。
藉由伸出汽缸開槽外的活塞突翅，可連接用於牽引飛機的彈射梭，從而利用活塞的移動來帶動飛機加速。

蒸汽彈射器原理的早期應用——大氣鐵路

現代航艦使用的蒸汽彈射器，基本原理來自十九世紀初期便已誕生的古老概念——利用在管子中的空氣壓力來推動物體，不過在十九世紀當時，這個構想是被用做一種鐵路推進動力，被稱作空氣推進鐵路（Pneumatic Railway），而這種空氣推進鐵路發展與應用過程中所遭遇的問題，也預示了日後所有開槽汽缸式彈射器所將遭遇到的技術困難。

早在一七九九年，住在倫敦的工程師兼發明家梅德赫斯特（George Medhurst），便開始討論可利用鑄鐵管中的空氣壓力，來作為交通工具的動力來源。後來他在一八一〇年與一八一二年發表的論文中，又提出可利用這種空氣管來推動在隧道中運行的車輛，然而儘管梅德赫斯特有了空氣推動車輛的基本構想，也獲得部分人士支持，但遲遲沒有得到實際應用。

■ 英國報刊上描繪的南德溫空氣推進鐵路，注意鐵軌中央用於傳遞空氣的管子。

直到一八三〇年代，在梅德赫斯特基本構想啟發下，另一位英國發明家平庫斯（Henry Pinkus）在一八三四年提出空氣推進鐵路的專利，並於一八三五年組織了國家壓縮空氣鐵路協會（National Pneumatic Railway Association），試圖集資推廣相關技術。不過一直到稍後的一八三八年，當英國工程師克萊格（Samuel Clegg）與薩慕達兄弟（Sanuda Brother）一同在新發表的新型密封閥設計專利中，提供了一種可與開槽氣缸—活塞配套運作的密封機構後，才讓空氣推進鐵路真正成為可能。

接下來在一八三九年時，薩慕達兄弟與合夥人在倫敦南邊的賽斯沃克（Southwark），建造了一套可實際運作的空氣推進鐵路模型，然後在一八四一到一八四三年間，又與倫敦暨伯明翰鐵路公司合作，於倫敦東北的沃姆伍德．斯克拉比斯（Wormwood Scrubs）建造了一條半哩長的實驗鐵路。

克萊格—薩慕達的壓縮空氣推進鐵路概念，吸引了一些著名鐵路工程師的注意與支援，如布魯內爾（Isambard Brunel）、古比特爵士（Sir William Cubitt）、威格諾爾斯（Charles Vignoles）等，不過也招致另一些著名工程師的批評，如大名鼎鼎的鐵路發明家喬治．史蒂芬生之子羅伯．史蒂芬生（Robert Stephenson），以及身兼物理學家與鐵路工程專家的赫帕斯（John Herapath）等，都認為這種空氣推進鐵路是行不通的。

除克萊格—薩慕達自身外，布魯內爾、古比特與威格諾爾斯都曾依據克萊格—薩慕達的設計，分別在愛爾蘭、倫敦與英格蘭西南部的南德溫（South Devon）建造了實用化的壓縮空氣推進鐵路，法國與美國也有人採用了類似概念，於巴黎西部與紐約建造了空氣推進式鐵路，不過大部分的路線長度都很短，只有幾哩長而已，美國紐約的那套系統更只是幾百呎長的展示系統。在這些空氣推進鐵路中，規模最大、也最出名的是一八四六年在英國南德溫海岸建造的南德溫鐵路。

理論上，只要空氣管內存在足夠的壓力差，便能推動活塞前進，從而利用活塞伸出空氣管（汽缸）開槽外的掛鉤來帶動車輛。不過考慮到要讓空氣管的開槽（即汽缸開槽）保持密封十分困難，因此前述空氣鐵路採用的都是負壓式系統，也就是把活塞前方的管子內部抽成真空，然後開放活塞後方的管子讓外部空氣

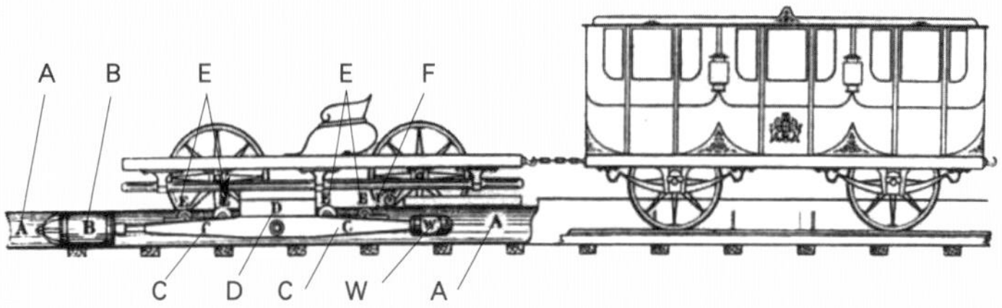

■ 南德溫空氣推進鐵路的結構圖。圖中的A是傳送空氣的鑄鐵管，B為活塞，C為用於連接活塞的鐵板，D為連接列車的機構，E與F分別為開啟與關閉縱向閥皮帶的滑輪，W是在C鐵板另一端平衡活塞用的配重。運作時，抽氣站內的泵會將活塞前方的空氣抽除形成真空，而與活塞連結的E滑輪會頂開鑄鐵管汽缸頂部開槽的縱向閥皮帶，讓外部空氣進入活塞後方的鑄鐵管汽缸內，從而利用大氣壓力推動活塞往前移動，而活塞的移動，又會透過D連接板帶動列車頭，從而牽引後方的客車車廂前進。然後位於氣缸外部的F滑輪又會把縱向閥皮帶壓回汽缸開槽上，讓汽缸恢復密封，以便下次的抽氣作業。

進入，利用大氣壓力來推動活塞。

以南德溫鐵路來說，基本構造是在兩條鐵軌中安置一根由鑄鐵製成的長管，也就是氣缸，鑄鐵管的管徑在平地是十八吋，陡坡地帶則擴大為二十二吋，以提供較平地更大的推力。沿鑄鐵管上方開有一條數吋寬的長狹縫，並由一種稱作「縱向閥門（longitudinal valve）」的機構來讓狹縫保持密封。所謂的縱向閥門基本上就是一條長皮帶，被固定在鑄鐵管的槽縫上方、覆蓋住槽縫以保持鑄鐵管汽缸的密封。鑄鐵管內有一活塞，列車機車頭的前輪軸透過特殊設計的機構與活塞連接。

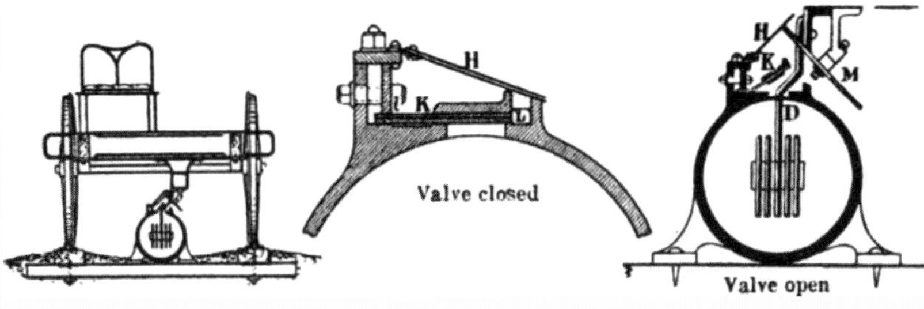

■ 空氣推進鐵路的汽缸縱向閥門機構，這種閥門設計是由英國工程師薩慕達兄弟中的弟弟約瑟夫．薩慕達所提出，也是整個空氣推進鐵路的關鍵元件，可覆蓋住汽缸開槽狹縫、確保汽缸的密封，同時又能適時的開啟，以便活塞上方突出於汽缸狹縫外、用於帶動列車的連接板，能沿著汽缸開槽狹縫行進。

整個閥分為兩層，圖中的H稱為氣候閥（weather valve），是一個蓋住底部開槽與閥門機構，免受風雨侵害的蓋板。真正的關鍵機構是圖中的K，稱為連續氣密閥（continuous airtight valve），本身是一條長皮帶，皮帶的一端絞接在汽缸開槽縫器左端的支架上，另一端則透過圖中L部分的合成物質，黏合在汽缸開槽縫器右端。整個閥門平時蓋緊在汽缸開槽縫隙上，保持內部氣密，當活塞通過時，則透過列車與活塞上的滑輪機構，分別頂開K與H，好讓活塞與列車間沿著汽缸開槽行進的D連接機構通過，並讓外部空氣進入汽缸中。

南德溫鐵路每隔三哩便設有一座泵站，每座泵站內由一具八十匹馬力的蒸汽機負責驅動泵。當列車行進時，依序由各個泵站負責將鑄鐵管內的空氣抽出，讓活塞前方的鑄鐵管內成為真空，活塞後方則有一專門用於開啟縱向閥門皮帶的滑輪，可由下方將皮帶頂起，使外界的空氣進入活塞後方，藉由活塞前、後方的壓力差，便可利用活塞後方的空氣大氣壓推動活塞推進，而活塞再透過伸出鐵管縫隙外的連接機構帶動列車行進，直到三哩外的下一個泵站。活塞後方在負責頂起閥門皮帶的滑輪之後，還有另一組外部滑輪負責將皮帶壓回原位置，讓鑄鐵管恢復密封，以便下次的抽氣作業。

由於是利用大氣壓力來提供推進力量，所以這種鐵路便被稱為大氣鐵路（atmospheric railway）。透過這套推進機制，南德溫鐵路的平均時速可達四十哩，極速則可達每小時七十哩，甚至還有八十哩時速的記載。

空氣推進鐵路在技術上確實有迷人之處，相較於傳統的蒸汽機車頭推進鐵路系統，空氣推進鐵路不僅更為安靜、乾淨，列車頭不會噴出惱人的煙塵，而且由於動力裝置是位於列車外部，列車本身的重量也輕了許多。可惜的是，由於設計上的固有缺陷，導致這種鐵路的存在只是曇花一現，未能獲得大規模應用。

空氣推進鐵路的實際運作面臨了許多問題，如列車啟動時的意外、活塞損壞與抽氣站泵故障等，最致命的是密封用的長皮帶禁不起氣候變化與化學腐蝕的作用，而用於黏合長皮帶與鑄鐵管縫隙、用以確保密封的合成物質（由蜜蠟、肥皂、獸脂與鱈魚肝油所合成），也有炎夏遇熱融化、冬天遇冷凍結的問題，還常遭老鼠啃囓，以致密封效果大減，從而損害整個系統的推進效率。

早在一八四四年時，羅伯．史蒂芬生便批評：「以如此利用大氣的系統，必須依靠機關每一個細節部份都完全正常運作，始能讓整體有效地操作，要讓這種系統滿足大型交通運輸的需求，實在是一項艱鉅而不易達成的任務。」也就是說，整個系統只要有一個關鍵元件故障——活塞、密封用的縱向閥門或抽氣泵，列車的行進便會出現問題。

由於機構設計上難以確保系統的穩定運作，加上單位里程的營運成本又比傳統蒸汽動力鐵路高出許多（主要是抽氣泵必須運轉比預期更長的時間，才能達到抽除空氣、維持真空的目的，消耗的燃料成本遠高於最初估計），南德溫鐵路並未建成原訂的二十哩長路線，營運時間也很短，啟用不到一年便於一八四八年結束運作。當最後一條空氣推進鐵路——位於巴黎西部的Paris–Saint-Germain鐵路於一八六〇年停駛後，這種鐵路推進設計也就退出歷史舞台。而開槽汽缸推進機構難以密封的問題，也一直留到一個世紀後的彈射器設計中。

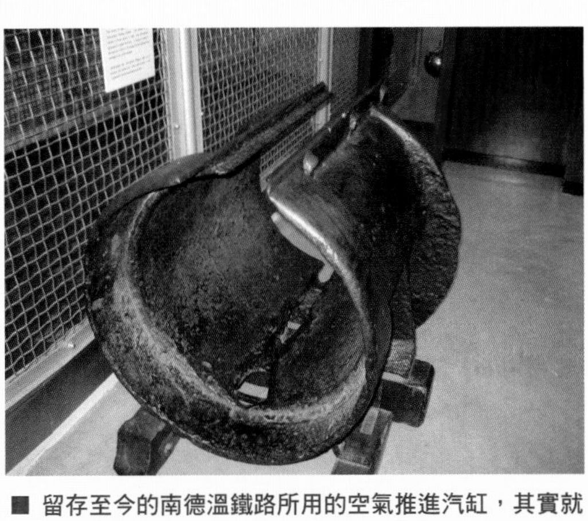

■ 留存至今的南德溫鐵路所用的空氣推進汽缸，其實就是一個頂部開有縫隙的鑄鐵管，這種開槽汽缸推進機制的困難所在，便在於如何適當的開啟與封閉這個縫隙，在適當的時候開啟、讓汽缸與列車間的連接機構能沿著汽缸縫隙行進，但同時又須讓縫隙維持密封，以免壓力逸散而損失推進力量。

殊途同歸——德國V-1飛彈的蒸汽彈射器

當米契爾在英國開發開槽汽缸彈射器時，一位瑞士工程師梅茲（Merz）也在德國取得了一份類似的開槽汽缸彈射器設計專利，稍後這項專利被位於基爾（Kiel）的Walther werke公司，應用到他們發展的V-1飛彈彈射器上。

V-1飛彈的彈射器汽缸由多段鋼管連接而成，汽缸頂部開有狹長的開槽，沿著汽缸外壁焊有多塊外框，透過外框來夾緊汽缸、確保汽缸內充滿高壓蒸汽時，汽缸開槽仍不致擴大。啞鈴狀的活塞頂部設有可伸出汽缸開槽外的掛鉤，可勾住承載V-1飛彈的台車。透過過氧化氫（德國人稱為T液）與高錳酸鉀液體（Z液）混合反應產生的高壓蒸汽，即可推動活塞沿著汽缸前進。汽缸的兩端都為開放式，要進行彈射時，可從汽缸末端將活塞裝入，彈射後活塞則會從汽缸前端開口射出、落到附近地面上，撿拾檢整後便能重複使用。

至於在汽缸開槽的密封方面，則是使用一條以小圈環懸吊在汽缸內部、位於開槽下方的細長鋼管，隨著活塞前進，會將這條鋼管推開，當活塞頂部的掛鉤通過後，活塞後方上表面的導引槽會將鋼管往上頂到汽缸開槽處，接下來透過活塞後方的高壓蒸汽，即可將鋼管壓緊到汽缸開槽上，從而達到密封的效果。整個密封機構的設計，與米契爾的構想可說是異曲同工。

V-1飛彈的蒸汽彈射器在一九四四年正式投入服役，被部署在法國東北部的固定陣地上，用於將V-1飛彈射往英國。

當盟軍於一九四四年末攻占法國北部的V-1飛彈陣地後，當時任職於海軍部總工程師辦公室（Engineer-in-Chief's Office）的米契爾，也被派到法國檢視盟軍佔領的V-1飛彈發射陣地，並參與了將擄獲的V-1帶回英國，於舒伯里內斯（Shoeburyness）進行的發射試驗，調查評估將這種彈射器應用於海軍艦船的可行性。

■ 飛彈的彈射器滑軌特寫，可見到滑軌中設有空心圓筒狀的汽缸，汽缸頂部開有狹長的開槽。滑軌後方黃圈內的黑色圓柱啞鈴狀物體則是活塞，注意活塞頂部有可伸出汽缸開槽的掛鉤，活塞可透過這個掛勾鉤住安置了飛彈的台車，從而在高壓氣體的推動下，帶動台車沿著滑軌高速滑行。

以蒸汽鍋爐做為彈射器動力來源

V-1飛彈彈射器的開槽汽缸／活塞機構，與米契爾先前提出的構想有許多相似之處，但採用過氧化氫來產生推動活塞所需高壓蒸汽的方式，卻明顯不適合船艦使用，要儲存與處理具高揮發性、易爆、且對人體與機械都有高腐蝕性的過氧化氫混合燃料，對於陸地基地運用來說都十分危險，遑論狹窄、封閉的艦艇環境。

因此英國在舒伯里內斯進行的擄獲V-1飛彈試射中，後來都改用無煙火藥取代過氧化氫，來產生彈射所需的氣體壓力。試驗結果顯示，火藥的性質更為穩定，也能產生推動飛彈所需的氣體壓力，運作上亦頗為可靠。

然而，就如同美國海軍發展火藥驅動彈射器時所遭遇到的情況，要在航艦上使用火藥作為彈射器的動力來源，將必須面對儲存大量彈射用火藥的問題，必須設置專用的火藥庫與相關處理設施，若要頻繁地進行彈射作業，將須要攜帶數量足夠的彈射用火藥，這勢必會佔用相當程度的船體內部空間，並帶來額外的危險性。而且考慮到火藥爆炸單元（藥室）必然會產生的高熱，過熱問題也將會限制火藥驅動彈射器的作業頻率，然而彈射器卻又是航艦上必然需要頻繁使用的一項裝備。

蒸汽彈射器的鼻祖——德國V-1飛彈的過氧化氫蒸汽彈射器

德國V-1飛彈使用的過氧化氫彈射器，也屬於廣義的蒸汽彈射器一種，只是蒸汽是來自混合液體的化學反應，而不是蒸汽鍋爐所燒的熱水。雖然原始目的不同，但V-1的彈射器與今日航艦使用的蒸汽彈射器，基本運作原理是相同的，對於英、美海軍的航艦彈射器發展也曾產生過一定影響。

V-1的彈射器是由德國Walter公司研製，整套彈射器由斜坡滑軌，與提供彈射動力的發射動力車組成。斜坡滑軌長約一百五十呎，V-1飛彈便安置在沿著滑軌滑行的台車上。沿著滑軌安裝有一根上表面開有狹縫的長管，即活塞汽缸，發射前先從汽缸後方開口往汽缸內裝上啞鈴狀的活塞，活塞頂部設有可伸出狹縫的掛鉤，以便勾住安裝V-1飛彈的台車。

■ 飛彈彈射器的滑軌、滑軌內的圓管狀汽缸（上），以及發射動力車特寫（下）。

發射動力車上設有兩個化學罐與一個反應艙，化學罐裏分別裝有過氧化氫（T液）和高錳酸鉀催化劑（Z液），反應艙則通過管子連接到斜坡滑軌底部尾端，與活塞汽缸相通。發射時抽取過氧化氫與高錳酸鉀在反應艙內混合並發生化學反應，產生大量熱蒸汽，熱蒸汽再透過管子進入活塞汽缸，對活塞底部施以很大的壓力。當積聚到一定壓力時，蒸汽便能推動活塞快速移動，而活塞又透過頂部的掛鉤帶動安裝有飛彈的台車，使台車沿著斜坡滑軌高速滑行，到達滑軌尾端時再將V-1彈體釋放，V-1飛彈彈射離開彈射器滑軌時的時速，可達到一百八十六節。

飛彈發射後，活塞與台車都將一同從汽缸前端開口拋出、落到附近的地面上。由於發射使用的過氧化氫燃料殘留物帶有很強的腐蝕性，所以發射後必須要由穿上了保護服的工作人員仔細清理發射架後，才能再次使用。

除了過氧化氫彈射器外，德國在發展V-1之初，還曾由Rheinmetall-Borsig公司開發過一種火箭助推式的機動發射器，將V-1彈體安裝在一個沿著滑軌滑行的台車上，台車底部安裝有四具一千兩百公斤推力的Schmidding 109-533固體助推火箭，火箭點燃後便可推動台車沿著滑軌滑行，從而加速V-1彈體使之升空。整套發射裝置可安裝在一臺拖車上，以便機動部署。不過這套火箭助推系統只在一九四三年進行過數次測試，最後並未投入實際服役。

■ 飛彈彈射器所用的活塞，注意活塞頂部有一可伸出汽缸開槽縫隙外的掛鉤，利用這個掛鉤可勾住載有飛彈的台車，從而帶動飛彈沿著彈射器滑軌滑行。

改用壓縮空氣也是一種選擇，事實上，先前的液壓彈射器也是透過壓縮空氣來驅動液壓機構與滑輪—纜線系統，不過也可直接使用壓縮空氣來驅動開槽汽缸彈射器中的活塞。但這需要在艦上另外安裝壓縮空氣相關裝置，亦將占用不少船體內部空間。

而最簡單的解決辦法，便是直接使用艦艇本身鍋爐產生的高壓蒸汽，來作為彈射動力的來源。就能量密度來說，高壓蒸汽並不能超過過氧化氫，但蒸汽渦輪是當時絕大多數艦艇的動力系統型式，利用艦艇上現成的蒸汽鍋爐即可提供高壓蒸汽，因此選擇高壓蒸汽作為彈射動力來源，是個非常自然且合理的選擇。不過如此一來，淡水的供應也將成為制約彈射器作業的因素——由於每次彈射都會消耗掉一些淡水，若要安裝冷凝與淨化裝置來回收被用於彈射的淡水，就經濟性與艦艇內部空間消耗來說都是不划算的。

另外，將艦艇主機鍋爐產生的一部分蒸汽分給彈射器使用，也會造成可用的推進功率減少，導致航艦的最大航速與最大持續航速下降，但相較於蒸汽彈射器帶來的效益，這樣的代價仍是可接受的。

米契爾的蒸汽彈射器設計

英國海軍部於一九四六年授予愛丁堡的Brown Brothers & Co.公司一份合約，由戰爭結束後進入該公司擔任技術總監的米契爾，負責主持以蒸汽為動力的開槽汽缸式彈射器開發工作。

這種新型彈射器的動力來源很簡單，透過一個蒸汽接收器（steam receivers），即可接收來自艦艇主機鍋爐的蒸汽，將之用於驅動彈射器。主機鍋爐提供的蒸汽以高壓累積儲存於蒸汽接收器內，然後依據彈射飛機的重量、需要達到的彈射末端速度、航艦的速度與甲板風，調整饋送給彈射器汽缸推動活塞的蒸汽作業壓力，預設的最大彈射蒸汽壓力是400 psi。

確認彈射動力來源後，下一個問題便在於開槽汽缸的設計上。由於必須在汽缸表面開出一條長狹縫，在彈射器預定採用的400 psi蒸汽作業壓力下，會讓汽缸的箍

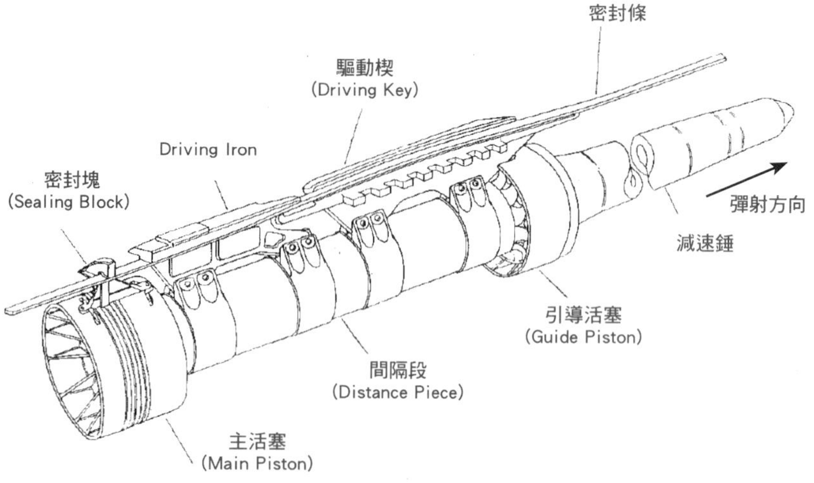

■ BSX蒸汽彈射器的活塞構造圖解（上）（下）。這樣的基本結構一直沿用到今日的所有航艦蒸汽彈射器中。

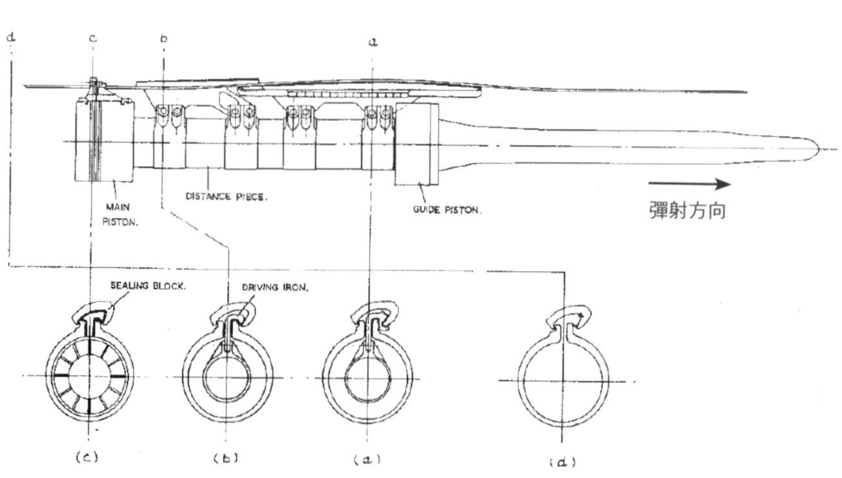

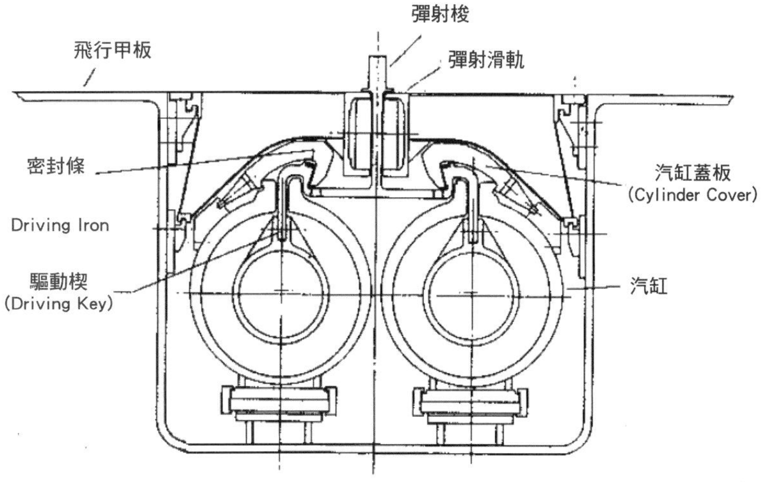

■ BSX蒸汽彈射器的截面剖圖。

強度（Hoop strength）下降到無法接受的程度，壓力會撐開開槽的狹縫導致密封失效。而初期的設計又顯示，並無法透過來自艦艇結構的外部支撐，來使汽缸強度達到需求。另外在這樣高的壓力下，如何既能確保汽缸的密封，又能設計出可允許活塞通過的密封條機構，也是一大挑戰。

米契爾並沒有沿用他在戰前一九三八年專利中提出的開槽汽缸彈射器密封設計，而是透過他稱為「工廠輔助工程（shop assisted engineering）」的方法，利用木製模型構想出一種嶄新的密封機構設計，在他的蒸汽彈射器設計中，最具巧思的也在於這個部分。

米契爾在他發表於一九四八年六月十二日的No.640,622專利中，提出一種兼有密封與支撐雙重作用的密封設計，利用置於汽缸開槽上的金屬製密封條（sealing strip），搭配汽缸蓋板（cylinder cover），一舉解決了如何兼顧汽缸強度與活塞通過兩個問題。

密封條是一根細長、扁平的矩形金屬帶，兩端分別固定在汽缸前、後兩端，並通過張緊機構拉直，正好堵在汽缸開槽兩端的凸緣之間。汽缸蓋板則是一種長條狀、截面為J字型彎鉤狀的蓋板，一邊鉸接在汽缸開槽一側的邊條上，並嵌住該側汽缸開槽的凸緣，掛鉤狀的另一邊則勾住在汽缸開槽另一側的凸緣，同時也壓住密封條。

藉由汽缸蓋板可達到三個目的：

(1)由汽缸開槽外部壓住密封帶，使密封帶不致在蒸汽壓力下被擠出汽缸開槽縫隙。

(2)強化密封效果。在高壓蒸汽壓力作用下，汽缸開槽會略微向外張開，而鉤在汽缸開槽兩側凸緣上的汽缸蓋板彎鉤，將能從兩側夾緊密封帶，阻止蒸汽從汽缸開槽洩漏。同時還能「鉗住」汽缸開槽，限制其張開的幅度，避免開槽張開過大。

(3)覆蓋並保護汽缸開槽，防止污染物進入汽缸。

汽缸活塞的頂部設有將密封條頂開與壓回的機構，可允許活塞沿著汽缸移動，而又不會造成太多的蒸汽洩漏。而當活塞通過後，密封條便會被壓回汽缸開槽，並在汽缸蓋板的協助下壓緊汽缸開槽狹縫，同時構成汽缸開槽部位的內部支撐結構。

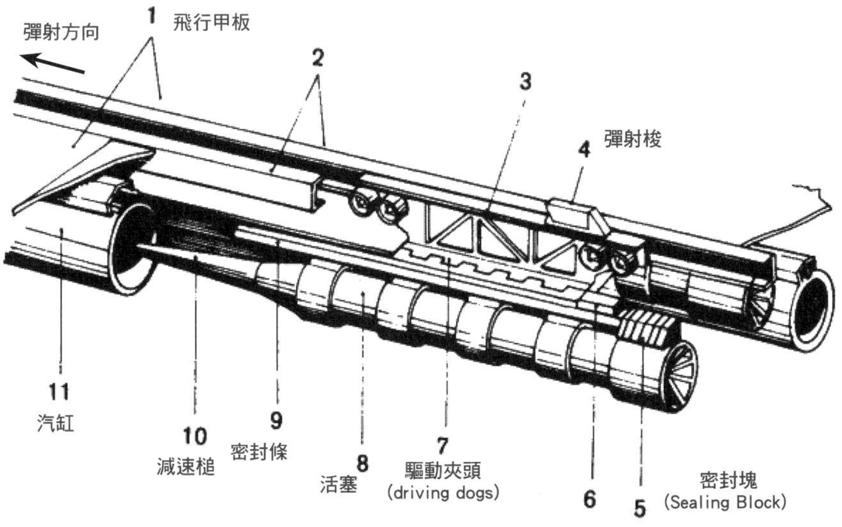

■ 蒸汽彈射器的彈射梭與活塞的組成。彈射梭底部的兩端的驅動夾頭，與兩根汽缸內活塞上的驅動楔以鋸齒狀機構彼此嚙合，當活塞前進時，即可帶動彈射梭一同前進。

當汽缸內的壓力欲使汽缸外壁向外撐開時，由於開槽縫隙的存在，汽缸外壁向外撐開後，會在汽缸蓋板的「鉗制」下、把撐開的力量導向開槽縫隙部位，從而使開縫的兩側更加的擠壓、壓緊密封條，這不僅能進一步確保汽缸密封效果，也把原來將撐大汽缸壁的蒸汽壓力，轉變為確保汽缸密封的力量。如此一來，也完全無須在外部設置支撐或箍緊機構，就能保證汽缸擁有足夠的箍強度。

密封襯帶條結合汽缸蓋板，是米契爾的一大突破，可在不明顯損失能量的情況下，讓活塞頂部的彈射梭沿著汽缸開槽移動，解決了早先開槽汽缸彈射器未能解決的壓力洩漏問題。

米契爾的設計很快就被皇家海軍所接受，海軍部艦隊總工程師（Engineer-in-chief of Fleet）在一九四七年九月要求Brown Brothers & Co.公司製造一套原型裝置。隨後米契爾便以早先的木製模型為基礎，製造出一套由金屬製成、由十二呎長的汽缸筒、蓋板與相關設備組成的全尺寸原型系統進行初步試驗。試驗證明這套彈射器確實能夠運作，隨後相關設計被移交給皇家海軍，準備發展為全尺寸、實用化的原型蒸汽彈射器。

在設計開發過程中，Brown Brothers & Co.公司的米契爾小組得到了皇家海軍的大力支援，如位於西德雷頓（West Drayton）的海軍部工程實驗室（Admiralty Engineering Laboratory）與位於羅賽斯（Rosyth）的海軍造船研究機構（Naval Construction Research Establishment, NCRE），提供了汽缸與汽缸蓋板元件的光彈性應力與疲勞測試分析；位於劍橋的皇家焊接協會則對完整的汽缸進行了脈動壓力（pulsating-pressure）疲勞測試，整個發展作業則由海軍部的艦隊總工程師負責指導與監督。

皇家海軍接手蒸汽彈射器原型後，西德雷頓海軍部工程實驗室的路易士（J. Lewis）小組在一九四八年六月完成了應力測試，為日後進一步的設計工作提供了必要資料，不過他們的測試方法並不能提供特定關鍵部位的尖峰應力分析，於是接下來便由海軍造船研究機構的巴菲特（J. Paffet）小組接手，使用光彈應力（photoelastic）方法於一九四九年八月完成了必要的應力分析試驗。

BSX原型蒸汽彈射器

米契爾新的設計稍後演變為官方代號BSX的蒸汽彈射器原型，Brown Brothers & Co.公司一共建造了兩套BSX-1與一套較短的BSX-3。

為了提高彈射力量，BSX彈射器採用雙汽缸的型式，兩個平行並列的汽缸圓管一同埋設在飛行甲板上開出的溝槽中，上面蓋以可移動的甲板蓋板，甲板蓋板中央有兩條讓彈射梭移動的彈射滑軌。彈射梭呈倒T字型截面，底邊的兩端設有鋸齒狀的驅動夾頭（driving dogs），可分別與兩具汽缸內部、活塞上類似的鋸齒狀驅動楔（driving key）彼此嚙合，透過驅動機構的連結，即可讓活塞與彈射梭連動，利用高

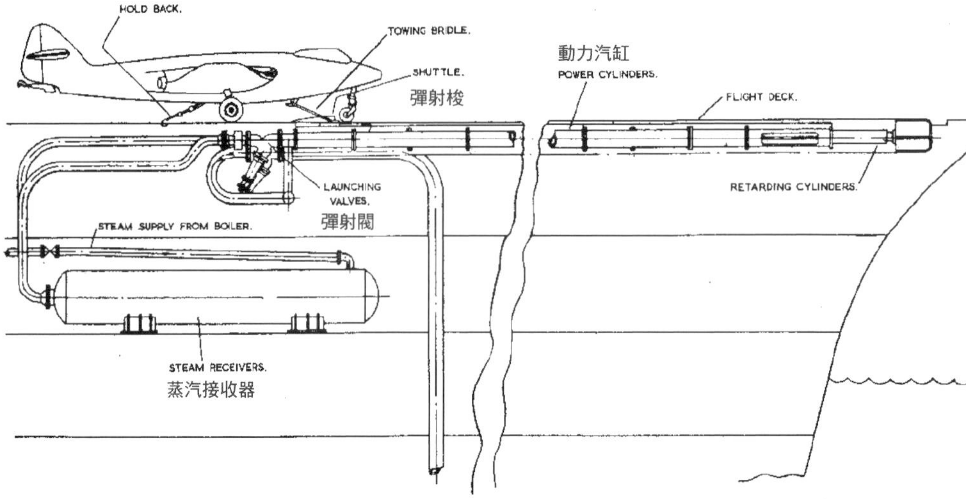

■ 英國BSX-1蒸汽彈射器的構造簡圖。
先利用蒸汽接收器（Steam receivers）接收來自主機蒸汽鍋爐的蒸汽，待壓力足夠時，打開彈射閥（Launching valves）讓高壓蒸汽進入動力汽缸（Power cylinders），接下來高壓蒸汽便會推動汽缸內的活塞，沿著汽缸高速移動，與活塞連接在一起的彈射梭也會跟著一起移動，從而牽引飛機加速。

壓蒸汽推動汽缸內的活塞，再由活塞帶動彈射梭，艦載機則透過牽引鋼索（towing bridle）勾住彈射梭，在彈射梭的牽引下加速。

活塞在移動時，活塞頂部的一連串機構會依序的將密封條頂起與壓回。先由最前端的驅動楔頂開密封條，以便能帶動外部的彈射梭前進；接下來再由driving iron將密封條導引到正確位置，最後再由最後端的密封塊（sealing block）將密封條壓回原位置，恢復汽缸的密封。

活塞的前端則安裝有減速錘（retarding ram），當活塞向前移動到汽缸的最前端時，活塞前端的減速錘便會撞進內部裝滿水的減速缸（retarding cylinders），在水煞車的作用下，緩衝、吸收活塞前進的衝擊能量，並讓活塞在短短五呎的距離內停止，而不會對船體或彈射器造成損壞。

英國海軍的蒸汽彈射器原型測試

為進一步測試米契爾的蒸汽彈射器，皇家海軍決定以當時編在預備役中的帕修斯號航艦（HMS Perseus），作為蒸汽彈射器實驗艦。在實際安裝到帕修斯號之前，皇家海軍先行在英格蘭的舒伯里內斯裝設了短版本的BSX-3原型彈射器，由皇家海軍的武器軍備研究機構，對彈射器中的減速缸（retarding cylinder）相關機構進行延伸測試。

BSX-3彈射器擁有十八吋口徑的汽缸，加速行程（Stroke）為四十七呎，減速行程為五呎，汽缸（含減速缸）是由五段十二呎長的標準汽缸接合而成。BSX-3測試過程相當順利，經少許修改後，這套彈射器可達到最高兩百五十節的彈射速度，預期還有提高到三百節的能力。隨後加壓到每平方寸七百五十磅（750 psi）的作業壓力測試也成功完成，雖然就實際投入服役的標準來看，BSX3還有許多問題必須處理，不過

■ 皇家海軍巨像級輕航艦帕修斯號，是第一艘安裝蒸汽彈射器的航艦，該艦在1950年的大修中安裝了一套BSX-1蒸汽彈射器，隨後展開了蒸汽彈射測試。該艦先從空負荷彈射試驗開始，1951年中開始彈射有人駕駛飛機。上面這張1951年7月的帕修斯號照片中，可見到蒸汽彈射器是安裝在飛行甲板上方、從前端左舷向後一直延伸到艦島後端的架高平臺內，不像後來的航艦是把彈射器「埋入」到飛行甲板內。
下面這張照片可以更清楚地見到BSX-1彈射器在帕修斯號上的架高平臺結構，照片右邊還能見到一根單桿桅，可提供彈射器位置的精確甲板風速資訊。

測試中展現的性能，已經能夠充分的滿足所有預期的需求。

新的蒸汽彈射器不僅性能更高，可動部件重量也從BH5液壓彈射器的一萬七千五百磅減輕到四千磅。不過由於飛機彈射時經由彈射梭所帶來的水平減速衝擊負荷，達到了四百噸等級，因此必須仔細研究如何在有限的航艦艦艏空間內，隔絕這個衝擊負荷對結構造成的影響。

帕修斯號在一九五〇年於羅賽斯海軍船廠安裝了一套全長兩百零三呎的BSX-1蒸汽彈射器，為了簡化工程，這套彈射器並沒有像一般彈射器般埋設在飛行甲板下，而是安裝在飛行甲板上方，上面再蓋上一層臨時飛行甲版，隨後帕修斯號便在該地展開初步彈射試驗。最初的試驗是使用一種特製的靜負載（Dead Load）有輪彈射載具（滑車），充當彈射目標，並逐漸增加測試載具的負載重量，在港口內進行了大約一千次這樣的靜負載彈射測試後，繼之轉到福斯灣（Firth of Forth）外海，並改用無人駕駛飛機進行彈射試驗。

皇家海軍從庫存中抽出六架海火47型（Seafire Mk47）戰機，拆掉兩翼折疊點外側的機翼翼端部分、截短翼展，並僅攜帶僅足以讓發動機啟動、暖機與彈射的二十加侖燃料，另加裝無線電遙控系統，以便用於充當彈射試驗用的無人駕駛機體。至於刻意截短試驗用海火戰機翼展的目的，據說在於降低機體的爬升滑翔能力，以便彈射後的機體能盡快落入航艦附近的海面上，以免飛出試驗區域造成意外。

稍後帕修斯號於一九五一年中轉往

■ 正在進行BSX-1蒸汽彈射器靜負載測試的帕修斯號，可見到靜負載測試載具正被彈離航艦甲板前端，這種（dead Load）特製的有輪測試載具（滑車），專用於校正與驗證彈射器的功能與性能，並一直被沿用到今日的蒸汽彈射器測試中。

■ 用於搭配帕修斯號的蒸汽彈射器試驗、充當遙控無人機的海火47型。可注意到該機主翼外側折疊點以外的部分都被拆掉，藉此可降低機體的爬升滑翔能力，以便在彈射後能盡快落入距航艦較近的海面。

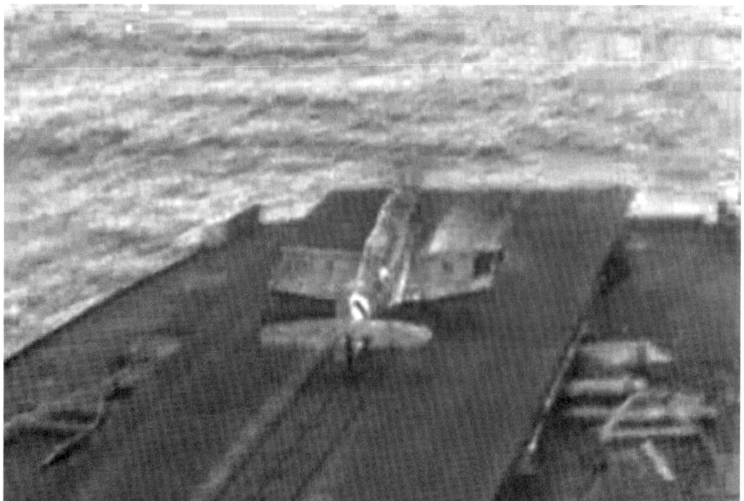

貝爾法斯特，展開了有人駕駛飛機的彈射，搭配海軍航空隊的海吸血鬼（Sea Vampire）、攻擊者（Attacker）兩種噴射機，以及短吻鱘（Short Sturgeon）雙發螺旋槳轟炸機進行了彈射測試。

蒸汽彈射器傳入美國海軍

早在幾年前，美國海軍航空局就已獲知英國皇家海軍正在發展蒸汽彈射器，但仍堅持繼續發展火藥驅動彈射器，而不願跟進發展蒸汽彈射器。雖然原訂採用火藥驅動彈射器的合眾國號航艦，在一九四九年四月遭到取消，但後繼的佛萊斯特號航艦，仍然預定裝備火藥驅動彈射器。

不過到了一九五一年時，面對英國的蒸汽彈射器測試大獲成功，而自身的火藥驅動彈射器發展卻遭遇諸多問題、遲遲未能有突破性進展的現實，美國海軍終於改變態度。

相較於火藥驅動彈射器或現役的液壓彈射器，英國的蒸汽彈射器有三大優勢：

首先，米契爾設計的密封襯條與汽缸蓋板，解決了困擾開槽汽缸式彈射器已久的氣體洩漏導致壓力損失問題。

其次，蒸汽彈射器可從艦艇主機的蒸汽鍋爐，直接獲得彈射所需的高壓蒸汽，只需設置一部蒸汽接收器負責接收從管路饋入的蒸汽鍋爐蒸汽即可。相較下，火藥驅動彈射器則需在艦上攜帶專門用於彈射的火藥，由於彈射用火藥具備相當程度的危險性，這些火藥都必須存放於特別設計的裝甲箱彈藥庫中，而且航艦必須攜帶相當數量的彈射用火藥，才能因應執行數百架次彈射作業的需求。以一九五一年中定案的佛萊斯特號原始設計為例，就預定在特別設計的彈艙中攜帶多達四百噸重的彈

■ 1951年在帕修斯號航艦上進行的BSX-1蒸汽彈射器試驗，由上到下分別是進行彈射試驗的短吻鱷雙發轟炸機、海吸血鬼噴射戰機，以及攻擊者噴射戰機。

射用火藥，相較下，該艦預定攜帶的航空軍械也不過兩千噸。顯然地，攜帶彈射用火藥對於船體結構設計、防護與損管都帶來許多額外麻煩，相對地，蒸汽彈射器便沒有這些問題。

第三，米契爾設計的蒸汽彈射器還有一項重要附帶效益——在彈射梭與活塞的制動煞車機構上可節省大量的空間與重量。以H 8液壓彈射器來說，必須搭配長達五十呎的液壓氣動煞車系統，才能因應重達五千磅的彈射梭制動需求。而對於蒸汽彈射器，只需五呎長的水煞車系統便足以滿足彈射梭與活塞的制動需求。所以對同等長度的液壓彈射器與蒸汽彈射器來說，蒸汽彈射器便可多出四十五呎的動力行程，從而獲得更大的彈射能量。

另一種開槽汽缸彈射器——火藥驅動式彈射器的發展

如前所述，美國海軍從一九四五年便開始發展利用火藥爆炸氣體驅動的開槽汽缸彈射器，不過直到一九五一年底才完成第一套原型系統C 1彈射器的安裝，開始進行實際測試。到該年四月為止的試驗中，C 1展現了將三萬磅重物體加速到六十節的性能（使用三十二組一百磅的裝藥），稍後相關部件被拆解並轉用到C 10彈射器的測試。

C 1僅屬於試驗性質，以C 1為基礎，美國海軍預定為當時規劃中的佛萊斯特級航艦與艾塞克斯級現代化計劃，發展兩種火藥驅動開槽汽缸彈射器，一種是高功率、用於彈射大型轟炸機的C 7，另一種是低功率、用於彈射戰鬥機的C 10彈射器。佛萊斯特級預定裝備C 7與C 10各兩套，而艾塞克斯級則預定在SCB 27C改裝工程中安裝兩套C 10。其中C 7具備彈射七萬磅級機體的能力，而C 10則可將四萬磅重機體加速到一百二十五節。

不過到了這個時候，英國開發的蒸汽彈射器已經顯露出更高的實用性與發展潛力，當英國的蒸汽彈射器技術展示艦帕修斯號於一九五二年一至三月間在美國的實際展示過後，美國海軍迅速放棄了火藥驅動彈射器的發展，決定引進英國的蒸汽彈射器。

於是C 7彈射器被重新設計為蒸汽彈射器，C 10彈射器則被引進的英國製BSX-1蒸汽彈射器取代（美軍的編號是C 11）。後來海軍內部雖然有人建議將C 10彈射器從火藥驅動改為液氧汽油驅動，在一九五三年時還有人提議將C 10的縮小版衍生型Mod 3用於護航航艦（CVE）上，但都未獲得接受，於是歷時十五年、耗費兩千萬美元的發展資金後，火藥驅動開槽汽缸彈射器的發展至此也宣告終止。

■ 英國海軍在帕修斯號航艦上進行的蒸汽彈射器試驗，也吸引了美國海軍注意，特別邀請該艦前往美國，於1951年底到1952年初在美國東岸進行了一連串成功的展示，隨後美國便決定引進蒸汽彈射器。

■ 在帕修斯號航艦BSX-1原型蒸汽彈射器上準備彈射的美國海軍AD-1攻擊機，帕修斯號受邀前往美國進行的蒸汽彈射器展示試驗大獲成功，促使美國海軍決定引進英國設計的蒸汽彈射器。

基於帕修斯號的試驗成果，美國駐倫敦大使館武官、同時也是資深海軍飛行員的索切克海軍少將（Apollo Soucek），便向美國海軍建議：由美軍付費邀請，讓帕修斯號前往美國展示它的蒸汽彈射器。美國海軍作戰部長費克特勒（William Fechteler）立即便於一九五一年八月六日接受了這項提議，此時帕修斯號已經進行了八百九十次蒸汽彈射器彈射試驗，其中包括一百零五次有人駕駛飛機的彈射試驗。相較下，海軍航空局這時候還在準備預定於一九五二年三月開始的XC 10火藥彈射器原型安裝測試，兩種彈射器的技術成熟度有天壤之別。

帕修斯號在美國的蒸汽彈射器展示測試

經少許延遲後，帕修斯號於一九五二年一月二十日抵達東岸的費城海軍船廠，隨即展開校正目的的靜負載彈射測試。帕修斯號的BSX-1蒸汽彈射器雖然是一套全尺寸系統，但仍處於發展階段，每兩次彈射間必須間隔長達二十分鐘的準備時間。

三週後的二月十一日，帕修斯號駛抵諾福克，停泊在第十二號碼頭上。美國海軍決定直接在停泊中的帕修斯號上進行彈射試驗，從二月十二至十五日間，先後以F2H、F3D與F9F-2等多種美製機型進行了蒸汽彈射測試，所有的試驗都獲得成功。

其中最讓人印象深刻的是F3D的第一次彈射測試，在這次彈射中，飛行甲板是處於十節順風狀態，但BSX-1仍成功將F3D彈射升空。而原先在使用H 8液壓彈射器彈射同等起飛重量的F3D時，至少需有二十八至三十節的迎頭逆風幫助，才能讓F3D彈射升空，兩相對照下，BSX-1不僅不需要逆風的幫助，甚至在不利於飛機起飛的順風情況下也能完成彈射，顯示出絕對的性能優勢。

親眼見證蒸汽彈射器的威力後，當時的大西洋艦隊航空部隊司令巴倫坦中將（John Ballentine），不禁轉頭向一同參觀試驗的賴賽雷爾中尉（Russ Reiserer）說：「我要蒸汽彈射器！」並在返回辦公室的路上立即著手此事，直接向海軍作戰部長費克特勒提出引進蒸汽彈射器的要求。美國海軍高層也很快批准了向英國直接購買五套，以及在授權下由美國自行建造蒸汽彈射器的提議。

BSX-1在英國測試時，都是使用皇家海軍標準的400 psi蒸汽壓力作業。不過美國海軍希望能使用在他們標準的550 psi蒸汽壓力，因此帕修斯號在費城與諾福克的測試中，都是由格林號（Greene）驅逐艦向帕修斯號提供550 psi的蒸汽，作為BSX-1的彈射動力，較英國海軍測試時使用的蒸汽壓力更高。雖然掌管海軍航空局艦艇設備部門的布朗上校（Sheldon Brown），擔心帕修斯號上的這套設備，無法在美製推進機關的600 psi蒸汽壓力下運作，最後的結果證明，布朗的擔憂並沒有成真（註二）。

帕修斯號在美國一共進行了大約一百四十次彈射測試，然後於三月二十一日返回英國普茨茅斯，拆掉BSX-1彈射器改為飛機運輸艦使用，總計帕修斯號一共進行了多達一千五百六十次彈射測試，為蒸汽彈射器的發展立下了重要功績。

註二：英國皇家海軍的蒸汽鍋爐標準作業條件略低於美國海軍，二戰時期皇家海軍的標準蒸汽作業條件是400 psi至440 psi與600°F至750°F，與美國海軍二戰前的標準相當，不過美國海軍在二戰中後來改用更高的565 psi至600 psi與850°F至900°F標準，戰後又進一步提高到1200 psi與950°F。

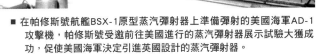

Chapter 6
蒸汽彈射器的普及與演進

基於一連串成功的試驗成果，英國皇家海軍決定全面採用蒸汽彈射器，由Brown Brothers & Co.公司負責製造量產型彈射器。美國海軍也決定從英國引進蒸汽彈射器，除直接購買外，還透過授權由美國廠商自行製造生產，同時還有進一步的發展。

於是接下來的蒸汽彈射器發展，便形成了英國系與美國系兩大路線，雖然兩者的基本原理與構造均源自BSX-1原型蒸汽彈射器，不過由於英、美兩國海軍的需求與條件不同，連帶也造成英系與美系蒸汽彈射器之間的微妙差異。

蒸汽彈射器的實用化

皇家海軍第一艘安裝實用型蒸汽彈射器的航艦是皇家方舟號（HMS Ark Royal）。皇家方舟號原本預定安裝與其姊妹艦老鷹號（HMS Eagle）相同的兩套BH5液壓彈射器，不過有鑒於蒸汽彈射器的試驗成效，便在建造過程中決定改換為兩套BS4蒸汽彈射器。

BS4是安裝在帕修斯號上的BSX-1原型彈射器量產型，可將三萬磅重的機體加速到一百零五節，或將一萬五千磅重機體加速到一百三十節，能因應當時皇家海軍兩種即將投入服役的新型戰機——彎刀（Scimitar）與海雌狐的彈射需求（最大起飛重量分別為三萬三千磅與四萬兩千磅）。而一九五五年二月正式投入服役的皇家方舟號，也就成為世界上第一艘配備實用型蒸汽彈射器的航艦，同時也是第一艘在完工時便配有蒸汽彈射器的航艦。

BS4彈射器的引進，雖然賦予皇家方舟號操作新一代艦載噴射機的能力，然而這套彈射器也給皇家方舟號帶來了不少麻煩，出現許多預期外的問題，如連結飛機與飛行甲板用的固定桿（holdback anchors）阻尼設定不恰當，導致飛機在彈射時過早的脫離；當要快速重置彈射器時（也就是將彈射後的彈射梭與活塞，從滑軌末端拉回到初始位置），活塞與彈射梭機構的抓取、收回與歸位動作經常失敗；由於潤滑不佳與輕微的校準不正，以致導引活塞壽命過短，只能使用七百至八百次（彈射）；回收滑車（retracting jigger）的纜線經常失效等。

在該艦服役的丹尼生少校（Denison）指出，前述經常性的小故障，不僅影響了該艦的作業效率，也讓艦上的工程部門陷入困境，於是他建議增加專責人力來應付這些麻煩：為每套彈射器都配置一組由一名軍官與十名技師組成的專責小組，一個小組可照看兩套輪流運行的彈射器，若有四套彈射器則須配置兩個小組。

實際操作經驗顯示，理想情況下BS4可達到設計時預定的三十秒彈射作業間隔，只要讓皇家方舟號船艏兩舷的兩組彈射器依序運作，便可達到十五秒的彈射作業間隔，也就是每十五秒便能彈射一架飛機。至於蒸汽的消耗量則為每次彈射大約消耗半噸，以一個十小時的飛行任務週期來說，兩套BS4每小時可彈射六架飛機，總共消耗三十二・五噸蒸汽，其中有七・五噸是用於預熱。若不進行彈射，但仍要維持待機狀態時，兩套彈射器也需要消耗二十六噸蒸汽，其中八噸用於維持汽缸的預熱。

米契爾的蒸汽彈射器設計性能，主要是受可用的彈射行程與活塞減速行程所制約，透過蒸汽接收器獲得的蒸汽致動能量十分充裕，如果航艦甲板空間允許裝設長度更長的汽缸，蒸汽彈射器便能藉由拉長彈射行程來獲得更大的牽引力量。皇家方舟號最初安裝的BS4是全長一百五十一呎的版本，授權美國生產的版本則有延長到兩百五十呎的衍生型，用於搭配船體長度更長的美國航艦，彈射性能也更高，可將四萬磅重機體加速到一百二十五節。

■ 皇家方舟號是世界上第一艘配備實用型蒸汽彈射器的航艦，在1955年2月服役時於船艏甲板安裝了兩套BS4蒸汽彈射器。照片為剛服役時的皇家方舟號。皇家方舟號使用BS4直到1966年底，然後在1967～1970年的大改裝中被換成更新型的BS5彈射器。

■ 安裝在皇家方舟號航艦上的BS4蒸汽彈射器，是安裝在帕修斯上的BSX-1原型彈射器量產型，可將三萬磅重的機體加速到一百零五節，或將一萬五千磅重機體加速到一百三十節，能因應當時皇家海軍兩種即將投入服役的新型戰機——彎刀與海雌狐的彈射需求。照片為1957年在皇家方舟號上進行彈射測試的彎刀戰機預量產型機。

holdback anchors

固定桿是一種重要的彈射輔助裝置。當飛機彈射時，為了能在最短時間內達到最大加速度，會先安裝上holdback anchors固定桿，holdback anchors固定桿的一端拴在飛行甲板上，另一端則拴在飛機機身或前起落架上。開始彈射時，飛機鬆開煞車，彈射器的蒸汽接收器也開始向汽缸送入蒸汽，隨著蒸汽壓力增加，活塞便藉由彈射梭與牽引鋼索（或彈射桿）開始向飛機施加牽引力量，但holdback anchors固定桿會拴住飛機，直到牽引力量超過一個固定值時，holdback anchors桿內的張力拴（tension bar）才會斷開，讓飛機開始滑行。透過holdback anchors桿這種機構，可使飛機在彈射牽引力量增大到一定值以後才開始滑行，從滑行的一開始便獲得足夠大的初始牽引力，而不需要慢慢等待牽引力的增加。

■ 上圖中箭頭所指處，兩頭分別勾在機尾與甲板上的桿子，便是holdback anchors桿。

■ 勝利號航艦在1950～1957年的大規模現代化改裝工程中，增設了包括艦艏兩套BS4彈射器在內的一系列新設備，下圖為NA.39海賊式攻擊機原型機在勝利號上，利用BS4彈射器進行彈射起飛試驗的情形。

英製蒸汽彈射器的普及

繼皇家方舟號之後，接下來皇家海軍其他航艦也陸續在大修改裝中安裝蒸汽彈射器。

首先是二戰時期留下來的勝利號（HMS Victorious），該艦於一九五〇至一九五七年為期八年的大規模重建工程中，於一九五六年時安裝了兩套BS4彈射器，不過受限於勝利號較小的船體，這兩套BS4的彈射行程被縮短到一百四十五呎，性能略低於皇家方舟號上的版本。

稍後皇家海軍的半人馬座號（HMS Centaur）航艦，也在一九五八年的大修中安裝了兩套彈射行程進一步縮短到一百三十九呎的BS4彈射器，替換了該艦原先配備的BH5液壓彈射器。再來是一九五九年才完工服役的半人馬座級4號艦赫密士號（HMS Hermes），由於建造工程遲延，拖到一九五三年才下水，因此得以在建造過程中納入兩套BS4蒸汽彈射器，但赫密士號配備的BS4是彈射行程更短的一百零三呎版本，亦是安裝在艦艏左右兩舷。

接下來幾艘被轉賣給其他國家的前英國海軍未完工航艦，也在轉賣後重新展開的建造工程中引進了蒸汽彈射器。澳洲的墨爾本號〔HMAS Melbourne，前莊嚴級威力號（HMS Powerful）〕與加拿大的波納文都號〔HMCS Bonaventure，前莊嚴級輕航艦莊嚴號（HMS Majestic）〕兩艘輕航艦，分別在一九五五年與一九五七年完成的建造工程中安裝了BS4蒸汽彈射器。

由於波納文都號與墨爾本號都是較小型的莊嚴級輕型艦隊航艦，空間餘裕有限，因此都只在甲板左舷安裝一套BS4，並且是彈射行程僅一百零三呎的縮短型版本。另外同屬莊嚴級、被轉賣給印度海軍的維克蘭特號〔INS Vikrant，前莊嚴級力士號（HMS Hercules）〕，也在一九五七至一九六一年的建造工程中安裝了一套BS4。

較特別的是荷蘭海軍的卡爾．都曼號（HNLMS Karel Doorman）與巴西海軍的米納斯．吉納斯號（Minas Gerais）這兩艘前英國海軍巨像級（Colossus）航艦，這兩艘航艦都是由荷蘭船廠負責改裝，不像前述各艦是由英國船廠改裝。

卡爾．都曼號（原巨像級尊敬號（HMS Venerable））在一九四八年便進入荷蘭海軍服役，參照英國皇家海軍的經驗，荷蘭海軍在一九五五至一九五八年間為卡爾．都曼號進行了大規模現代化改裝工程，由荷蘭Wilton-Fijenoord船廠增設了包括八度斜角甲板與蒸汽彈射器在內的新設備。荷蘭海軍為該艦安裝的蒸汽彈射器型式不詳，可能是一百四十五呎長行程版本BS4的衍生型。該艦後來在一九六九年又被轉賣給阿根廷，成為阿根廷海軍的五月二十五日號航艦

（ARA Veinticinco de Mayo）。

而前巨像級航艦復仇號（HMS Vengeance）在一九五六年十二月轉賣給巴西後，巴西將該艦交給荷蘭鹿特丹的Verlome船廠進行大規模現代化改裝，增設包括八・五度斜角甲板與蒸汽彈射器在內的眾多新設備，然後在四年後的一九六〇年四月以米納斯・吉納斯號（NAeL Minas Gerais）的新艦名進入巴西海軍服役。特別的是該艦並非安裝英國Brown Brothers公司製造的原版蒸汽彈射器，而是另一家英國公司McTaggart Scott製造的C3蒸汽彈射器，目前的文獻對於這款C3彈射器的記載不多，或許是McTaggart Scott公司按照巴西海軍要求而製造的某種BS4修改版，從照片看來，米納斯・吉納斯號這套彈射器的彈射行程應該至少有一百四十呎長，性能據說是以操作三萬磅等級艦載機為基準。

另外值得一提的是，赫密士號與墨爾本號等兩艘配備BS4彈射器的航艦，在服役生涯中曾對BS4進行了延長彈射行程的改進。首先是皇家海軍的赫密士號，為了能操作新型的海賊（Buccaneer）S2攻擊機，並改善操作海雌狐戰機的能力，赫密士號在一九六四至一九六七年的大修工程中，將艦艏左舷那套BS4彈射器從一百零三呎彈射行程的版本，改裝為更強力的一百四十五呎彈射行程版本。當該艦於一九六六年五月完成改裝重新服役後，便配屬了一支由七架海賊S2組成的攻擊機中隊。

此外，當皇家海軍於一九六三至一九六四年間考慮引進美製的幽靈機（Phantom）時，赫密士號也曾一度被列在操作幽靈機的名單中（註一）。不過隨著英國國防政策轉變，在赫密士號上部署幽靈機的構想很早就被放棄，該艦並未完成操作幽靈FG.1所需的完整改裝，後來更在一九七一至一九七三年的改裝中拆掉彈射器，改裝為支援兩棲作戰用的突擊航艦（commando carrier）。

註一：英國海軍部最高委員會委員約翰・海（John Hay）於一九六四年三月二日接受國會質詢時，表示將在赫密士號、老鷹號與新航艦上操作幽靈機。雖然有議員質疑能否在赫密士號這樣小的航艦上安全操作幽靈機，並舉證美國國防部長麥納馬拉曾提出的「無法在三萬一千噸航艦上安全操作幽靈機」說法，而赫密士號的排水量還更小（兩萬三千噸），顯然更難以滿足操作幽靈機的需求。但約翰・海在回覆時堅稱，經皇家海軍自身的專家研究後，認為赫密士號可以操作幽靈機。就彈射器規格來看，赫密士號改裝後的左舷長行程版BS4彈射器，性能與配備在老鷹號與皇家方舟號上的短行程版BS5彈射器相去不遠，若有適當的甲板風幫助，理應足以讓輕載狀態的幽靈機彈射起飛。

澳洲海軍為了替換老舊的海毒液戰機與塘鵝（Gannet）反潛機，在一九六八年引進了美製的A-4G天鷹（Skyhawk）攻擊機與S-2E追蹤者（Tracker）反潛機，

■ 加拿大的波納文都號與澳洲的墨爾本號同屬莊嚴級輕型航艦，受限於較小的船體，只能在船艏左舷配備一套縮短的BS4彈射器。要特別注意的是，波納文都號雖是英國設計建造，配備的也是英製彈射器，不過電子設備與艦載機都是美國式的，上圖中可見到波納文都號甲板上停放的S-2反潛機，下圖則為正利用波納文都號左舷BS4彈射器彈射起飛的加拿大海軍所屬美製F2H-3戰機。

■ 1955年10月28日服役的墨爾本號，是繼英國的皇家方舟號與美國的佛萊斯特號之後，第三艘在完工時便同時配備了斜角甲板與蒸汽彈射器的航艦，也讓澳洲成為第三個運用蒸汽彈射器的國家。上為墨爾本號在1950年代後期一次演習中，一邊為Quickmatch號反潛巡防艦補給燃料，一邊利用艦艏BS4蒸汽彈射器彈射塘鵝反潛機；下為墨爾本號上的BS4彈射器彈射梭滑軌特寫，從甲板上停放的S-2E反潛機可知這是1971年墨爾本號改裝後的狀態。（上）（下）

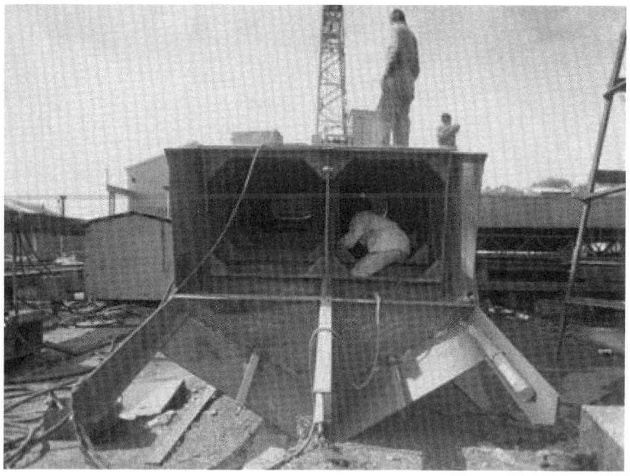

■ 澳洲海軍的墨爾本號在一九五五年底完工服役時，便配有一套BS4蒸汽彈射器，後來在一九七一年開始的改裝中將這套BS4的彈射行程延長了九呎，為了減少對飛行甲板的影響，修改後的彈射器把汽缸前端一部分往前挪到艦艏增設的bridle catcher角型突出結構中，照片為改裝中的墨爾本號，上為容納彈射器汽缸的箱型構造，下為突出在艦艏外的bridle catcher構造，這個構造的主要目的是回收彈射用的牽引鋼索。（上）（下）

為了因應這批新艦載機的到來，墨爾本號航艦也在一九六七年十二月到一九六九年二月的大修中，進行了包括飛行甲板、船殼、主機、彈射器與攔阻索在內的全面翻修。

接下來墨爾本號便於一九六九年初搭配全新組成的艦載航空聯隊重新服役，不過為了更充分的因應新型艦載機的操作需求，墨爾本號很快又在一九七一年中的大修中，對BS4彈射器進行了重建工程，這次重建中使用了來自加拿大剛除役的波納文都號航艦的BS4彈射器零組件（波納文都號剛在一九七〇年七月除役），同時將BS4彈射器的彈射行程延長了九呎，從原先的一百零三呎延長到一百一十二呎，略為提高了性能，並在彈射器末端增設突出於船艏的bridle catcher構造，用於回收彈射飛機用的牽引鋼索。特別的是彈射器的汽缸前端一部分被安置到bridle catcher結構內，以避免加長後的彈射器影響到船體結構。後來墨爾本號在一九八五年賣給中國拆解後，被中國仔細拆解研究的便是這套修改後的BS4彈射器。

英國的第二代蒸汽彈射器

要提高蒸汽彈射器的性能，最直接的方法便是延長彈射行程，或是提高蒸汽作業壓力，不過對皇家海軍來說，受限於較小的航艦尺寸，彈射行程難以延長到讓人滿意的程度。至於提高蒸汽作業壓力又直接與航艦主機鍋爐的作業條件有關，這將牽涉到主機的設計，並關乎整個艦隊的蒸汽作業統一標準制定問題，因此彈射器的蒸汽作業壓力也無法任意提高。皇家海軍只能另闢蹊徑，設法尋求提高蒸汽彈射器性能的方法。

隨著操作經驗增加，皇家海軍發現：隨著彈射器彈射行程的延長，蒸汽壓力在管路中的下降，將成為另一個制約蒸汽彈射器性能的因素。解決方法分為兩方面，首先是將彈射閥（launch valve）從旋轉式（turning）改為迴轉式（rotary），以確保彈射閥開啟後的管路空間，能相當於蒸汽饋入管路的整個直徑，讓蒸汽能毫無阻礙的通過彈射閥。

第二項改進，則是將原先直接接收來自主機鍋爐過熱蒸汽的蒸汽接受器，改為一套濕蒸汽收集器（wet accumulators）。藉由增設的注水管路，可使濕蒸汽接收器持續保持有三分之一的容積都裝了水，當開啟彈射閥讓蒸汽進入動力汽缸、藉以推動活塞時，濕蒸汽接收器內的壓力降低將會導致其內的水快速揮發（flash）生成額外的蒸汽，從而減少壓力下降的幅度。

試驗顯示，在相同的蒸汽接收器體積下，若改用濕蒸汽收集器，則蒸汽接受器內的壓力下降幅度僅為傳統「乾」蒸汽接收器的三分之一，因而能提供給彈射活塞更大的推進力量。

■ 老鷹號（1964年以後）與皇家方舟號（1970年以後）所配備的BS5彈射器，是英國的第二代彈射器，也是英國實際使用過的最強力蒸汽彈射器，足可因應最大起飛重量將近六萬磅的幽靈FG.1與海賊S.2彈射起飛需求。照片為1970年完成第四次大改裝後的皇家方舟號，可見到甲板上一共配有兩套BS5彈射器，由於艦艏空間較為侷促，不能配備太長的彈射器（否則會干擾後方飛行甲板的配置），所以艦艏左舷配備的是一百五十一呎彈射行程版本，艦舯斜角甲板左側配備的則是更長的一百九十九呎彈射行程版本，理論上兩套彈射器都能彈射幽靈FG.1，只是使用艦艏彈射器時需要更大的甲板風配合，不過從目前能找到的照片看來，皇家方舟號似乎大都還是使用性能較好的船舯那套BS5來彈射幽靈FG.1。

作為先期試驗，皇家方舟號在一九五九年時為左舷的BS4彈射器引進了前述改進措施，測試結果顯示可提高百分之十二的性能。後來皇家海軍把採用前述改進措施的改良型彈射器重新命名為BS5（註二），第一艘配備這款新型彈射器的航艦是老鷹號，在一九五九至一九六四年為期四年半的大改裝中安裝了兩套BS5，取代了該艦原先採用的BH5液壓彈射器，其中一套安裝在艦艏左舷的BS5為一百五十一呎彈射行程版本，另一套安裝在船舯左舷、靠斜角甲板前端的BS5則為較長的一百九十九呎彈射行程版本。

後來皇家方舟號在一九六七至一九七〇年的大改裝中，也採用了類似老鷹號的一長一短兩套BS5彈射器配備，取代了舊的BS4彈射器。

註二：除了引進濕蒸汽收集器外，某些資料聲稱BS5彈射器還增設了高壓蒸汽回收機構，可讓彈射器汽缸內的蒸汽重新回收到主蒸汽系統，回收一部分蒸汽，藉此減少彈射器的蒸汽消耗量，減少對淡水的需求。

相較於上一代的BS4，BS5彈射器同樣採用400psi的作業壓力，但透過改用濕蒸汽收集器，以及延長彈射行程（註三），彈射能力有所提高，賦予了老鷹號與皇家方舟號操作最大起飛重量達到五萬五千磅等級的幽靈FG.1戰機與海賊（Buccaneer）S.2攻擊機的能力（註四）。不過，受到工黨政府在一九六六至一九六七年提出的戰略收縮政策影響，皇家海軍決定只在皇家方舟號上配備幽靈式戰機，最後只有皇家方舟號接受了包括彈射器、攔阻索、升降機等方面的完整改進，至於老鷹號便只有引進新的BS5彈射器，其餘方面的改進則付之闕如。

註三：只有BS5A延長了彈射行程，標準版的BS5彈射行程與舊式的長行程版BS4相當。

註四：實際上，BS5的性能對於彈射幽靈與海賊來說仍稍有不足，因此幽靈FG.1與海賊兩種機型為了能搭配彈射行程有限的BS5彈射器運作，在機體設計上都下了不少功夫。如兩者都採用了向襟翼吹氣的邊界層控制（BLC）技術，並能在起飛時抬高機頭來增加攻角，藉此提高升力，從而降低起飛速度需求，能以更低的速度彈射起飛。幽靈FG.1是透過特別加高到四十吋的鼻輪起落架，來將機頭抬高到九度；海賊則是在機尾設置一個滑蹺，可將機頭抬起十一度。幽靈FG.1另外還改用了比美國原版幽靈推力增加百分之二十的Spey渦輪扇發動機，來增加起飛時的推重比。不過，即使採用了這樣多的因應措施，皇家方舟號在運用幽靈FG.1時，仍舊必須使用彈射行程較長的船艏左舷彈射器，才能讓幽靈FG.1以最大起飛重量升空。

■ 單靠BS5彈射器，要彈射滿載達到五萬五千磅等級的幽靈與海賊兩種新型艦載機仍略嫌吃力，因此這兩種機型都有抬高機頭、藉由增加攻角獲得額外升力，以改善起飛性能的設計，幽靈FG.1透過特別加高到四十吋的鼻輪起落架，將機頭抬高到九度（如上圖）；海賊則是在機尾設置一個滑蹺，可將機頭抬起十一度（如下圖）。

表二 英製蒸汽彈射器基本諸元

國別	型號	類型	彈射能力＊	彈射行程	安裝長度	搭載艦艇
英國	**BSX-1**	蒸汽	—	150呎	203呎	帕修斯號(×1/1951)
	BS4	蒸汽	30,000磅/110節 40,000磅/78節	103呎	160呎	墨爾本號(×1/1955)/波納文都號(×1/1957)/赫密士號(×2/1959)
	BS4A	蒸汽	50,000磅/87節	145呎	180/200呎	勝利號(×2/1960)/ 赫密士號(船艏左舷×1/1966)
	BS4B	蒸汽	50,000磅/94節	151呎	—	皇家方舟號(×2/1970)
	BS4C	蒸汽	35,000磅/99節	139呎	—	半人馬座號(×2/1958)
	BS4M	蒸汽	—	112呎	169呎	墨爾本號(×1/1972)
	BS5	蒸汽	35,000磅/126節 50,000磅/91節	151呎	220呎	老鷹號(船艏×1/1964)/ 皇家方舟號(船艏×1/1970)/ 克里蒙梭號(×2/1961)/福熙號(×2/1963)
	BS5A	蒸汽	35,000磅/145節 60,000磅/95節	199呎	268呎	老鷹號(船舯×1/1964)/ 皇家方舟號(船舯×1/1970)
	BS6	蒸汽	60,000磅/120節 70,000磅/100節	250呎	320呎	CVA-01(×2)

＊起飛重量/彈射末端速度

除了英國本身外，法國海軍也向英國購入了四套BS5彈射器，安裝在一九六一年與一九六三年服役的兩艘克里蒙梭級航艦（Clemenceau class）航艦上，每艘都配備兩套一百五十一呎彈射行程版的BS5，一套安裝在艦艏靠左舷位置，另一套安裝在斜角甲板左側前端，可將三萬三千磅至四萬四千磅重的機體加速到一百一十節，足以操作當時法國海軍使用的F-8E十字軍（Crusader）戰機與軍旗（Etendard）IV攻擊機（起飛重量分別為三萬磅與兩萬兩千磅等級）。

後來皇家飛機研究所與Brown Brothers & Co.公司又對蒸汽彈射器的設計作了許多進一步改進與試驗，包括改用更高的蒸汽壓力（1,000 psi）、將彈射行程拉長到至少一百九十九呎等，並著手開發預定用在CVA-01大型航艦上的BS6蒸汽彈射器。

BS6的彈射行程延長到兩百五十呎，並能搭配CVA-01預定採用的新型高溫高壓鍋爐作業（1,000 psi/1,000°F），預計可將七萬磅重的機體以一百節速度射出，對幽靈FG.1戰機與海賊S.2這類六萬磅等級機體，則能達到一百二十節以上的末端速度，是英製蒸汽彈射器的性能頂峰（但仍遜於美國的C 13彈射器），另外還考慮引進美國在C 13彈射器上應用的彈射桿牽引機構。皇家海軍規劃中的CVA-01航艦預定配備兩套BS6彈射器，一套設於船艏，另一套位於船舯左舷。

不過，隨著工黨政府在一九六六年《國防檢討》（*Defence Review*）報告中取消了CVA-01建造計劃，並大幅縮減了對於蘇伊士以東區域的防務承諾，稍後在下一份國防檢討報告中，又進一步落實了放棄蘇伊士以東區域駐軍的戰略構想，並讓現役航艦陸續除役，連帶的對新型蒸汽彈射器的需求也跟著消失，BS6最終未能發展完成，此後英國再也沒有發展新的蒸汽彈射器。

■ 法國海軍在1960年代初期服役的兩艘克里蒙梭級航艦，亦是引進英國製的BS5蒸汽彈射器，在艦艏左側與船舯斜角甲板左舷各安裝了一套一百五十一呎彈射行程的BS5彈射器。照片為克里蒙梭級2號艦福熙號。

表三 BS5蒸汽彈射器性能(151呎彈射行程)＊

重量(kg)	彈射速度(節)	加速度(g)
3,000	120	4.2
3,000	105	3.2
6,000	120	4.2
6,000	110	3.5
7,000	115	4.0
7,000	108	3.5
10,000	115	4.0
10,000	105	3.3
15,000	105	3.5
20,000	90	2.8

＊取自法國海軍克里蒙梭級配備的BS5彈射器數據。

■ CVA-01航艦預訂配備的BS6彈射器，是英製蒸汽彈射器的技術頂峰，性能接近美國海軍的C 13彈射器。不過，隨著CVA-01計劃的取消，BS6也跟著無疾而終，此後英國再也沒有發展新型彈射器。圖為CVA-01想像圖，在艦艏右舷與船舯左舷預訂各配備一套BS6彈射器，兩組彈射器前端還設有回收牽引用鋼索的bridle catcher。

美國海軍的蒸汽彈射器應用

在英國的帕修斯號結束在美國的蒸汽彈射器展示活動，於一九五二年三月返回英國後，美國海軍馬上便在該年四月決定引進蒸汽彈射器，並立即派遣一個由三名上校與一名中校組成的代表團前往英國，負責調查蒸汽彈射器相關技術資料，同時洽談授權給美國自行製造蒸汽彈射器的事宜。

在自行產製蒸汽彈射器之前，美國海軍先直接向Brown Brothers & Co.公司購入五套BSX-1蒸汽彈射器的美國版，美國海軍給予的編號是C 11。其中一套安裝在費城海軍航空物資中心（Naval Air Material Center）供測試使用，剩餘四套則預定安裝到正封存於普吉特灣（Puget Sound）海軍船廠的漢考克號（USS Hancock CVA 19）與提康德羅加號（USS Ticonderoga CVA 14）等兩艘艾塞克斯級航艦上。

美國海軍自身獨立進行的蒸汽彈射器測試，是先從於費城海軍航空物資中心進行的地面測試開始。一九五三年十二月三日，負責航空業務的助理海軍部長史密斯（James Smith）親自按下彈射閥啟動鈕，將一架F9F-6戰機彈射升空，完成了美國自己擁有的彈射器首次彈射作業。幾分鐘後，一架AD天襲者（Skyraider）攻擊機也跟著彈射升空，這架天襲者的駕駛員E. L. Feightner中校這樣描述了他的首次彈射感想：「蒸汽彈射器與我所曾經歷過的其他彈射方式之間有極大差別，它開始時很緩慢，不過到結束時會將你迅速的加速，這對飛行員來說好多了。我之前並沒有這種彈射器上彈射過，所以我繃緊了頭作好準備，不過預期中的衝擊並在沒有發生，彈射是這樣的平順，任何情況下我都不需要繃緊頭。」

與先前的液壓彈射器相比，液壓彈射器大約在三分之一行程就會達到最大速度，由於達到最大速度時的彈射行程相對較短，飛機與飛行員承受著高達5G的彈射加速度負荷。而蒸汽彈射器則是在三分之二行程處才會達到最大速度，彈射過程相對和緩許多，最大加速度負荷約4G至5G。

進行了陸基的彈射器試驗後，美國海軍選擇改裝進度較快的漢考克號作為蒸汽彈射器試驗艦，兩個月後的一九五四年二月九日，美國海軍在正於普吉特灣（Puget Sound）海軍船廠進行最後艤裝與調整作業的漢考克號上，展開了代號「Operation Test Fire」的蒸汽彈射器靜負載測試，使用可調節負載重量的滑車來作為彈射目標，模擬艦載機的彈射（這種滑車載具本身不帶推力，所以稱作「靜」負載）。

在一系列靜負載彈射測試中，漢考克號上的C 11彈射器達到了將兩萬三千六百七十磅靜負載以一百三十八節速度射出、將五萬五千三百磅負載以一百零九‧五節速度射出的成績，超過了美國海軍訂出的需求。

漢考克號的改裝工程於一九五四年

■ 在實際展開海上測試之前，美國海軍先利用費城海軍船廠的陸基設施，進行了初步的蒸汽彈射器試驗，照片為一架F7U戰機在費城海軍船廠以陸基蒸汽彈射器彈射起飛的情形。

■ 艾塞克斯級的漢考克號是美國海軍第一艘配備蒸汽彈射器的航艦，安裝了兩套英國Brown Brothers & Co.原廠製造的蒸汽彈射器。上為1954年3月4日剛完成SCB 27C現代化工程的漢考克號，船艏增設了兩套C 11蒸汽彈射器。

五月暫告一段落，完成初步試航後，該艦隨即投入了蒸汽彈射器的實際海上測試。在太平洋艦隊海軍航空部隊與海軍航空局主導下，美國海軍於加州外海展開了代號「蒸汽計劃（Project Steam）」的蒸汽彈射器測試。測試中直接使用來自太平洋艦隊的飛行員與所屬飛機，並由來自費城海軍測試中心的工程師與Patuxent海軍航空測試中心的測試專家提供協助。

一九五四年六月一日，漢考克號使用艦艏左舷的C 11彈射器，將傑克森中校（Henry Jackson）駕駛的S2F-1反潛機彈射升空，完成了美國海軍史上首次蒸汽彈射器的海上彈射操作，在整整一個月中，美國海軍在漢考克號上以S2F、A9-1、AD-5、F2H-3、F2H-4、FJ-2、F7U-3與F3D-2等八種現役艦載機，一共累積了兩百五十四次彈射紀錄。

漢考克號的彈射試驗大致上十分成功，只發生一起因水煞車系統中的水洩漏到動力汽缸中，造成彈射動力不足、以致彈射飛機墜海的意外。不過這個問題在現場便得到分析確認與修正，接下來彈射器的相關管路與連接機構都有讓人滿意的表現。在這次海上測試中，同時也測試並確認了搭配彈射器的活塞回縮復位與彈射梭繫結相關機構的可靠性。

基於試驗結果，聯合試驗小組對彈射器設計與操作提出了一些改進提議，在完成這些改進後，聯合測試小組於一九五五年二月十八日正式作出了「可將蒸汽彈射器投入艦隊運用」的結論，此時距美國海軍決定引進蒸汽彈射器已過了將近三年時間。

蒸汽彈射器在美國海軍的普及

繼前五套購自英國原廠生產的蒸汽彈射器後，從第六套起後續所有C 11蒸汽彈射器都是由美國自行製造，並且都是特別修改成在更高的蒸汽作業條件（550 psi）下運作的型式（不過英國原版的BSX-1實際上便已能在550 psi蒸汽壓力下運作）。

除此之外，美國海軍也以從英國引進的蒸汽彈射器為基礎，發展了一系列改進型彈

■ 上為1954年6月1日在漢考克號航艦上進行的彈射試驗中，由傑克森中校駕駛的S2F完成美國海軍史上首次航艦蒸汽彈射起飛的歷史鏡頭。在這次代號「蒸汽計畫」 的美國海軍首次蒸汽彈射器海上測試中，一共動用了八種機型，涵蓋了當時美國海軍主力艦載機，下圖中由上到下分別為FJ-2、F3D與AJ-1，測試結果極為成功。

射器，以提供更高的彈射性能，包括將C 11彈射行程從一百五十呎延長到兩百一十五呎的C 11 Mod.1，以及彈射行程延長到兩百五十呎的C 7。藉由更長的彈射行程，可提供更高的彈射能量，以便操作更大、更重，或對起飛速度有更高需求的新型艦載機。

C 11蒸汽彈射器被列入美國海軍針對艾塞克斯級航艦的SCB 27C現代化計劃，以及針對中途島級的SCB 110現代化計劃重點項目。包括安裝英國原版蒸汽彈射器的漢考克號與提康德羅加號在內，從一九五一年底到一九五五年一共有六艘艾塞克斯級在SCB 27C計劃中安裝了C 11彈射器（含CVA 11、CVA 14、CVA 16、CVA 19、CVA 31與CVA 38等六艘），每艘均在艦艄配備兩套C 11。

較特別的是同屬艾塞克斯級的奧斯坎尼號（Oriskany CVA 34）。一般來說，已在不久前的SCB 27A工程中改裝了H 8液壓彈射器的艾塞克斯級，就不會再換裝C 11蒸汽彈射器（註五）。奧斯坎尼號的建造工程雖曾一度因二戰結束而中斷，但後來重新開工時便直接依照SCB 27A的新規格建造，配備了H 8彈射器，後來又在一九五六至一九五八年間接受了SCB 125A改裝工程，並在這次工程中安裝了兩套C 11-1彈射器，成為唯一一艘先後配備過液壓彈射器與蒸汽彈射器的艾塞克斯級航艦。

註五：SCB 27A構型的艾塞克斯級一共有八艘，這八艘因為配備的H 8液壓彈射器性能不足，缺乏操作新型艦載機噴射機的能力，均提早轉為反潛航艦使用。

中途島級航艦中的中途島號（USS Midway CVA 41）與富蘭克林．羅斯福號（USS Franklin D. Roosevelt CVA 42），亦在分別於一九五五至一九五七年與一九五四至一九五六年間實施的SCB 110現代化工程中，各自安裝了三套C 11彈射器，艦艄位置配備兩套較長的C 11 Mod.1（C 11-1），斜角甲板左側則因空間較為侷促，因此改用一套較短的C 11。

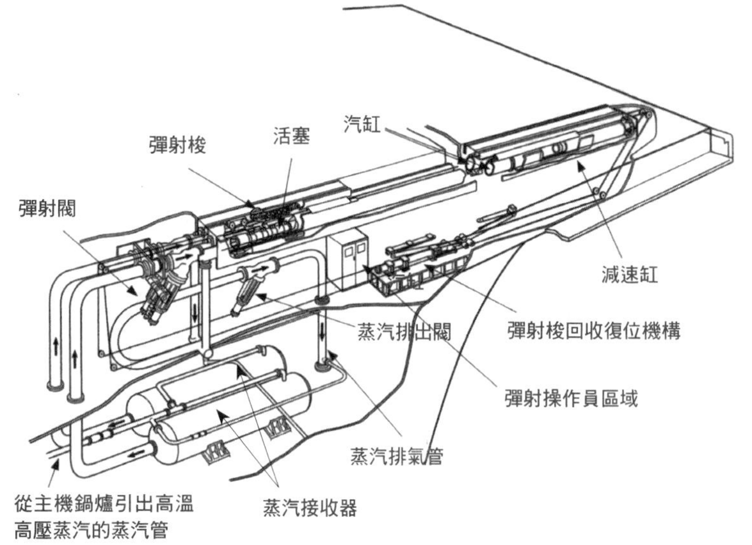

■ C 11蒸汽彈射器剖圖。C 11是英國BSX-1彈射器的美國版，主要差別在於把蒸汽作業條件從英國標準的400 psi調整為美國海軍標準的550 psi。

至於C 7彈射器則是給新造的佛萊斯特級航艦專用。C 7這個型號原本是美國海軍自行發展的火藥驅動式開槽汽缸彈射器，不過後來美國海軍放棄了火藥彈射機制，改用來自英國的蒸汽彈射技術，將C 7改進成為蒸汽彈射器，成為一種結合了火藥驅動版C 7的基本規格與元件，以及英國蒸汽彈射機制的新型蒸汽彈射器，可視為美國自行設計的第一款蒸汽彈射器。

佛萊斯特級各艦的彈射器配備稍有不同。頭兩艘佛萊斯特號（Forrestal CVA 59）與薩拉托加號（Saratoga CVA 60）採用C 7與C 11混合配置的型式，艦艄安裝有兩套C 7彈射器，斜角甲板左側則安裝兩套C 11彈射器。不過考量到艦載機重量日漸增加的趨勢，於是後兩艘遊騎兵號（Ranger CVA 61）與獨立號（Independence CVA 62）便改為四具C 7彈射器的配置（註六）。

註六：按弗里曼（orman Friedman）的*U.S. Aircraft Carrier: An Illustrated Design History*（一九八三年）一書的附錄B（第三八〇頁）記載，C 7彈射器除了550 psi作業壓力與兩百五十呎彈射行程的標準版本外，還發展了作業壓力提高到1,200 psi、彈射行程延長到兩百七十五呎的改良版本，不過筆者沒有找到這種高壓／長行程版C 7的實際配備相關資料，或許是只停留在發展階段而未實際配備，或是在更晚時候才配備到航艦上，所以未見於早期資料的記載。

改變航艦面貌的蒸汽彈射器

從決定引進蒸汽彈射器的一九五二年四月起算，短短五六年時間內，美國海軍便為十三艘航艦配備了蒸汽彈射器。而蒸汽彈射器帶來的效益也是驚人的，不僅能讓這些航艦操作重量更重、對起飛速度要求更高的新一代高速艦載噴射機，也賦予了較小型的艾塞克斯級航艦操作A3D重型艦載攻擊機的能力。

自二戰結束以來，美國海軍最渴望的便是建立獨立的海基核子打擊能力，在長程彈道飛彈技術成熟前，唯一可用的核武投擲工具便是航艦搭載的重型攻擊機。不過為了攜帶龐大笨重的早期核彈，又需確保足夠的航艦，也導致艦載攻擊機存在體型過大、難以在航艦上運用的問題。

如美國海軍的第一代艦載核子攻擊機AJ野人（Savage），便是以搭配當時最大型的中途島級航艦運用為設計基準，不過AJ野人憑藉著擁有較佳起飛性能特性的活塞發動機與平直翼構型，在改裝了H 8液壓彈射器的SCB 27A構型艾塞克斯級上勉強也能運用。

但接下來的新一代重型攻擊機A3D，由於採用了有利於高速性能、但不利於低速起飛性能的全噴射動力與後掠翼設計，雖然最大航速較AJ野人大幅提高了將近百分之三十，但失速速度也增加了百分之十七至百分之三十五，必須加速到更高的速度才能離陸升空，加上噴射發動機遠比活塞發動機更為耗油，A3D為了保有與AJ野人同等或以上的酬載航程－性能，起飛重量從AJ野人的四萬五千磅等級大幅攀升到七萬磅等級，這樣的規格，已遠遠超出H 8液壓彈射器的性能上限，即使是中途島級也無法操作這樣重的機型。

事實上，在A3D首飛的一九五二年十月二十八日當時，除了剛在三個月前開工的佛萊斯特號這種七萬五千噸級超級航艦以外，還不存在可以操作這款新機型的航艦，要不

■ 藉由分別在SCB 27C與SCB 125現代化工程中換裝的蒸汽彈射器與斜角甲板，賦予了二戰時期建造的艾塞克斯級操作1950～1960年代發展的新型噴射機能力，照片為1964年11月拍攝的好人理查號（CVA 31），該艦是六艘同時接受了SCB 27C與SCB125工程的艾塞克斯級之一，可見到甲板上停放了W2F預警機、F3H戰機、A3D攻擊機等1950年代後期服役的新型艦載機。

■ 藉由在SCB 27C現代化改裝工程中安裝的C 11蒸汽彈射器，讓較小型的艾塞克斯級航艦也擁有運用A3D重型攻擊機的能力。照片為正從香格里拉號航艦上彈射起飛的A3D。

然就是得改用火箭助推的非常手段，才能讓A3D從較小型的航艦上起飛（註七）。

註七：試驗結果顯示，在使用十二具四千五百磅推力5KS4500 Mk7 Mod.25KS4500 JATO助推火箭的情況下，A3D可在最大起飛重量、無甲板風環境下，自力滑行六百至七百呎距離便升空離陸，因此只要能確保空出八百呎左右長度的飛行甲板，就能讓A3D透過JATO火箭助推滑跑起飛，理論上艾塞克斯級與中途島級都可透過這種方式來運用A3D。但JATO火箭的排焰會損傷飛行甲板與甲板上的其他飛機與裝備，使用時必須淨空整個飛行甲板，十分不便，美國海軍規定除非是在收到緊急戰爭命令（EWO）（即緊急核子攻擊命令）這種關乎國家存亡的場合，否則不允許A3D在航艦上使用JATO起飛。

不過在有了更強力的蒸汽彈射器後，情況便不同了。與H 8液壓彈射器相比，C 11的彈射行程雖然較短（一百五十呎對一百九十呎），但能提供的彈射能量卻高出二・五倍，而長行程的C 11-1可提供的能量則又比H 8高出四倍。

因此所有經過SCB 27C與SCB 125A現代化工程的艾塞克斯級，以及經過SCB 110/110A工程的中途島級，都能擁有操作A3D的能力，不再非得依靠少數幾艘超級航艦不可，大幅提高了美國海軍的戰略運用彈性。

當然為了得到這樣的效益，也必須付出些許代價，蒸汽彈射器的蒸汽來自航

彈射器附屬裝備發展——從牽引鋼索到彈射桿

從液壓彈射器的時代起，航艦彈射器都是採用牽引鋼索來連接彈射梭與飛機。鋼索兩端勾在飛機機身或兩翼內側，鋼索中間則鉤在彈射梭上，讓鋼索張緊形成一個V字形，彈射梭移動時便能藉由鋼索來牽引飛機。當彈射梭到達彈射器末端時，隨著彈射梭減速，鋼索便與飛機分離，而被拋出到彈射器前方。

這種作業方式相當簡單有效，但問題在於，不同飛機機型的機身距地高度與重心位置都不同，因此航艦上必須針對每一種型式的艦載機，各自準備專用的鋼索，這不僅造成後勤整備上的麻煩，進行彈射作業時也容易發生搞混的情況，而且掛鋼索的程序也頗耗人力與時間。理論上米契爾型式的蒸汽彈射器最快可每三十秒彈射一次，但實際上光是掛鋼索等彈射準備作業，有時就得耗掉一分鐘以上的時間。

於是美國海軍在研發C 13彈射器時，也同時引進了一種新的牽引方式，捨棄了傳統的牽引鋼索，改在飛機的前起落架設置一根彈射桿（launch bar），艦載機直接透過前起落架上的彈射桿扣上彈射梭，讓彈射梭透過彈射桿牽引飛機滑行。當彈射梭滑行到彈射軌道末端時，隨著彈射梭的減速與飛機本身向前的加速度，彈射桿與彈射梭連接機構內的易斷螺絲，承受到超過一定的剪切力便會斷開，使彈射桿與彈射梭彼此脫離，讓飛機起飛。

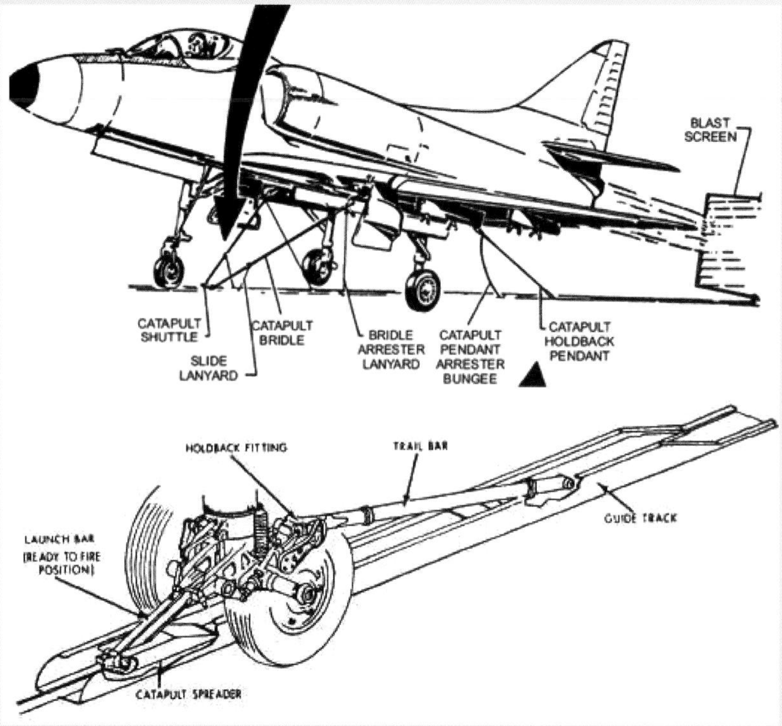

■ 老式的牽引鋼索（上）與較新式的彈射桿對比（下）。

藉由彈射桿可統一所有艦載機的彈射牽引連接機構規格，也大幅簡化並縮短了彈射準備程序與時間。附帶好處是原本獨立設置在機尾的holdback固定桿機構，也可一併設置到前起落架後方，進一步簡化彈射相關機構。

不過，若要採用彈射桿這種新機構，艦載機的前起落架必須經過特別設計，另外由於彈射牽引力是直接施加在艦載機前起落架上，所以同時也要強化前起落架、以及前起落架與機身連接處的結構，因此彈射桿只能應用在設計時就納入這項配備需求的新機型上，而無法直接用在舊機型。為了能相容於舊機型，C 13彈射器的彈射梭經過特別設計，可同時兼用於老式的牽引鋼索與新式的彈射桿。

至於第一種採用彈射桿的艦載機，則是格魯曼的E-2鷹眼預警機，一九六二年十二月十九日，一架E-2A原型機於企業號上利用C 13彈射器完成了史上首次彈射桿牽引機構的海上彈射測試，接下來美國海軍發展的新機型，也都全面改用彈射桿機構。

由於必須在彈射器的彈射梭與艦載機起落架兩方面彼此配合，才能採用彈射桿這種新機制，因此在美國海軍之外非美製固定翼艦載機中，只有最晚發展的法國海軍Rafale M戰機採用了彈射桿彈射機制。在此之前，英、法兩國雖然也開發了多種傳統起降固定翼艦載機，不過在這些機型由於問世較早，加上英、法航艦上的英製彈射器彈射機構梭也不支援彈射桿，仍都是採用舊式的牽引鋼索彈射。

■ 美國海軍在1950年代或更早時代發展的艦載機，如上圖中的F-4幽靈戰機，都是採用牽引鋼索彈射機制，利用掛在機身上的鋼索來勾住彈射梭(上)，而1960年代中後期以後開發的新機型，如下圖中的F/A-18，則全面改換為新式的彈射桿，直接利用彈射桿扣住彈射梭，不僅作業更方便迅速，也省略了回收牽引鋼索的麻煩。

艦的主機鍋爐，每次彈射都需要消耗加熱半噸水所產生的蒸汽，即使不進行彈射作業，每小時也需消耗數噸蒸汽才能讓彈射器保持在預熱待機狀態，這都將導致主機可用的推進功率下降，從而減損航速性能。相較下，液壓彈射器的性能雖然遠不及蒸汽彈射器，卻不會有這種降低航速的副作用。

舉例來說，搭載H 8液壓彈射器的SCB 27A構型艾塞克斯級航艦，可達到三十二節最大航速與三十．三節持續最大航速，而配備C 11蒸汽彈射器的SCB 27C構型艾塞克斯級，最大航速與持續最大航速便分別降到三十一．五節與三十節以下，如果長時間連續彈射，航速還會下降得更多。當然比起蒸汽彈射器帶來的效益，航速性能的些許下降仍算是可以接受的損失。

與蒸汽彈射器的發明祖國英國相比，美國海軍的蒸汽彈射器在技術上雖然是一脈相傳，不過為了配合美製推進機關，而改用了較高的蒸汽作業壓力（550 psi，英國則是400 psi）。另外，由於美國航艦擁有更長的艦體，即使是美國第一線航艦中最小型的艾塞克斯級，艦體長度也比英國最大的老鷹號與皇家方舟號更長。這也讓美國的蒸汽彈射器得以採用更長的彈射行程，再加上更高的作業壓力，性能普遍比英國的蒸汽彈射器高出一籌。

彈射器附屬裝備發展——bridle catcher的誕生與消失

如前所述，早期艦載機在彈射時，都是使用牽引鋼索來連接彈射梭與飛機機體，從而牽引飛機加速，不過當飛機彈射出去後，鋼索本身會隨著彈射的慣性而被向前拋出艦外，每次彈射都會消耗一條牽引鋼索，長期累積下來將是一筆不小的費用，最好設法回收鋼索重複使用。

要解決這個問題可有兩種方法：一是在彈射器滑軌前端與飛行甲板前緣之間，保留足夠大的甲板長度（至少十公尺），如此當飛機彈射起飛後，往前拋出的鋼索便會落到彈射器滑軌前端的飛行甲板上，而不會落進海中。不過為了在彈射器前端保留足夠長的飛行甲板空間，也會造成彈射器無法充分運用甲板長度的問題（彈射器需靠後配置），所得遠不如所失，不值得僅僅為了回收牽引鋼索，而「浪費」這樣多的飛行甲板長度。

因此較實際的方法便是在彈射器前端，附加一段凸出於飛行甲板前緣外大約七八公尺的角錐形結構，利用這個突出結構作為飛行甲板的延伸，用於「接住」向前拋出後落下的鋼索，由於這種凸出的延伸結構是專為「捕捉」落下的牽引鋼索而設計，所以便被稱作「bridle catcher」。bridle catcher周圍安裝有兜網，可兜住彈射後從飛機機體上落下的牽引鋼索，以便回收鋼索重複使用。

理論上bridle catcher可以只是一個周圍安裝有兜網的簡單鋼架結構，早期美國海軍部分艾塞克斯級便採用這種構造簡單的bridle catcher，不過實際上多數國家還是把bridle catcher建造成一個完整的角錐形構造。

美國海軍很早便在航艦上引進bridle catcher結構，包括接受SCB 27C改裝工程的艾塞克斯級，接受SCB 110/110A改裝工程的中途島級，新造的佛萊斯特級、小鷹級與企業號，一直到尼米茲級前三艘為止的所有攻擊航艦，全都配有bridle catcher。

■ 對於採用牽引鋼索來牽引彈射的艦載機來說，牽引用的鋼索在彈射後會被拋到彈射器前端的海中，每次彈射都會損耗1根鋼索，長期累積下來累積的浪費相當可觀(上)，為解決這個問題，許多航艦便會在彈射器前端設置1個凸出於艦艏外的bridle catcher，以便兜住落下的鋼索，藉此回收鋼索重複使用(下)。

以安裝四套蒸汽彈射器的小鷹級、企業號與尼米茲號為例，船艏左右均各設有一座bridle catcher，斜角甲板前端也有一座bridle catcher，全艦一共有三座bridle catcher（船舯左舷的兩套彈射器中，只有位置較靠前的3號彈射器需附設bridle catcher，4號彈射器由於位置較靠後，與斜角甲板前端相距較遠，沒有搭配bridle catcher的需求）。

佛萊斯特級雖然也配有四套彈射器，但斜角甲板的兩套彈射器位於左舷前端升降機

■ bridle catcher不一定非得是完整的結構物不可，也可以是照片中漢考克號航艦早期使用的這種附有兜網的簡單鋼架構造。儘管這種簡單的鋼架構造也能達到目的，不過大多數航艦還是把bridle catcher建造成一個完整的角錐狀結構物。

之後，與斜角甲板前緣相距較遠（相距超過二十公尺），彈射後的牽引鋼索不至於被拋到船外，所以不需要bridle catcher，故只在船艏前端設置兩座bridle catcher。至於僅在船艏配備兩套彈射器的艾塞克斯級SCB 27C型，亦只在船艏前端設置兩座bridle catcher。

相較於美國海軍，英國皇家海軍航艦對於引進bridle catcher便不太熱中，最早安裝BS4彈射器的幾艘航艦都沒有設置bridle catcher，勝利號雖曾在一九六〇年代初期在左舷彈射器前端附加了一座試驗性的bridle catcher，但很快就被拆除，因此在這些航艦上，牽引鋼索都是只用一次就拋棄的消耗品。不過在一九六〇年代以前，皇家海軍幾種主力艦載機如海雌狐、海賊、彎刀與塘鵝等使用的牽引鋼索，單價只有五英鎊，皇家海軍不認有特別設置bridle catcher回收鋼索的需要。

但接下來新服役的幽靈戰機必須使用更堅實、但也更昂貴的牽引鋼索，每條鋼索的單價大幅提高到十五英鎊，比先前使用的鋼索貴了三倍，這也讓回收鋼索成了一件具有相當經濟效益的事情。因此預定配備幽靈戰機的CVA-01航艦便採用了bridle catcher的設計，雖然CVA-01遭到取消，不過後來唯一配備幽靈戰機的皇家方舟號航艦，也在一九六七至一九七〇年的改裝中，於艦艏與斜角甲板前端各增設一座bridle catcher。

除英國外，其他購買了前英國航艦、或引進英國製蒸汽彈射器的國家，在搭配bridle catcher上反而比英國本身更普遍，如澳洲的墨爾本號、後來轉賣給阿根廷的荷蘭海軍卡爾．都曼號、巴西海軍的米納斯．吉納斯號，以及法國兩艘採用英製BS5彈射器的克里蒙梭級航艦，都在艦艏配有一座bridle catcher，除墨爾本號是在服役後的延壽升級中加裝bridle catcher外，其餘各艦都是完工時便配有bridle catcher。

前述航艦中，墨爾本號、卡爾．都曼號與米納斯．吉納斯號都只配有一套彈射器，自然也只附有一座bridle catcher。而克里蒙梭級雖配有兩套彈射器，但只為船艏的彈射器附加bridle catcher（至於克里蒙梭級船舯左舷斜角甲板上那套彈射器，可能由於彈射器前端已留有足夠長的飛行甲板空間，足以讓鋼索落到斜角甲板前端上，因此沒有設置bridle catcher的需要）。

■ 這張皇家海軍的F-4 GR.1戰機從皇家方舟號航艦上彈射起飛的照片，清楚呈現了bridle catcher是如何運作。從照片中可看到，這架幽靈戰機的牽引鋼索已經與機身分離，開始落下，接下來鋼索便會往下滑到bridle catcher上，最後落入bridle catcher周圍的兜網中。

bridle catcher的消失

隨著C 13彈射器、以及與其配套的彈射桿牽引機構問世，採用這種牽引機制的新型艦載機不再需要使用牽引鋼索，沒有回收鋼索的問題，也就沒有使用bridle catcher的需要。對於小鷹級與企業號這些最早配備C 13彈射器的美國海軍新造航艦來說，最初雖仍配有bridle catcher來因應舊型艦載機的作業，但隨著採用彈射桿機構的新型艦載機所占比例逐漸增加，以及採用牽引鋼索的舊型艦載機陸續退出第一線，對bridle catcher的需求日漸降低，一九七〇年代後期服役的新航艦便逐漸減少bridle catcher的配置，一九八〇年代以後的新造航艦更乾脆取消了bridle catcher。

以美國海軍為例，從一九七〇年八月開工、一九七七年

■ 尼米茲級3號艦卡爾·文森號是最後一艘新造時配有bridle catcher的航艦，該艦完工服役時，在艦艏右舷彈射器前方配有一座bridle catcher（上），不過隨著舊機型陸續除役，bridle catcher的使用率越來越低，因此在後續改裝工程中便拆掉了這座bridle catcher，讓艦艏形成平整的樣貌（下）。

十月服役的尼米茲級2號艦艾森豪號（CVN 69）起，便改為只在船艏右舷前端設置一座bridle catcher，以適應採用牽引鋼索的舊機型逐漸退出第一線的情況，採用彈射鋼索的舊機型（如F-4幽靈戰機）都從附有bridle catcher船艏右舷的一號彈射器彈射，至於其餘三套彈射器都是沒有附加bridle catcher的型式，專供採用彈射桿的新機型使用。

接下來於一九七五年十月開工、一九八二年三月服役的尼米茲級3號艦卡爾·文森號（CVN 70），則是最後一艘在新造時配有bridle catcher的航艦。與艾森豪號一樣，卡爾·文森號也只在艦艏右舷的一號彈射器前端附設一座bridle catcher，專供舊式艦載機的彈射作業使用。

隨著艦載機的全面更新換代，美國海軍從一九八一年十月開工、一九八六年服役的尼米茲級4號艦提奧多·羅斯福號（CVN 71）起，便不再設置bridle catcher，使艦艏與斜角甲板前端呈現平整的樣貌，不像先前配有bridle catcher的航艦那樣有稜有角。

至於原先設置有bridle catcher的佛萊斯特級、小鷹級與企業號、尼米茲號、艾森豪號與卡爾·文森號等艦，也都在一九八〇年代中後期的服役壽期延長（SLEP）工程中陸續拆掉了一部分或全部的bridle catcher。

如佛萊斯特級中的遊騎兵號，便拆掉原先兩座bridle catcher中的一座，只保留一座。獨立號最初也是保留兩座bridle catcher中的一座，但後來全部拆除。小鷹級中的小鷹號與星座號，都在歷次大修中陸續拆除了全部三座bridle catcher，美利堅號則是拆掉一座、保留兩座，甘迺迪號最初也是拆掉一座、保留兩座，但後來全部拆掉。企業號（CVN 65）保留了艦艏的兩座bridle catcher，只拆掉斜角甲板前端的bridle catcher。尼米茲級前三艘則陸續拆除了全部的bridle catcher。只有較早除役的中途島號、珊瑚海號、佛萊斯特號與薩拉托加號等艦，在除役時仍保留全部的bridle catcher。

除美國海軍外，採用美製C 13彈射器的法國海軍戴高樂號航艦，也同時引進了牽引桿機構，該艦預定搭載的兩種主力固定翼艦載機E-2C預警機與Rafale M戰機，都是採用牽引桿彈射機制，因此戴高樂號便不需要像上一代的克里蒙梭級一樣設置bridle catcher。然而由於Rafale M成軍較晚，戴高樂號仍操作了一陣子採用舊式牽引鋼索彈射的超級軍旗攻擊機，但該艦沒有bridle catcher，導致彈射作業變成每彈射一次就消耗一根鋼索的情況，不過這個問題隨著Rafale M服役、以及超級軍旗逐步退出第一線，便會獲得解決。

近期仍配有bridle catcher的現役航艦，只剩美國海軍前年剛除役的企業號，與巴西海軍從法國購入的聖保羅號（NAe São Paulo），不過企業號上的bridle catcher早已失去實際作用（或許美國海軍只是不想多花錢拆除，才一直保留企業號上的兩座bridle catcher），真正仍在使用bridle catcher的只有聖保羅號。

聖保羅號即為前法國海軍克里蒙梭級福熙號，福熙號配備的英製BS5彈射器原屬於舊式的牽引鋼索機制，不過在一九九三年時，為了因應Rafale M原型機的艦載測試作業，法國海軍特地修改了福熙號艦艏那套BS5彈射器的彈射梭，使之能搭配採用彈射桿牽引機制的Rafale M，以便在該艦上進行Rafale M原型機的彈射試驗。理論上福熙號接下來便可搭配採用彈射桿牽引的新機型，不過當福熙號賣給巴西成為聖保羅號後，由於巴西海軍航空隊的主力機型如A-4KU（巴西稱為AF-1）攻擊機、S-2T反潛機等，都是只能使用牽引鋼索彈射的舊式機型，因此bridle catcher也就成了聖保羅號不可或缺的裝備。

美國海軍的第二代蒸汽彈射器

為了能搭配艾塞克斯級、中途島級等二戰時代設計、建造的舊航艦，美國海軍第一代的蒸汽彈射器都是採用550 psi的蒸汽作業壓力，以配合這些二戰型航艦上的600 psi蒸汽渦輪主機。即使是專為佛萊斯特級設計的C 7彈射器，由於佛萊斯特級首艦佛萊斯特號的蒸汽渦輪主機依舊是採用600 psi/850℉舊規格，為了遷就佛萊斯特號的主機，C 7彈射器仍舊是550 psi作業壓力的型式。

不過從佛萊斯特級2號艦薩拉托加號起，美國海軍新造航艦的主機蒸汽鍋爐，便全面採用戰後新的1,200 psi/950℉標準，這也為蒸汽彈射器採用更高的作業壓力創造了條件（註八）。於是從一九五七年開始發展的新一代C 13彈射器，便將蒸汽作業壓力提高到1,000 psi。

註八：有些文章聲稱佛萊斯特級後三艘所使用的C 7彈射器，都是將作業壓力提高到1,000psi的改進版，稱為C 7-1，性能比佛萊斯特號上的550 psi版C 7高出一籌，接近C 13的水準。不過在美國海軍一九八一年發佈的軍規文件MIL-STD-2066（AS）*CATAPULTING AND ARRESTING GEAR FORCING FUNCTIONS FOR AIRCRAFT STRUCTURAL DESIGN*中，記載四艘佛萊斯特級配備的C 7都是550 psi的型式（分為可變壓力與固定壓力兩種版本），而無任何關於採用更高操作壓力的C 7-1記載。筆者找到的其他文獻也都沒有提到這種C 7-1的存在。這有幾種可能，如C 7-1只停留在研發階段、未實際投入服役，或佛萊斯特級是在1980年代中後期的SLEP中才將原來的C 7彈射器升級為C 7-1，因此未記載於較早出版的資料中。

C 13的彈射行程與C 7同樣都是兩百五十呎，但可藉由更高的作業壓力提供更大的彈射牽引能量，性能有相當程度的提升。在最大作業壓力下（1,000psi），C 13彈射器可將五萬磅重物體以一百四十節速度射出，相較下C 7彈射器在最大作業壓力下（550 psi）彈射同等重量物體時，只能達到一百三十一節末端速度。若以達到一百三十節末端速度為基準，C 13的最大彈射重量可達七萬兩千磅，而C 7最多只能彈射五萬兩千磅。

另外值得一提的是，跟著C 13彈射器的推出，美國海軍也一同引進了新的彈射桿（launch bar）牽引機制，取代了傳統的牽引鋼索。最早配備C 13彈射器的是一九六一年服役的小鷹號（USS Kitty Hawk CVA 63）、星座號（USS Constellation CVA 64）與企業號（USS Enterprise CVAN 65）等三艘航艦，每艘均配備四套C 13。

除了提高作業壓力外，美國海軍也引進了類似英國BS5彈射器的濕蒸汽收集器，藉此提高彈射器性能。一九五七至一九六〇年間接受SCB 110A現代化工程的珊瑚海號（USS Coral Sea CVA 43），是美國海軍第一艘採用濕蒸汽接收器型式蒸汽彈射器的航艦，搭載了三套改用濕蒸汽收集器的C 11-1彈射器，性能較接受SCB 110工程的前兩艘中途島級有所提升。此外珊瑚海號在SCB 110A工程中也擴建了尺寸更大的左舷外張斜角甲板構造，因此船艏部位有餘裕安裝較長的C 11-1彈射器，不像另外兩艘姊妹艦在船艏部位都只能配備較短的C 11。

■ 小鷹號航艦（上）與企業號航艦（下）甲板上正在檢修C 13彈射器汽缸的技術人員。從1960年代初期起，C 13系列便成為美國海軍標準的蒸汽彈射器，一直持續運用到五十年後的今日，並先後出現三種改進或衍生型。

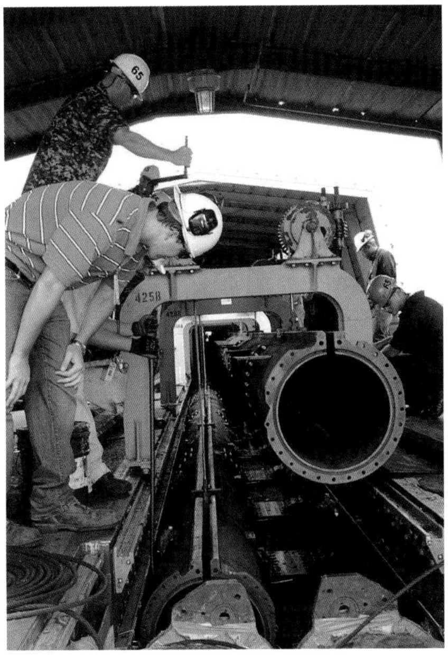

不過這時候的美國海軍，仍未決定為蒸汽彈射器全面改用濕蒸汽收集器，來取代傳統的「乾」蒸汽接收器。美國海軍下一階段的蒸汽彈射器發展，選擇了延長彈射行程這種最直接的提高性能方式，從另一方面來看，美國的航艦由於艦體尺寸夠大，也允許配備彈射行程更長的彈射器，以發揮大艦體的優勢。

於是接下來的發展，便是彈射行程延長到三百一十呎的C 13 Mod.1（C 13-1），性能較C 13有顯著改善。以彈射五萬磅物體為基準時，C 13在900 psi作業壓力下可達到一百三十五節的彈射末端速度，而C 13-1若在相同的900 psi作業壓力下，則能達到一百五十節的彈射末端速度；若以達到一百三十五節末端速度為基準，C 13-1可以彈射近八萬磅重的物體，而C 13則只能彈射五萬八千至六萬磅重物體。

無甲板風彈射能力

藉由增強的彈射功率，C 13-1彈射器擁有將七萬五千磅等級機體加速到一百四十節末端速度的能力，這也就是說，即使是最大型的艦載機如A3D、A3J攻擊機或F-14戰機，在使用C 13-1彈射時，都可在無甲板風環境下逕行進行彈射作業。

所謂的無甲板風彈射能力——不依靠迎頭甲板風的幫助、即使在甲板合成風速為零的環境下，仍能讓艦載機正常的彈射起飛，對於海軍航艦操作來說是一個期待已久的「夢幻」能力，可賦予航艦指揮官更大的指揮作業靈活性，無須顧慮航艦當時所處環境的風向、風速，也不用特意調整航向與航速來獲得足夠的甲板風協助，單單憑藉著功率強大的彈射器，就能「強行」將艦載機彈射升空。

另一方面，在有了功率強勁的新彈射器後，也讓艦載機的設計有了更大餘裕，不像過去的機型必須採用複雜的襟翼吹氣／邊界層控制技術，或為了兼顧低速性能而在其他方面妥協等。

美國海軍先前的蒸汽彈射器如C 7或C 13等，在彈射起飛重量五萬磅或四萬五千磅以下的輕型或中型艦載機時，勉強也能提供無甲板風彈射能力，不過對七萬磅以上的重型艦載機就力有未逮，必須依靠甲板風的幫助。直到C 13-1出現後，美國海軍航艦終於具備了對艦載航空聯隊中所有艦載機都能提供無甲板風彈射的能力。

C 13-1於一九六○年代中期正式進入艦隊服役，首先應用在一九六五與一九六八年服役的美利堅號（USS America CVA 66）與甘迺迪號（USS John F. Kennedy CVA 67）航艦上。在這兩艘航艦上，美國海軍採用了混合搭配C 13與C 13-1的組合，均為三套C 13加上一套C 13-1，較長的C 13-1是安裝在斜角甲板靠內側部位的3號彈射器。不過，兩艘航艦的配備仍有所差別，美利堅號的C 13與C 13-1採用的作業壓力較高（900 psi），並且仍舊是傳統的乾蒸汽接收器、直接以過熱蒸汽作業的版本；較晚服役的甘迺迪號採用的則是作業壓力較低（800 psi），並改用濕蒸汽收集器的改良型C 13與C 13-1。

事實上，甘迺迪號也是美國海軍蒸汽彈射器採用乾／濕蒸汽接收器的分水嶺，從一九六四年十月開工的甘迺迪號起，接下來美國所有新造航艦都是採用濕蒸汽收集器型式的蒸汽彈射器。雖然甘迺迪號的彈射器作業壓力略低於美利堅號，但藉由濕蒸汽收集器的幫助，彈射性能反而高出美利堅號一籌（詳見表格B）。

■ 藉由強力的C 13-1彈射器，賦予美國海軍航艦無甲板風彈射重型艦載機的能力，即使是最大型的艦載機如A3D、A3J或F-14，也可無須依賴迎頭甲板風的協助，單純利用彈射器逕行彈射起飛。這也賦予了航艦指揮官更大的指揮作業靈活性，無須顧慮航艦當時所處環境的風向、風速，也不用特意調整航向與航速來獲得足夠的甲板風協助，單單憑藉著功率強大的彈射器，就能「強行」將艦載機彈射升空。

稍後在一九六六至一九七〇年間接受代號為SCB 101.66的大規模現代化工程的中途島號，也在這次改裝中引進了採用濕蒸汽收集器的C 13彈射器，受限於中途島號較小的艦體與舊式主機鍋爐，該艦只能配備較短的C 13彈射器，並將作業壓力降為520 psi，以配合該艦搭載的作業壓力較低的二戰時期老蒸汽鍋爐。由於C 13的安裝長度需求，比起中途島號原先安裝的C 11與C 11-1長了許多，因此中途島在改裝後只在艦艏配備兩套C 13，取消了原先斜角甲板上的一套彈射器配置（原本有三套，SCB 101.66改裝後只剩艦艏的兩套）。

回歸低壓操作

接下來從一九六八年開工、一九七五年服役的尼米茲號（68 Nimitz CVAN）開始，美國海軍航艦全面採用C 13-1彈射器，每艘均配備四套C 13-1。值得一提的是，不同於最早配備在美國號與甘迺迪號上、採用800 psi或900 psi作業壓力的早期版本C 13-1，尼米茲級採用的C 13-1是作業壓力降到520 psi的低壓版本（510 psi~530 psi）。

單就性能而論，由於作業壓力大幅降低，因此尼米茲級上的低壓型C 13-1，彈射能力略低於美國號與甘迺迪號上的高壓型C 13-1，不過仍高於更舊款的C 13，依舊具備無甲板風彈射能力（詳見表格B）。

從另一方面來看，藉由採用濕蒸汽收集器，已能為尼米茲級的C 13-1彈射器提供足夠性能，而在確保足夠性能的前提下，大幅降低彈射器的蒸汽作業壓力，對於改善相關管路元件的成本、壽命與作業安全性，都可帶來許多好處，主機不需要為彈射器提供那樣高壓的蒸汽，各管路組件承受的壓力負荷也能減輕許多。

這對於核動力的尼米茲級來說還有特別的意義。如前所述，蒸汽彈射器是直接使用引進主機鍋爐產生的蒸汽作為驅動力來源，然而核子反應爐所能產生的蒸汽條件，卻不及燃燒重油的傳統蒸汽鍋爐，以致在搭配蒸汽彈射器運作上出現麻煩。

以最早的核動力航艦企業號為例，該艦所採用的A2W反應爐一次冷卻循環迴路溫度保持在525℉至545℉（274℃至285℃），而藉由蒸汽產生器將一次循環迴路冷卻水所傳入的熱量，使二次冷卻循環迴路的水加熱沸騰，所產生的蒸汽性狀為溫度535℉（279℃）、壓力600 psi（4Mpa），這不僅略低於二戰時期蒸汽作業標準（565 psi至600 psi與溫度850℉至900℉），更比戰後一九五〇年代的新標準低了許多（1200 psi與950℉）。

事實上，就連美國海軍航空局本身，也曾懷疑核子反應爐產生的蒸汽恐怕不適合運用到蒸汽彈射器上，因此預定為企業號改用四套新發展的C 14內燃式（Internal Combustion）彈射器，而沒有像同時期發展的小鷹級傳統動力航艦般配備新開發的C 13蒸汽彈射器。直到後來以A1W陸地原型反應爐所作的模擬試驗，證明只要搭配適當的輔助措施，核子反應爐的蒸汽也能提供給蒸汽彈射器使用，美國海軍才決定捨棄風險較高的C 14內燃式彈射器，讓企業號回歸使用較可靠的蒸汽彈射器。

藉由輔助的加壓措施，雖然能讓企業號使用1,000 psi版本的C 13蒸汽彈射器，不過這終究是權宜之計。因此到了尼米茲級時，美國海軍決定將彈射器的蒸汽作業壓

■ 從尼米茲級首艦尼米茲號起，美國海軍將其C 13-1彈射器的作業壓力大幅降到520 psi，這不僅遠低於C 13系列早期型的800 psi至1,000 psi，也低於C 7、C 11等第一代彈射器的550 psi，試圖藉此改善反應爐與彈射器相關元件的壽命與安全性。照片為尼米茲級3號艦卡爾文森號的彈射器控制室中，操作人員正在調整彈射器蒸汽閥的情形。

力一舉降到520 psi，如此就能直接使用來自反應爐加熱的蒸汽，無須另外搭配輔助措施，不僅減少了彈射器相關機構的複雜性，同時也能減輕反應爐作業負擔，進而延長反應爐核心壽命。也就是說，這種降低作業壓力的做法，是以略為降低彈射能力為代價，來交換成本、壽命與安全性方面的改善。

如果拉長時間來看，便可發現美國海軍蒸汽彈射器發展，正好經過一個先從低壓作業發展為高壓作業，然後又回歸低壓作業的輪迴。第一代的C 11、C 11-1與C 7彈射器都是採用550 psi的蒸汽作業壓力。接下來的第二代彈射器C 13則比較複雜，最早的版本採用了1,000psi的蒸汽作業壓力，安裝在小鷹號與企業號上，不過安裝到星座號上的C 13便將壓力降到900 psi，而後安裝到美國號與甘迺迪號兩艘航艦上的C 13與C 13-1同樣也降低了作業壓力，美國號與先前的星座號同樣是900 psi，而甘迺迪號又降到800 psi。

接下來從一九六六年二月展開SCB 101.66改裝工程的中途島號，以及一九六八年開工的尼米茲級首艦尼米茲號起，彈射器又改用了更低的520 psi作業壓力。前者的目的是配合中途島號上作業壓力較低的老蒸汽鍋爐，後者則是用於配合尼米茲級的反應爐，同時改善相關元件的壽命與安全性。

第三代蒸汽彈射器

到了一九八〇年代初期，美國海軍在蒸汽彈射器應用上已累積不少成果。依照曾任職於海軍航空局艦艇設備部、參與過美國

C 13系列彈射器的各種型式

美國海軍各航艦搭載的同型號彈射器，在作業壓力與蒸汽型式等規格上存在些許差異，因此也形成了擁有不同性能特性的版本，以C 13彈射器為例，便有表A中這九種型式，不同型式的C 13性能表現則如表B所示。一般來說，蒸汽作業壓力越高、彈射行程越長，則彈射性能也越好，而採用濕蒸汽收集器的彈射器，性能也比採用傳統乾蒸汽接收器的彈射器更好。從表B可看出，CVA 67的彈射器蒸汽作業壓力雖略低於CVA 66（800 psi對900 psi），但憑藉著濕蒸汽收集器，彈射能力反而比作業壓力更大、但採用乾蒸汽接收器的CVA 66高出一籌。另外CVAN 68的低壓型C 13-1彈射器作業壓力（520 psi）雖比CVA 66的高壓型C 13-1（900 psi）低了百分之四十三，但藉由濕蒸汽收集器，性能表現只稍遜後者一些，比大多數的C 13都更好。不過性能最好的，仍是CVA 67上那套同時兼具高作業壓力（800 psi）與濕蒸汽收集器的C 13-1。

表A　C 13系列彈射器的各種型式

型式	搭載艦艇(安裝數量)
C 13(1,000psi可變壓力)	CVA 63(×4)/CVAN 65(×4)
C 13(900psi可變壓力)	CVA 64(×4)/CVA 66(×3)
C 13(濕蒸汽收集器，800psi固定壓力)	CVA 67(×3)
C 13(濕蒸汽收集器，520psi固定壓力)	CVA 41(×2)
C 13-1(濕蒸汽收集器，800psi固定壓力)	CVA 67(×1)
C 13-1(900psi可變壓力)	CVA 66(×1)
C 13-1(濕蒸汽收集器，520psi固定壓力)	CVAN 68～CVN 71(×4)
C 13-2(濕蒸汽收集器，450psi固定壓力)	CVN 72～CVN 77(×4)
C 13-3(濕蒸汽收集器，435psi固定壓力)	戴高樂號(×2)

Source：MIL-STD-2066(AS)

表B　不同版本C 13彈射器彈射能力對比(以各彈射器最大作業壓力為準)

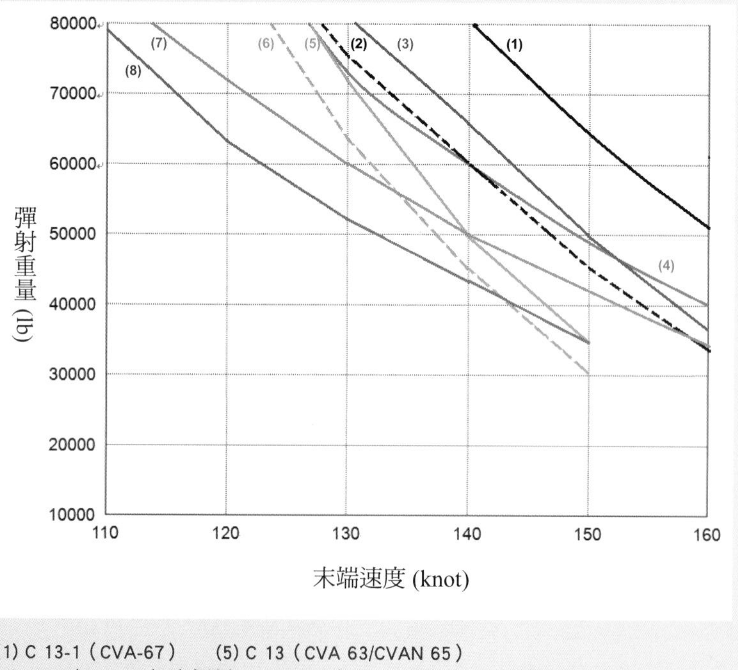

(1) C 13-1（CVA-67）　(5) C 13（CVA 63/CVAN 65）
(2) C 13（CVA-67）（虛線）　(6) C 13（CVA 64/CVA 66）（虛線）
(3) C 13-1（CVA 66）　(7) C 13（CVA 41））
(4) C 13-1（CVAN 68）　(8) C 7（CVA 59/60/61/62）

Source：MIL-STD-2066（AS）

■ 拆卸下來進行維護的C 13-3蒸汽彈射器，上為活塞，下為安裝在飛行甲板內的汽缸，可看出基本構造與半世紀前米契爾所提出的原始設計如出一轍，下方照片中從外側鉗住汽缸開槽得汽缸蓋板也清晰可見（紅圈處）。

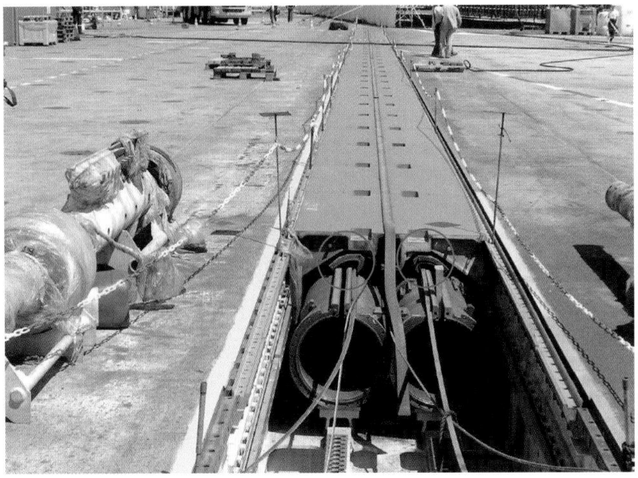

海軍導入斜角甲板過程、最後升任海軍航空系統司令部司令的退役海軍少將維茲菲德（Daniel Weitzenfeld）說法，他在MacLean協會於一九七〇年代後期出版的內部刊物上，發表文章回顧美國海軍引進蒸汽彈射器過程時，指出美國海軍的蒸汽彈射器應用有三大特色：

首先，所有蒸汽彈射器的尺寸規格、設計與製造程序都是相同的，因此可簡化後勤。

其次，安裝到航艦上的蒸汽彈射器長度，是依個別航艦的可用尺寸與空間而定，但除了長度不同外，彈射器的構造與元件大致上都是相同的。

最後，到當時（一九七〇年代末）為止，雖然彈射器的設計已有了許多改進，但基本構造仍與三十多年前科林．米契爾提出的原始設計是相同的。由此也可見米契爾原始設計的合理性與實用性。

除了前面三點外，相較於蒸汽彈射器的「祖國」英國，美國海軍在蒸汽彈射器的標準化上也較為成功。英國由於航艦數量少，蒸汽彈射器需求量有限，而且大都是安裝在二戰時代設計的老航艦上，因此彈射器必須遷就這些老航艦的船體調整規格，光是BS4彈射器就至少有六種不同彈射行程／安裝長度的版本。

由於英製彈射器的生產與安裝數量都很有限，加上各航艦改裝彈射器的時間有先有後，不同時間引進的版本在細節上還會有稍許差異，常常一艘船上就會有型號相同、但不同規格的兩套彈射器，這不僅造成後勤維護上的麻煩，也對彈射作業帶來許多困擾，無論同一架飛機在同一艘航艦上使用不同彈射器，或是轉換到其他航艦上作業時，所對應的彈射器彈射參數都不同，無論飛行員與航艦上的操作人員，都必須牢記這些不同的參數才能順利的執行任務。

相較下，美國海軍的蒸汽彈射器標準化作業就相對較為成功，雖然也存在著多種不同的彈射器型式與版本，但仍較英國海軍簡化許多，而且由於產量相對大了許多，零部件也有更高度的標準化（註九）。

註九：扣除作為蒸汽彈射器試驗原型艦的帕修斯號，以及由荷蘭改裝的兩艘巨像級外，安裝原版英製彈射器的航艦一共只有十一艘，含法國的兩艘克里蒙梭級，以及美國兩艘艾塞克斯級，而且這些航艦多半只安裝一或兩套彈射器，總計英製蒸汽彈射器安裝總數只有二十五套左右。相較下，迄今安裝美製蒸汽彈射器的航艦一共有二十四艘，其中除了四艘艾塞克斯級、三艘中途島級與一艘戴高樂號外，其餘都是安裝四套彈射器，美製蒸汽彈射器的生產與安裝總數超過了八十套，是英製彈射器的三倍以上。

但美國海軍這種一脈相承、高度標準化的蒸汽彈射器發展路線，卻也在一九七〇年代遇到瓶頸。

在C 13系列推出後，由於性能十分可靠穩定，輸出的彈射功率也讓人滿意，讓美國海軍取消了同時期其他幾種新型彈射器的開發（如C 14與C 15內燃式彈射器），專注在

■ 從尼米茲級5號艦林肯號起，美國海軍啟用了第三代蒸汽彈射器C 13-3。C 13-3擴大了汽缸直徑（從十八吋增為二十一吋），可讓更多蒸汽進入汽缸參與做功，讓活塞獲得更大推動力量，但同時又將作業壓力降到450 psi，可在提高性能的同時，改善反應爐與相關管路元件的壽命與安全性，代價則是多數零部件都與先前的彈射器不能相互通用，而必須重新設計、製造與測試。照片為正在檢修彈射器的林肯號航艦。

C 13系列的後續發展上。但問題在於，既有的蒸汽彈射器改進手段，在C 13-1上卻也差不多都已經應用到極限。

要提高蒸汽彈射器的彈射能力，最常見的做法是延長彈射行程，或是提高作業壓力，然而對於C 13彈射器來說，已沒有透過這兩種做法改善性能的餘裕。

受限於航艦尺寸，已經很難再繼續延長彈射器的彈射行程，C 13-1全長已達到三百二十四呎，也就是將近一百公尺，即使是美國海軍的超級航艦，也很難容納比這更長的彈射器。另一方面，由於蒸汽的膨脹率會隨著體積的增大而以三次方的關係迅速下降，因此單單只是延長彈射行程，所獲得的蒸汽推動力量並不會等比例的增加，越到汽缸的末端，蒸汽的推動力也越低。這也就是說，當彈射行程延長到一個程度後，繼續增長彈射行程所能獲得的彈射力量增長幅度，有邊際效益遞減的問題。

而若要提高蒸汽作業壓力，又牽涉到整個主機動力機構規格的修改（鍋爐、管路等），以及重新制定整個艦隊的蒸汽輪機作業標準問題。二戰結束後，美國海軍光是為了將蒸汽輪機的蒸汽性狀規格從600 psi/850℉改為1,200 psi/950℉，就花費了巨大代價，到了一九八〇年代，現役艦隊中仍有許多老船達不到這個標準（如中途島級、佛萊斯特號等），因此提高作業壓力這種方法並不現實，而且一昧的提高蒸汽作業壓力，也會帶來其他副作用。

如果不能延長彈射行程、或增加蒸汽的作業壓力，另一個變通辦法便是擴大汽缸直徑，以便讓更多的蒸汽進入汽缸內參與膨脹做功。

新世代低壓型彈射器

相較於先前的所有蒸汽彈射器，美國海軍接下來新發展的C 13 Mod.2（C 13-2）彈射器，最大不同便在於改用了直徑增加三吋的汽缸，從十八吋改為二十一吋。

乍看下，將汽缸直徑增加三吋似乎不是什麼大事，但這在蒸汽彈射器發展史上卻是一個重要的規格更動——自米契爾於一九四七年製造出第一套蒸汽彈射器試驗樣品、到最早的BSX-1、BSX-3彈射器，以至三十多年後發展的C 13-1彈射器為止，英、美兩國發展與製造的所有蒸汽彈射器，都沿用米契爾最初制定的十八吋汽缸直徑規格，並且基本上都是採用每段汽缸十二呎長的固定規格。直到一九八〇年代美國發展的C 13-2，才改動了這個規格，改用二十一吋直徑的汽缸。

藉由更大直徑的汽缸，C 13-2的氣缸容積提高了百分之三十八，可讓更多蒸汽進入汽缸，讓活塞得到更大的推動力量。另外C 13-2的蒸汽作業壓力也進一步降低到450 psi（440 psi至460 psi），溫度則從474℉降到

456°F，有助於改善管路元件與反應爐核心的壽命與安全性。但也因為C 13-2的蒸汽作業壓力較先前各版本C 13低了許多（實際上是歷來美製蒸汽彈射器中蒸汽作業壓力最低的一款），所以又被美國海軍稱作低壓彈射器（Low Pressure Catapult）。

由於透過增大的汽缸容積便能有效提高性能，因此C 13-2的彈射行程雖然比C 13-1還短三呎，作業壓力也降低了百分之十三．五，但彈射性能並沒有減損，反而略有提高，同樣能提供無甲板風彈射能力，還能從降低作業壓力得　到許多好處。據美國海軍的說法，C 13-2這種低壓彈射器在延長反應爐核心壽命方面所帶來的效益，每年可為海軍省下數以十億美元計的費用。

不過隨著汽缸直徑的放大，活塞與其他相關組件連帶也必須跟著重新設計，因此C 13-2幾乎可視為一種全新設計的彈射器，多數零部件都與先前的彈射器不能相互通用，而必須重新設計、製造與測試，而這也破壞了美國海軍蒸汽彈射器一脈相承的標準化規格傳統，並拉長了研製時間。C 13-2光是設計就花了四年時間，加上測試驗證總共花了近十年，直到一九八〇年代初期才開發完成，距離上一代C 13-1的推出，相隔了十五年以上時間。

首先裝備C 13-2的是一九八四年開工、一九八九年服役的尼米茲級5號艦林肯號（CVN 72 Abraham Lincoln），後續到布希號（CVN 77 George W. Bush）為止的六艘尼米茲級，也都是配備C 13-2。

C 13彈射器的外銷用戶

C 13-2彈射器有一個唯一的海外用戶—法國海軍。法國海軍在建造第一代自製航艦克里蒙梭級時，是從英國購入BS5蒸汽彈射器，但英國自一九七〇年代後就沒有再繼續發展和建造彈射器，待法國海軍於一九八〇年代末期準備建造新一代航艦、也就是日後的戴高樂號（Porte-avions Charles de Gaulle）時，唯一的彈射器供應來源只剩下美國，而且當時的選擇也只剩下C 13-2一種。

由於戴高樂號的船體遠小於美國海軍的超級航艦，加上其採用的主機蒸汽鍋爐作業壓力也較低，無法直接使用標準版的C 13-2彈射器，因此美國特別應法國海軍的要求，發展了一種彈射行程縮短、作業壓力

■ 當法國海軍在1980年代規劃新的戴高樂號航艦時，英國已不再發展與製造蒸汽彈射器，唯一的彈射器供應來源只剩美國，而且當時唯一量產中的彈射器也只剩C 13-2一種，最後法國海軍從美國引進了C 13-2的縮短衍生型C 13-3。戴高樂號船艏左舷與船舯左舷斜角甲板前端各配有一套C 13-3，照片為戴高樂號正利用兩套彈射器彈射艦載機的情形。

■ 從福煦號航艦上彈射升空的Rafale M原型機，注意彈射器末端附加了一塊楔型滑跳板塊，可使飛機離開甲板前再額外抬高一點角度，提供了相當於兩度滑跳板的效果。藉由這個小滑跳板，可讓福煦號以彈射功率較小的BS5彈射器成功彈射Rafale M。

表四　美製蒸汽彈射器基本諸元

國別	型號	類型	彈射能力＊	彈射行程	安裝長度	搭載艦艇
美國	C 11	蒸汽	39,000磅/136節 70,000磅/108節	150呎	203呎	艾塞克斯級SCB 27C(船艏×2)/ 中途島號SCB 110(船舯×1)/ 羅斯福號SCB 110(船舯×1)/
	C 11-1	蒸汽	45,000磅/132節 70,000磅/108節	215呎	240呎	奧斯坎尼號SCB 125A(船艏×2)/ 中途島號SCB 110(船艏×2)/ 羅斯福號SCB 110(船艏×2)/ 珊瑚海號SCB 110A(×3) 佛萊斯特號(船舯×2)/薩拉托加號(船舯×2)
	C 7	蒸汽	40,000磅/148節 70,000磅/116節	250呎	270呎	佛萊斯特號(船艏×2)/薩拉托加號(船艏×2)/遊騎兵號(×4)/獨立號(×4)
	C 13	蒸汽	41,000磅/150節 78,000磅/139節	250呎	265呎	小鷹號(×4)/星座號(×4)/企業號(×4)/ 美國號(×3)/甘迺迪號(×3) 中途島號(SCB 101.66後×2) 獨立號(SLEP後×4)
	C 13-1	蒸汽	40,000磅/160節 78,000磅/139節	310呎	324呎	美國號(×1)/甘迺迪號(×1) 尼米茲級(CVN-68～CVN-71)(×4)/ 企業號(SLEP後×4)
	C 13-2	蒸汽	—	306呎	324呎	尼米茲級(CVN-72～CVN-77) (×4)
	C 13-3	蒸汽	70,000磅/140節(1)	246呎	298呎	戴高樂號(×2)

＊起飛重量／彈射末端速度

(1)表格中的數字是大多數資料對於C 13-3彈射能力的記載，另有資料給出的數據是70,000磅/102節，44,000磅/155節，54,000磅/140節。

降低的C 13-2衍生版。

這種稱為C 13-3的法國專用版彈射器，彈射行程縮短到兩百四十六呎，只相當於標準版C 13-3的百分之八十，蒸汽作業壓力則為435 psi，略低於C 13-2。為彌補較低的作業壓力，C 13-3的蒸汽接收器容積增加了百分之五十五。但受限於較短的行程與較低的作業壓力，C 13-3輸出的彈射動能明顯低於標準版的C 13-2，只達到相當於早期型C 13大約百分之八十五的程度，不過對於彈射戴高樂號預定搭載的主力機型——最大起飛重量五萬四千磅重的法國海軍Rafale M戰機——來說，大致還算夠用。

另一方面，Rafale M的鼻輪起落架也有抬高機構，可使飛機起飛時賦予六度的攻角，從而能幫助減少Rafale M至少九節的起飛速度，可協助該機適應彈射行程較短的C 13-3彈射器。

較麻煩的問題，反倒是在戴高樂號服役之前，如何進行Rafale M的海上彈射試驗問題。在戴高樂號服役前，法國海軍只能利用克里蒙梭級航艦來進行Rafale M原型機的艦載彈射測試，但克里蒙梭級上老舊的BS5彈射器對於彈射Rafale M來說，性能略嫌不足，於是法國海軍特地在福熙號艦艏彈射器的末端加裝一個楔形板塊，可使飛機離開甲板前再額外抬高一點角度，提供了相當於兩度滑跳板的效果，藉此可進一步提高飛機升力，協助飛機升空。Rafale M原型機一九九三年在福熙號上進行的彈射試驗，證明了增設小型楔形滑跳板塊這種變通措施的功效，成功地讓Rafale M原型機以功率較小、行程較短的BS5彈射器彈射升空。

C 13-2是蒸汽彈射器的技術頂峰，代表了蒸汽彈射器半 世紀發展歷程的最高技術成就，不過卻也是蒸汽技術的極限，蒸汽驅動機制與相關機械各種可行的效率改進方式，多已應用到極限，難有持續大幅改善效能的空間，接下來便要讓位給正在研發測試中的電磁彈射器（Electro-Magnetic Aircraft Launch System, EMALS）了。

■ C 13-2彈射器代表蒸汽彈射器發展的頂點，代表了蒸汽彈射器半世紀發展歷程的最高技術成就，不過卻也是蒸汽技術的極限，蒸汽驅動機制與相關機械各種可行的效率改進方式，多已應用到極限，已難有持續大幅改善效能的空間，接下來便要讓位給正在研發測試中的電磁彈射器了。照片為承包商與海軍維護人員正在翻修雷根號航艦上的C 13-2彈射器。

胎死腹中的高性能彈射器——內燃式彈射器的誕生、發展與消亡

在有了強力的C 7、C 13等重型蒸汽彈射器以後，美國海軍仍試圖發展其他型式的高性能開槽汽缸彈射器，雖然最後都沒有成功，但在彈射器發展史上仍具備重要意義，代表了對於不同彈射驅動機制的探索。在這些未進入實用化的彈射器中，較重要的是C 14與C 15兩款彈射器。

C 14與C 15都是屬於內燃式（Internal Combustion）的開槽汽缸彈射器，這類型彈射器可以追溯到一九五〇年代初期放棄發展的C 10火藥驅動式彈射器。C 10彈射器雖然發展失敗，被從英國引進的蒸汽彈射器所取代，不過相較於蒸汽彈射器仍有吸引人的特點。

蒸汽彈射器固然擁有優秀的彈射性能，技術也成熟可靠，但相對於火藥驅動彈射器，也存在著能量效率低、機構笨重、相關管路複雜、運作與維護人力需求較多等缺點，美國海軍許多工程人員都認為應該發展新的彈射驅動方式，來取代蒸汽彈射器使用的古老蒸汽驅動機制。

從火藥驅動式到內燃驅動式

由於火藥爆炸驅動式彈射器的發展不太成功，美國海軍航空局部分工程人員建議改用內燃驅動機制，並提議將C 10彈射器從火藥驅動改造成內燃驅動式彈射器。C 10最初雖然是採用火藥驅動，但與更早發展的火藥驅動彈射器有所不同，設有專門的彈膛與氣體膨脹室，再透過錐形孔將爆炸產生的高壓氣體噴注到開槽汽缸內推動活塞。雖然海軍航空局一直沒有解決開槽汽缸的密封問題，但只要持續引爆火藥、並精確地控制點火時間，就能利用連續引爆裝藥，來向汽缸補充高壓氣體，從而持續維持汽缸內的壓力，彌補氣體逸散造成的壓力損失。

海軍航空局建議可沿用C 10彈射器的基本結構，但改用液氧—汽油（liquid oxygen-gasoline）燃燒產生的氣體作為驅動動力，將液氧—汽油持續噴注到燃燒室中燃燒產生高壓氣體，然後再由噴口將氣體噴注到開槽汽缸中推動活塞與彈射梭。由於液氧-汽油的能量密度遠高於蒸汽，只需燃燒少許液氧汽油就能提供足夠的彈射動力，因此可望大幅減輕彈射器的體積與重量。

C 14彈射器

初步研究顯示內燃彈射器具備技術可行性後，美國海軍於一九五〇年代後期展開了C 14內燃彈射器開發工作。

C 14也是屬於開槽汽缸彈射器，但改用燃氣系統作為驅動力，整套系統的核心，是由專長於火箭發動機、火箭推進劑研製的Thiokol公司開發的內燃彈射動力機組（Internal Combustion Catapult Powerplant, ICCP）。內燃彈射動力機組可看作是一種變形的火箭噴射發動機，在使用的燃料方面，最初有人建議使用火箭發動機燃料的液氧—汽油燃料，不過液氧既不易儲存又危險，最後決定改用JP-5航空燃油、壓縮空氣與水的組合充當推進劑。這種推進劑所能提供的能量密度，雖然遠不如液氧-煤油，但來源極為方便——JP-5與水在航艦上都是現成的，只需增設提供壓縮空氣的壓縮機裝置即可，既方便又安全。

內燃彈射動力機組由燃燒室、泵、伺服機構組成，水與JP-5先各自被泵送到機組內的獨立儲存槽中，再透過壓縮空氣加壓，將JP-5、壓縮空氣與水噴注到燃燒室中，藉由燃燒JP-5燃油與噴注進燃燒室的水產生高溫高壓氣體，再將高壓氣體送到彈射器的兩根開槽汽缸中用於推動活塞，從而帶動彈射梭牽引飛機加速。注水除了可以產生蒸汽膨脹、進一步提高氣體壓力外，還有冷卻燃燒室、避免過熱的效用，可將燃燒室氣體的溫度從2,000℉冷卻到600℉（內燃彈射動力機組燃燒室運作方式詳見下圖說明）。

這種燃氣驅動機制等同於是噴射推進的一種衍生應用，燃燒室的運作方式十分類似火箭發動機，只是把燃燒氣體膨脹所得的推力轉用於驅動彈射器，因此C 14的性能規格十分驚人，預計可將五萬磅重物體以一百七十五節速度射出，或將十萬磅重物體以一百二十五節速度射出，彈射能量達到7,000萬ft-lbs。相較下，當時功率最大的C 7蒸汽彈射器彈射能量只有4,200萬ft-lbs，即使是與C 14平行發展中的新型蒸汽彈射器C 13，彈射能量也只達到5,400萬ft-lbs，換句話說，C 14提供的彈射能量足足比C7與C 13分別高出百分之六十六與百分之二十九。

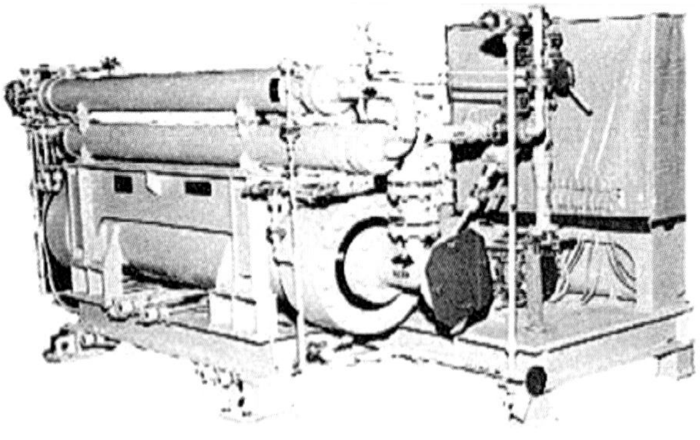

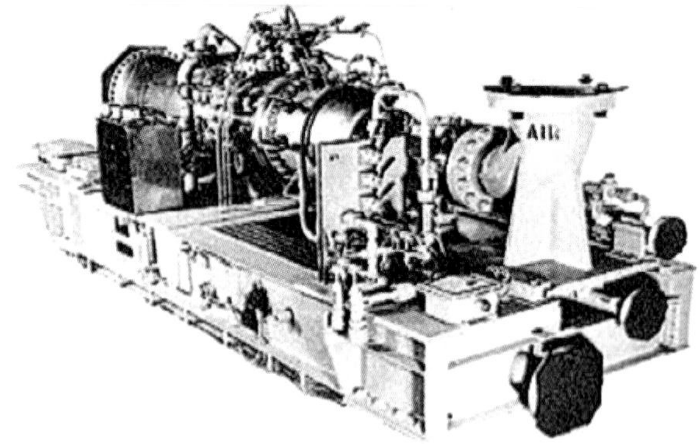

■ C 14彈射器的泵套件（左）與燃燒室套件（右），較小的體積重量是這種內燃彈射器的一大優勢，這兩個核心元件合起來的體積重量不過相當於一輛小汽車的程度。

除了彈射能量更大外，內燃彈射還有消耗淡水少、可精確調節壓力、恆壓加速與重量輕等優點。舉例來說，當C 14以最大功率彈射時，每次彈射只消耗一千兩百磅空氣、八加侖JP-5與五十加侖冷卻用水，而且與船隻主機動力各自獨立，不像蒸汽彈射器那樣會影響到船隻推進動力。相對地，蒸汽彈射器每次彈射至少就會消耗大約加熱一千三百磅淡水（超過半噸）所產生的蒸汽。

此外，C 14還能藉由伺服與反饋機構調節空氣閥、燃油閥與水閥，精確的將汽缸內的壓力控制在設定壓力±5%以內，可針對不同重量的艦載機調節彈射壓力，燃燒室的壓力最小可低到35 psi，最大則達到685 psi，可彈射最小一萬兩千磅、最大十萬磅重的機體，並且在整個彈射行程內，能使汽缸保持恆壓，因此彈射加速過程也更為平順和緩，飛行員承受的是2G左右的恆定加速度。

相較下，蒸汽彈射器便無法達到這樣精確的壓力控制，而且由於運作過程中存在明顯的壓力下降情況，彈射行程一開始的壓力最大，然後便迅速降低，因此會在彈射的一開始產生高達3.5G至5G的瞬間彈射加速度衝擊，給飛行員與飛機帶來很大的負荷。

內燃彈射器更大的優勢，是在體積與重量方面，只需燃燒相對較少的燃油與空氣就能提供足夠動力，不像蒸汽彈射器需設置大容量的蒸汽接收器。C 14用於提供彈射動力的兩大核心組件——燃燒室套件重僅兩萬三千磅，尺寸為16×6×5.5呎，泵套件也只有兩萬磅重，尺寸為14×6.5×7.5呎，合起來只有一千兩百立方呎，僅相當於一輛小汽車的大小（不過為了供應壓縮空氣，必須另外設置相當龐大的空氣壓縮機）。相較下，蒸汽彈射器用於提供彈射用蒸汽的蒸汽接收器，為了提供數量足夠的蒸汽，尺寸都相當龐大，以C 13來說，使用的蒸汽接收器便有十多萬加侖容量，相當於一萬五千到兩萬立方呎以上容積，須占用很大的船體空間。

Thiokol公司一共向海軍交付了四套代號ICCP-115的內燃彈射動力機組，海軍則在新澤西州的Lakehurst海軍航空測試站，安裝了一套彈射行程兩百四十八呎的TC 14原型彈射器，並於一九五九年五月二十六日時，使用起飛重量一萬七千五百磅的F9F-8與另一架起飛

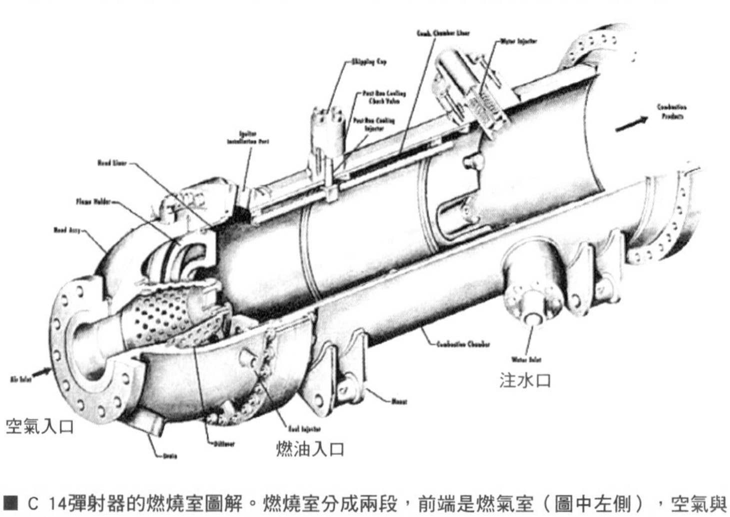

■ C 14彈射器的燃燒室圖解。燃燒室分成兩段，前端是燃氣室（圖中左側），空氣與JP-5燃油由左方噴注進入此處，點火燃燒產生高溫高壓燃汽；後端是蒸汽室，由此處向燃燒室內注水，與高溫燃汽接觸後可產生蒸汽，透過二次膨脹增加壓力，還可利用注水降低溫度，然後再將兩階段膨脹的氣體送到開槽汽缸中。

重量兩萬七千五百磅的機體成功進行了彈射測試。其中在彈射F9F-8時，在兩秒內達到了一百三十八節末端速度。

除了用於航艦彈射器外，Thiokol公司還研究了將內燃彈射動力機組中的燃氣產生元件，轉用於潛艇用水下飛彈發射器的可行性，甚至還考慮作為大型商用噴射機的輔助起飛裝置。

內燃彈射器的發展前景曾一度十分被看好，美國海軍在發展企業號航艦時，考慮到核子反應爐產生的蒸汽溫度與壓力較低，恐怕不適合搭配蒸汽彈射器使用，因此海軍航空局最初是打算為企業號配備C 14彈射器。但測試顯示C 14的運作並不十分可靠，陸續出現許多技術問題，而且這種內燃式彈射器能否妥善解決連續彈射時可能發生的過熱問題，也存在疑慮。儘管設有注水冷卻機構，但C 14燃燒室內的氣體溫度最高可超過2,000°F，在密集進行彈射作業時，冷卻系統若不能在短短幾十秒操作間隔時間內，就將燃燒室的熱量帶走，很容易便會出現過熱而造成危險；但若拉長彈射作業間隔，卻又無法進行較密集的彈射作業，以致難以滿足航艦戰術操作需求。

■ 上圖為新澤西州Lakehurst海軍航空測試站的彈射器地面測試設備，可看到跑道上安裝了兩條彈射器，左邊那條是傳統的蒸汽彈射器，右邊那條則是採用內燃式驅動機制的TC 14原型彈射器，彈射行程為兩百四十八呎。下圖為1959年5月26日利用TC 14彈射器彈射成功的F9F-8戰機。

最後C 14被判定為不適合艦載操作，儘管正在建造中的企業號已經安裝了搭配C 14用的大型空氣壓縮機，美國海軍仍決定讓企業號改用同時間發展的C 13蒸汽彈射器，C 14則停止發展，C 13也從此取得新一代標準航艦彈射器的地位。

C 15彈射器

雖然C 14的發展沒有成功，不過有鑒於內燃式彈射器仍具相當的發展潛力，美國海軍仍持續進行這類型彈射器的開發，成果便是C 15彈射器。C 15是一九五七年便提案開始發展的新型內燃式彈射器，性能較C 14更高，擁有兩百六十呎彈射行程，可將六萬磅重物體以兩百節速度射出，性能十分驚人。據說C 15彈射器曾在一九六四年一月進行過陸基的初步試驗，但此時的情勢已經時不我予，美國海軍對C 13蒸汽彈射器的表現十分滿意，C 15內燃彈射器卻還有許多問題有待解決，於是便決定日後所有新造航艦都採用C 13彈射器，最後在一九六五年結束了內燃式彈射器的發展。

內燃式彈射器的復活

當時間進入一九九〇年代中期後，考慮到蒸汽彈射器的發展潛力已經接近發掘殆盡，美國海軍決定在未來航艦上採用全新開發的電磁彈射器。然而問題在於，電磁彈射器是專門搭配特別強化電力輸出的新一代福特級航艦而設計，難以應用在現役的尼米茲級航艦上（福特級的發電能力較尼米茲級提高三倍），然而尼米茲級既有的C 13蒸汽彈射器，卻又沒有大幅提高性能的餘地，因此便有人建議改用內燃式彈射器，作為一種提升尼米茲級彈射性能的方式。

這些內燃式彈射器支持者聲稱，憑藉著一九九〇年代的燃燒室設計、燃燒控制、精密點火與噴注技術，已可解決一九五〇、一九六〇年代未能解決的內燃彈射器技術問題，若為尼米茲級換裝內燃式彈射器，將能省下至少七十八萬磅重量與大量內部空間，而且內燃式彈射器提供的彈射能量還比電磁彈射器更高——當前蒸汽彈射器能提供的能量上限為75MJ，電磁彈射器為122MJ，而內燃彈射器則高達792MJ（以每次彈射燃燒六加侖JP-5為基準）。

內燃式彈射器不僅可提供更大的總能量，能量轉換效率也較另外兩種彈射機制更出色，燃燒反應產生的化學能可直接轉換為促使空氣膨脹的熱能，每次彈射只需燃燒數加侖JP-5就能獲得足夠的彈射能量。相較下，蒸汽彈射便相當沒有效率，一次彈射就要消耗掉加熱半噸多水所產生的蒸汽，但得到的能量仍遠低於內燃彈射。就算是電磁彈射器效率也不如內燃彈射，從核反應爐加熱蒸汽、蒸汽推動渦輪，再由渦輪驅動發電機將機械能轉換為電能，一直到電磁彈射器的輸出，電磁彈射總共需經過七次能量轉換，即使每次轉換都有百分之八十的效率，但總共輸入581.75MJ能量後，最後也只能得到122MJ的彈射能量輸出。

內燃彈射器另一大優點是還可沿用C 13蒸汽彈射器既有的許多硬體（如動力汽缸、活塞與彈射梭等，號稱多達百分之九十元件都可沿用），只需將後端的蒸汽相關機構換成內燃機構即可，所需經費比起全新研製的電磁彈射器低了許多。而且由於彈射消耗掉的燃料與氧化劑數量都不多，所以操作成本也相當節省。

總的來說，內燃彈射有著類似電磁彈射的節省空間重量、彈射加速平順、可減少維護需求等優點，還能提供比電磁彈射更高的彈射能量與能量轉換效率，並且能回溯改裝到既有的尼米茲級上，讓尼米茲級的彈射能力，達到配備電磁彈射器的新航艦同等水準，但研發與操作成本都更低（註A），因此曾被許多人所看好。

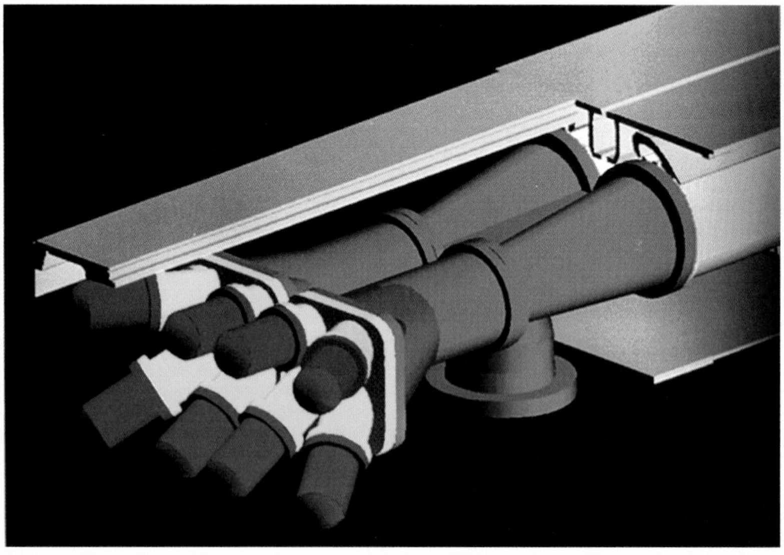

■ 內燃彈射器團隊設計的新一代內燃式彈射器，採用新的多重燃燒室，可以產生更平均的燃燒輸出，從而得到更平順、且高度可控的彈射能量。

美國海軍海上系統司令部（NAVSEA）、航空系統司令部（NAVAIR）、NASA、ATK公司（註B）與部分學界人士，曾在一九九五至一九九八年間組成一個內燃彈射器（ICCALS）團隊負責推動相關技術發展，內燃彈射器團隊發展了一套引進了多重燃燒室（multiple combustors）、以及現代化燃燒、點火、噴注與電腦化控制等新技術，可提供平順彈射能量輸出與高度可控等特性的新一代內燃式彈射器，並由ATK製造了原型燃燒室進行了初步測試，還計劃將Lakehurst海軍航空測試站的陸基C 13與C 13-2彈射器修改為內燃彈射器進行試驗。然而，美國海軍卻在一九九八年五月決定集中資源優先發展電磁彈射器，終止了對內燃彈射器計劃的支持。

儘管官方中止了內燃彈射器發展計劃，但仍有看好此技術的人士成立了Launch-System.com公司，試圖繼續推動這種彈射器的開發，並向海軍與國會展開了遊說工作，希望能獲得撥款，以便將Lakehurst海軍航空測試站的蒸汽彈射器修改為內燃式，藉以驗證與展示他們的構想，雖然直到目前為止還沒有具體進展，不過這是電磁彈射器之外，另一種十分有潛力的蒸汽彈射器後繼者，值得繼續關注後續的發展。

註A：但電磁彈射能與新一代航艦的整合電力系統融合運用，靈活調配全艦電力運用，還能以幾近無級調節的方式，精密調整輸出的彈射功率，這是其他類型彈射器所不具備的優點。

註B：ATK在二〇〇一年併購了Thiokol公司，從而取得了後者的內燃彈射器相關技術。

第4部

光學降落輔助系統的發展

光學降落輔助系統的誕生　Chapter 7

航艦素有「海上機場」之稱，但比起陸地上的機場，航艦本身同時也是可變換位置的機動載具，再考慮到飛行甲板空間十分有限，還有因海象而導致的艦體搖晃問題，航艦降落作業的難度遠高於陸地機場降落，允許的犯錯空間遠小於前者，稍一不慎便會釀成事故。

在航艦剛誕生的一九二〇年代，當時的先驅者們便面臨了航艦降落作業的三大難題：

首先，是飛機返航時，如何在茫茫大海上如何找到航艦的導航問題。

其次，是返航的飛機找到航艦後，如何讓飛機以適當的方式、下降著陸到航艦甲板上的降落進場問題。

最後，是當飛機降落到飛行甲板上後，如何在空間有限的甲板上，安全地煞車停止的制動問題。

第一個問題的解決有賴於無線電導航與通訊技術的發展，第三個問題則透過各種制動攔阻設施的發展而獲得解決，而為了解決第二個問題，則誕生了各式各樣的著艦引導機制。

黎明期的探索

在航艦發展黎明期的一九二〇年代，要將飛機成功降落到航空母艦上，幾乎只能依靠個別飛行員的技能。當時艦載機的主流是複葉飛機，雖然複葉機速度很慢，但由於機翼面積大、可提供的升力也大，降落進場速度非常低，一般只有四十節上下，也沒有什麼複雜的氣動力控制面，相對易於操縱。除了必須進場過程中保持足夠動力，以便能降落到運動中的航艦上以外，當時的航艦降落與陸地機場降落有許多相似之處，只需利用尾翼升降舵調整高度，就能將飛機和緩、輕柔的降落到航艦上。

但另一方面，複葉機也存在著前向視野不佳的問題，飛行員的前向視野會被上翼與機翼支柱遮擋，而且在降落進場的最後階段，後三點式起落架飛機採行的三點同時著陸方式，也會因機頭上抬之故，而進一步惡化前向視野，以致飛行員不易掌握自身與甲板的相對位置。於是為了改善航艦降落的作業安全，美國海軍很早便發展出人工降落導引機制。

美國海軍從一九二二年開始，在他們的第一艘航艦蘭格利號（USS Langley CV 1）上摸索航艦運用牽涉到的各種問題，最基本的起降作業自然是其中一大重點。

為了協助評估降落作業程序，每次有飛機降落時，蘭格利號的首任執行官惠廷上校（Kenneth Whiting）都會使用一部手搖式攝影機拍攝降落過程，當他沒有執行飛行任務時，便會站在蘭格利號艦艉飛行甲板左舷角落，觀察每一次降落。從這個左舷角落位置，惠廷可以看清楚從飛機駕駛座上無法看到的降落觸地高度，有時他還會以肢體動作向進場中的飛行員們發出訊息，提醒他們飛得過高或過低等。飛行員們發現，惠廷在甲板上以肢體動作發出的訊息，對於他們修正降落進場航跡十分有幫助，於是這種做法便被進一步發展為正式的降落信號官（Landing Signal Officer, LSO）。

美國海軍的降落信號官

從一九二〇年代中期起，降落信號官便成為美國海軍航艦正規降落程序中的一部分，美國海軍設置了專職人力、發展了標準化的信號手勢，並在航艦上為降落信號官設置了專用作業平台。

降落信號官值勤時站在艦艉左舷、面向進場的飛機，一般是由經驗豐富的飛行員擔任，由他們來判斷降落飛機的進場操作是否適當，並適時地向駕機進場的飛行員發出各種信號，建議飛行員修正進場速度與下滑角度、關閉發動機油門，或是拉起重飛等。

最初降落信號官發出信號的方式只是

■ 美國海軍在1920年代於其第一艘航艦蘭格利號的試驗探索過程中，發展了後來稱做降落信號官的人工降落引導機制，協助飛行員以適當的航向、滑降角度進場。照片為一架Vought VE-7SF正準備降落到蘭格利號上的情形，注意飛行甲板左舷邊緣上站的那位甲板人員即為降落信號官。（上）（下）

■ 從1920年代中期起，降落信號官便成為美國海軍航艦降落程序中的一部分，照片為蘭格利號上的降落信號官正在引導一架Loening OL水上飛機降落，注意降落信號官站在特別設置的左舷突出平台上。

使用手勢，後來為了讓飛行員能更清楚的看見信號，便改以手持彩色信號旗，藉由揮舞信號旗來放大信號的能見度。不過由於信號旗容易受風勢而影響到能見度，後來便改以球拍狀的彩色信號板替代，而這也讓降落信號官得到了「Paddles（乒乓球拍）」的暱稱。

除了在能見度較佳的日間以外，美國海軍也在夜間降落作業中使用降落信號官引導機制。夜間降落的難度比日間高得多，美國海軍直到一九二五年四月，才在聖地牙哥外海的蘭格利號航艦上完成首次航艦夜間降落。不過很快的，到了一九二九年時，夜間著艦已經成為所有艦載機飛行員必備的訓練課目，美國海軍要求每位飛行員每年至少進行四次夜間著艦，大都是在明亮的滿月，或是日落時分進行。

要在夜間執行降落引導作業，對降落信號官也是一大挑戰，降落信號官只能憑著目視到的飛機航行信號燈顏色變化（註一），與聽到的發動機運轉聲音，來判斷進場飛機的高度與速度。

接下來從一九三〇年代中期起，隨著航空技術的進步，飛機性能有了顯著提高，然而新一代的全金屬單翼機雖然速度性能更佳，前向視野也比複葉機更好，但失速速度與降落進場速度卻也隨著升高（註二），操縱變得更複雜、也更不易降落，另外新的封閉式座艙固然有助於減少阻力，但也隔絕了飛行員與外在環境，飛行員無法像駕駛以前的開放式座艙飛機般，直接感知外界情況（所以許多飛行員在起降時都喜歡打開座艙罩）。這些變化都對飛行員的操縱技能提出了更高要求，也進一步提高降落信號官在航艦降落作業程序中的關鍵作用，駕駛新型艦載機的飛行員必須更依賴降落信號官的指引，才能順利完成航艦降落。

■ 這張1928年10月16日拍攝的照片中，列克星頓號航艦上的降落信號官正在引導一架T4M-1魚雷轟炸機進場降落，可見到降落信號官是拿著信號旗作業，後來信號旗被球拍狀的信號板取代，這也讓降落信號官得到了「乒乓球拍」的暱稱。

註一：所有飛機都設置了標準的三組信號燈——左翼尖的紅燈、右翼尖的綠燈，以及機尾的白燈，觀察燈號的相對位置與移動，即可粗略判斷飛機的姿態與航向。當飛機降落到航艦上時，隨著飛機下降，降落信號官與飛機間的視角也會持續變化，所看到的飛機航行信號燈也會跟著改變，在夜間可據此判斷飛機的航向與姿態。

註二：一次大戰時代的複葉機失速速度大都只有四十節上下，而一九三〇年代中、後期發展的單翼機，失速速度普遍都提高到六十節以上。

二戰時期的降落信號官

當時間進入二次大戰後，隨著美國海軍規模大舉擴張，加上大量徵募的新進飛行員進入海軍服役，也讓降落信號官的需求大幅增加。對於戰前那些經驗老練的長期服役飛行員來說，降落信號官只是提供一個輔助建議，即使沒有降落信號官的協助，他們也能自行駕機降落；但是對缺乏經驗的新進飛行員來說，降落信號官的引導便是不可或缺，必須在降落信號官的引導指示下才能安全降落到航艦上。

二戰時期美國海軍的降落信號官主要有兩個來源，一為來自第一線艦隊飛行員，另一是從各海軍航空站作戰訓練單位（Operation Training Unit, OTU）畢業的學員，從前述兩個來源中選派合適的學員接受降落信號官訓練。美國海軍航空作戰訓練司令部（NAOTC）設於Jacksonville航空站的降落信號官學校，每月可培訓三十名降落信號官。包括通常為中尉官階的降落信號官與助理降落信號官（Assistant LSO）在內的兩類降落信號官學員，將先在頭一個月的課程中學習降落信號與相關基礎知識，接下來便讓學員們分成兩組進行實習，一半的學員先扮演降落信號官角色，另一半則擔任飛行員，然後兩組學員再交換角色實習。

身兼飛行員的角色，有助於降落信號官正確理解飛行員駕機進場時所面臨的問題。降落信號官也必須認識艦上每一名飛行員，並知道他們飛行時的癖好，降落信號官對飛行員越熟悉，也就越能安全的引導他們降落，因此降落信號官有時還須像個心理學家，接近飛行員、聆聽他們在降落進場作業上遇到的困難，並給予適當的建議。

完成訓練後，學員們將會被送到一些作戰訓練單位中繼續受訓兩個月，以完善他們的引導技能。然後助理降落信號官將會直接被送到Glenview海軍航空站的航艦資格認證單位（Carrier Qualification Training Unit, CQTU），在這裡他們將與新進飛行員們一同接受訓練與認證測驗，並在密西根湖上的貂號（USS Sable IX-81）或狼號（USS Wolverine IX-64）兩艘訓練航艦上，實際體驗數次航艦降落，接下來這些助理降落信號官將被指派給艦隊航空指揮官們，接受第一線的訓練並分派職務。

至於降落信號官在前往Glenview海軍航空站之前，則會在作戰訓練單位中多待一個月（第三個月），進行搭配不同機種的降落引導訓練，然後再到Glenview航空站的航艦資格認證單位，接受為期兩個月的艦載訓練與認證。

每艘航艦通常會配屬一名降落信號官與一名助理降落信號官，有些還會配屬第三名，少數航空大隊還會擁有自身專屬的降落信號官（不過這並不常見）。在航艦降落任務中，降落信號官與飛行員們共同協作完成整個降落作業循環，降落信號官必須控制降落作業的間隔，並確保整個作業的平順，這是一個需要高度集中力與臨機應變能力的工作，由於艦載機的進場速

■ 二戰中降落信號官的裝備變化，上面這張1941年底拍攝的大黃蜂號航艦（CV 7）照片中，可見到降落信號官拿著上面掛著圓盤布的信號板，而下面這張1943年1月拍攝的照片，降落信號官則改用上面掛著橫條布的信號板，這種新型信號板較利於在強風中握持。

度只比失速速度高出七至十節，任何粗心大意都會導致災難，加上航艦甲板空間有限，特別是輕型艦隊航艦（CVL）與護航航艦（CVE）的甲板更是極為狹窄，因此降落信號官的引導必須十分精確，確保進場飛機的速度、並將航向對準甲板中線。

二戰中美國海軍也對降落信號官的作業裝備作了些許改進。首先在工作環境方面，最初降落信號官是直接站在艦艉左舷一小塊突出平台上執勤，不過當航艦逆風航行、進行飛機回收作業時，強風的吹拂往往會造成降落信號官作業的不便，於是後來這塊平台後方便增設了一座鐵架－帆布製的擋風板，一方面可以擋風，另一方面這塊深色的帆布擋風板，也可以讓身著卡其服的降落信號官與背景形成反差，讓降落信號官的動作看來更為醒目。

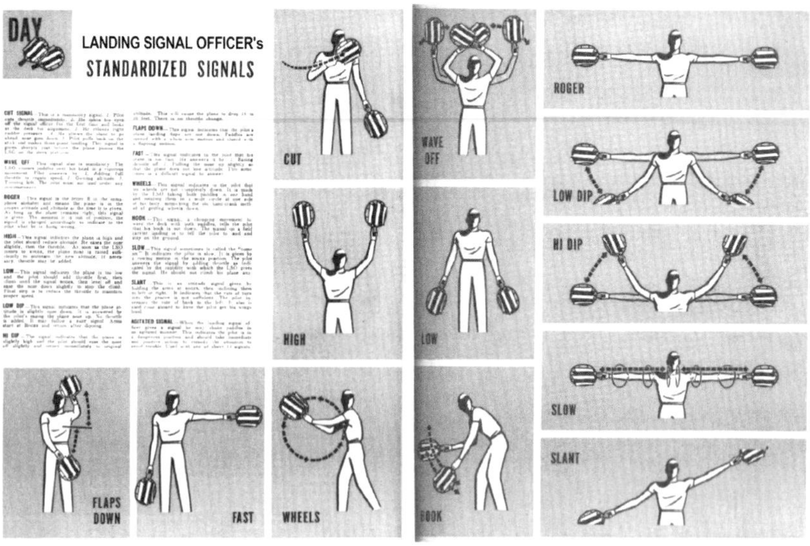

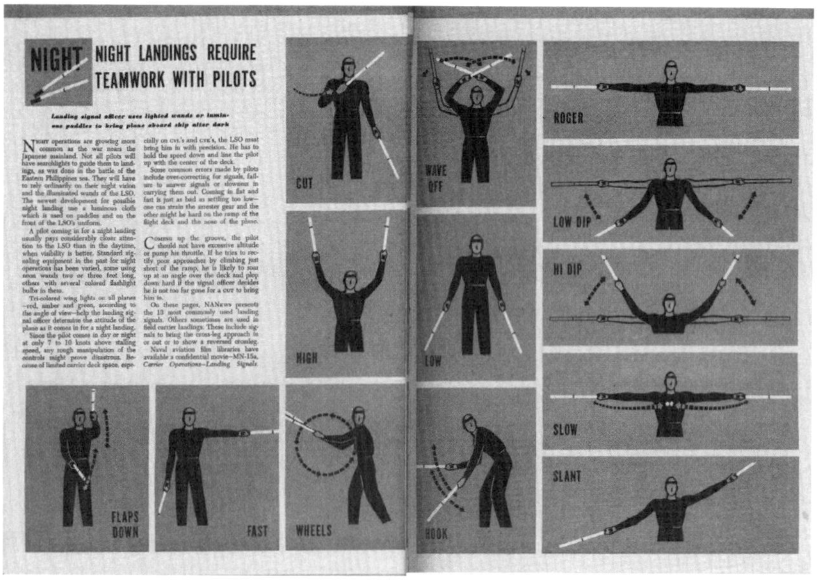

■ 美國海軍降落信號官的十三種標準信號手勢，上為日間版，下為夜間版，除了使用的工具不同外，信號是一致的。

二戰中期美國海軍還引進了上面掛著橫條布條的新型球拍狀信號板，取代先前使用的圓盤布球拍信號板，信號板上掛著的布條可發揮提高明視度的作用，又可在強風吹拂下順著風擺動，便於降落信號官在強風中仍能握持信號板。

另外，隨著夜間降落頻率的增加，但戰時的作業環境常常又不允許像平日的夜間作業般，開啟探照燈與信號燈來引導飛機降落，因此美國海軍也發展了針對夜間降落的降落信號官作業模式，降落信號官改拿二至三呎長的霓虹管發光棒或閃光燈，取代日間使用的信號板，以便飛行員看清信號，後期還改穿更明亮的新式連身服，以提高明視度。而降落信號官則是透過觀察艦載機機翼上的三色航行信號燈——紅、黃（白）與綠色燈，判斷進場飛機的高度。不過考慮到夜間降落的困難，二戰中的美國海軍還是盡可能避免進行這類操作。

由於航艦航空武力是美國海軍在太平洋戰場上最主要的作戰力量，隨著與日本間的海空戰鬥日趨激烈，降落信號官的任務也非常吃重，如約克鎮號航艦（USS Yorktown CV 10）上著名的降落信號官崔普中尉（Dick Tripp），在一九四三至一九四五年短短三年間，便累積了超過一萬次的航艦飛機降落引導紀錄，平均一年超過三千三百次！

傳奇的降落信號官迪克‧崔普

優秀的降落信號官不僅可以順暢航艦降落作業，還可以挽救飛行員的生命，在夜暗或能見度不良的場合，更是決定飛行員能否安返航艦的關鍵，美國海軍傳奇性的降落信號官迪克‧崔普中尉（Dick Tripp）的事蹟便是一個典型。

一九四三年十一月的塔拉瓦（Tarawa）戰役期間，約克鎮號航艦所屬第5航空團的克羅馬林中校（Charlie Crommelin）在十一月二十一日的任務中，他駕駛的F6F座機遭日軍機場的40公釐防砲直接命中擋風玻璃，碎裂的玻璃導致克羅馬林失去前方視野，左眼也受傷，只剩下右眼的視力。考慮到在日軍基地附近迫降過於危險，但如果發動機、起落架與捕捉鉤仍能使用的話，他還有嘗試降落母艦的機會，於是克羅馬林決定嘗試飛返約克鎮號。

在僚機泰勒（Tim Tayler）的引導下，兩架F6F成功飛回兩百哩外的約克鎮號。在約克鎮號上空，泰勒先以幾乎是翼尖碰翼尖的距離，帶著只剩一半視力的克羅馬林完成降落前的繞場，並對正甲板方向，接著開始下降進場。由於碎裂的風擋遮擋了視線，迫使克羅馬林將頭伸出座艙外以便看清進場信號。幸運的是約克鎮號擁有或許是整個海軍最好的降落信號官迪克‧崔普坐鎮，即使遭遇這樣惡劣的狀況，崔普仍不負所托，穩當的引導克羅馬林在第一次進場中就成功勾住甲板上的攔阻索。

幫助遭受重創的克羅馬林成功返航著艦，只是崔普眾多傳奇事蹟之一，他最著名的功績，是發生在一九四四年六月的馬里亞納海戰。

在這次戰役的尾聲，一直找不到日軍艦隊所在的美國海軍第58特遣艦隊，終於在六月二十日下午一五四〇時發現日軍航艦艦隊主力，由於三小時後就要日落，但日軍艦隊卻遠在三百哩（五百五十五公里）之外，若讓艦載機出擊，便不得不冒著在夜間進行回收作業的風險，而且當天晚上還是夜色昏暗的新月，更增添降落的困難。最後第58特遣艦隊司令米契爾中將仍決定發動攻擊。這次冒險出擊取得了擊沉日軍飛鷹號航艦與兩艘油輪的戰果，另外三艘日軍航艦也有所受損，不過如同事前預料的，美軍攻擊機群返回特遣艦隊上空時已經是晚上二〇四五時，必須在一片黑暗中設法降落母艦。

■ 在約克鎮號服役的降落信號官迪克‧崔普在1943到1945年間完成了超過一萬次降落引導作業，是美國海軍最著名的降落信號官（上）。迪克‧崔普執勤時的英姿，他的指揮動作相當具有個人特色（下）。

約克鎮號所屬的第58特遣艦隊指揮官克拉克少將，決定冒著暴露艦隊位置的風險，下令讓麾下四艘航艦開啟燈光、協助飛行員降落。幾分鐘後，米契爾中將也下達全艦隊開啟照明設備的大膽決定，儘管如此，整個降落過程仍是一片混亂，返航的一百九十六架飛機中，在降落過程中損失了多達八十架，多數都是油料耗盡而墜海，列克星頓號、碉堡山號、企業號與黃蜂號等航艦都發生了嚴重的降落事故，出現多起飛機進場失敗墜毀在甲板上的意外，雖然驅逐艦徹夜搜救落海飛行員，最後仍有四十九名落海的飛行員喪生。不過，約克鎮號憑藉著降落信號官崔普的高超引導技藝，所有降落到該艦上的飛機都能安全著艦，沒有任何損失。

「這傢伙幾乎有著魔法！」「用我的錢保證！迪克‧崔普是整個太平洋最好的降落信號官！」一位SB2C俯衝轟炸機的無線電員巴奇這樣描述崔普的能力。

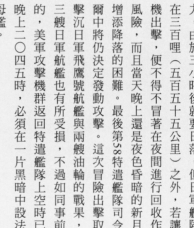

皇家海軍的甲板降落管制官

英國皇家海軍是發明航艦的祖國，不過由於航艦運用觀念與軍種政策的差異，在航艦降落導引機制的引進上，反而慢了美國海軍許多。

一次大戰中曾擴充到五千名軍官與四萬三千名士官兵、擁有近三千架飛機的英國皇家海軍航空隊（Royal Naval Air Service, RNAS），與原屬陸軍的皇家飛行軍團（Royal Flying Corps, RFC），在一九一八年四月一日一同被併入新成立的皇家空軍（Royal Air Force, RAF）。此後皇家海軍便不再擁有航空單位，海軍航艦需要的飛行員與飛機，均由皇家空軍派遣配屬。

■ 1920年代主力艦載機都是複葉機，由於複葉機的失速速度非常低，降落時也相對容易操作。如照片中英國艦隊航空隊1920～1930年代主力戰鬥機Fairey公司的Flycather，在將襟翼往下打時可將飛行速度降到僅僅四十節，飛行員駕機降落進場時，可有更多的時間餘裕來調整降落姿態與滑降角度。

合併後的皇家空軍中，絕大多數軍官都來自陸軍，他們也主導了皇家空軍的發展，更著重於陸基航空力量的建設，於是到了一九一九年時，艦隊航空力量只剩一個偵查機中隊與半個魚雷機中隊，總共只有十五架飛機，全都配屬到百眼巨人號航艦（HMS Argus）上。

到了一九三〇年代初期，由於直接將空軍飛行員調派到航艦上的做法，明顯不合乎實際需求，加上為了因應航艦兵力的擴大（註三），皇家空軍在一九二四年四月一日組建了艦隊航空隊（Fleet Air Arm, FAA），專門負責統轄所有搭配航艦與水面艦艇作業的飛行單位，艦載航空兵力也逐漸擴大到二十個中隊與大約兩百架飛機。艦隊航空隊（FAA）仍是皇家空軍所屬的單位，從飛行員到飛機都隸屬於空軍，但這是一支專門配合海軍作業的專責單位，訓練、裝備與編制都考慮了配合海軍航艦的需求。

■ 皇家海軍在1939年時引進了類似美國海軍的人工降落導引機制，由甲板降落管制官利用手持的球拍狀信號板，向降落進場的飛行員發出指引信號，以引導飛行員以適當的下滑角進場降落，照片為一名甲板降落管制官引導一架劍魚式魚雷攻擊機降落的情形。

■ 從1939年起，甲板降落管制官便成了皇家海軍航艦地勤組員編制中的固定成員，照片為皇家海軍破壞者號（HMS Ravager）護航航艦上的飛行甲板地勤組員，站在最前方的就是甲板降落管制官小組，可見到其中一人手上拿著兩支圓形球拍狀的信號板。位於甲板降落管制官小組後方的則是甲板飛機搬運組，後方靠左可見到飛機牽引車，後方中央拿著楔型飛機輪檔墊，後方靠右則拿著飛機手動啟動臂，最右方穿著防火衣與拿著滅火器的則是滅火小組。

註三：一次大戰結束時，皇家海軍只有狂怒號（HMS Furious）與百眼巨人號等兩艘航艦，一九二四年時增加了老鷹號（HMS Eagle）與赫密士號（HMS Hermes）等兩艘新航艦，接下來勇敢號（HMS Courageous）與光榮號（HMS Glorious）也分別於一九二八年與一九三〇年服役。到一九三〇年時，皇家海軍一共擁有六艘航艦，數量居世界之冠，不過英國航艦的飛機搭載量都很少，六艘航艦的飛機搭載總數合計只有一百六十二架，因此艦隊航空隊的編制也很小，擁

有的飛機總數僅兩百架上下。

在一九二〇至一九三〇年間這段戰爭期間，英國的航艦力量編成是處於分裂狀態——皇家海軍只負責航艦，飛機與飛行員則是由皇家空軍負責，體制本身就存在著船艦與飛機／飛行員之間的協同合作問題；另一方面，由於航空兵力規模十分有限，而且飛行員也大多是長期服役、經驗豐富的精銳，加上當時的複葉機也相對容易降落，即使美國海軍已採用降落信號官多年，英國艦隊航空隊仍不認為有引進這種人工降落導引機制的需求。

■ 皇家海軍的破壞者號護航航艦上，甲板降落管制官引導一架格魯曼岩燕（Martlet）戰機降落的連續鏡頭。可見到甲板降落管制官的執勤位置是在飛行甲板左舷外側的凸出平臺上，該艦還在甲板降落管制官位置後方附加一片遮風板，從照片中可注意到甲板降落管制官一直舉手發出指引信號，直到這架岩燕戰機將觸及甲板時才把手放下。

不過到了一九三〇年代後期，為了因應日趨緊張的歐洲情勢，艦隊航空隊的編制規模也隨之急遽擴張，然而新徵募的大量新進飛行員，都只接受過速成式的短期訓練，無論操縱技能與經驗均不足，難以像先前長期服役的飛行員般獨立完成航艦降落作業。

為了解決這個困難，降低新進飛行員航艦降落的失事率，海軍部在一九三七年決定仿效美國海軍的降落信號官人工導引降落機制，在航艦甲板上配置甲板降落管制官（Deck Landing Control Officers, DLCO），專責引導飛行員駕機降落。然而此時艦隊航空隊仍屬於皇家空軍，直到一九三九年五月二十四日，艦隊航空隊才回歸海軍部管理，重新恢復為皇家海軍所屬航空單位，此後航艦與艦載機都是隸屬於海軍，統一了海軍航艦的人事管理，也讓甲板降落管制官與飛行員間的緊密協同成為可能。

甲板降落管制官與降落信號官的同與異

除了甲板降落管制官與降落信號官名稱不同外，皇家海軍的航艦降落進場與美國海軍還存在些許區別：

皇家海軍的航艦降落採用較陡峭的下降進場路徑，甲板降落管制官則以將信號板往下揮的方式，向飛行員表示降低高度，若將信號板舉起則代表要求飛行員拉高；美國海軍則採用較平緩的進場路徑，降落信號官以高舉信號板的方式，向飛行員表示高度過高、必須降低高度，兩者在通知飛行員改變高度的手勢信號上剛好相反（註四）。

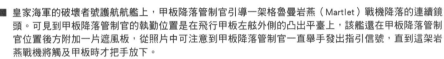

不過，當一九四五年皇家海軍航艦特遣艦隊重返太平洋戰場時，考慮到與美國海軍協同作戰的需要，皇家海軍特地在太平洋與東印度洋艦隊所屬航艦上，採用了美國的降落信號協定，以便在聯合作戰中可與美軍航艦相互作業（註五）。

註四：在一九四九年以前，皇家海軍艦載機降落時是採用四度至五度的下滑角進場與著艦。美國海軍則採用較平緩的一至二度下滑角進場，直到距艦艉甲板大約兩百呎時改為三度下滑角，最後再以六度下滑角著艦。

註五：後來當北約組織（NATO）於一九四八年成立後，包括英國在內的所有北約國家海軍，都採用了美國海軍的航艦降落作業信號標準。

除了進場方式與信號手勢稍有差異外，皇家海軍的甲板降落管制官與美國海軍降落信號官之間還有一個關鍵區別：在美國海軍，降落信號官發出的引導指示僅是一種「建議」，飛行員可依自身判斷進行降落操作，並為自己的安全著艦負責；在皇家海軍，甲板降落管制官的指示則是飛行員必須服從的命令，由甲板降落管制官承擔讓飛行員安全著艦的責任。

至於降落進場的指引程序，皇家海軍與美國海軍大致是相同的。

在回收飛機前，航艦會先掉轉船頭，以獲得迎頭的甲板風協助，從而降低飛機的降落進場速度。為此，必須先由值班軍官（Officer of the Watch, OOW）依據風向與航艦預定航跡（Position Intended Movement ,PIM），計算出指定飛行路線（Designated Flying Course, DFC）。不過，如果是在戰時，為了避免航向遭敵方掌握，航艦不會長時間維持相同航向，所以只會在指定飛行路線上短暫停留，必須利用這個短暫的時機完成降落作業。

如同一般的飛機降落程序，艦載機飛抵航艦上空後先以四邊或五邊飛行進場、對正航艦甲板中軸線、並取得艦橋降落許可後，飛行員便開始駕機下降，當他可以看到甲板降落管制官的信號時，便開始接受甲板降落管制官的引導指示。

皇家海軍的甲板降落管制官一般是由有豐富航艦作業經驗的飛行員擔任，利用手持球拍狀的信號板向返航降落的飛行員發出指示信號，所以又被稱做「Batsman」或「Bats」。甲板降落管制官值勤時的位置，與美國海軍同樣是在艦艉左舷的飛行甲板外側，負責監看艦載機降落過程中最後的進場階段，並適時的以信號板手勢向飛行員發出諸如「向左」、「向右」、「太高」、「太低」等指示，誘導飛行員校正飛機的航向、速度與姿態，以便對正飛行甲板中軸，並以正確的滑降角與速度進場，最後勾住甲板上其中一條攔阻索讓飛機制動停止。

甲板降落管制官的指令對於飛行員來說是強制性的，在降落的飛機觸及甲板之前，若他認為該機無法成功勾住攔阻索，便會發出「離開（Bolter）」的信號，要求飛行員重新拉起再次進場。

■ 在美國海軍，降落信號官發出的指示，僅是對飛行員的建議。而在英國皇家海軍甲板降落管制官發出的指示信號，對飛行員來說是必須服從的命令。照片為一架劍魚式轟炸機正進場降落到航艦上時，從飛行員角度所見到的甲板降落管制官，甲板降落管制官雙手平舉代表「保持（Steady）」，意指飛行員保持目前的下降速度與姿態。

■ 皇家海軍甲板降落管制官的手勢信號，與美國海軍降落信號官的手勢信號有所不同，如照片中這位獨角獸號航艦（HSM Unicorn）甲板降落管制官的雙手平舉手勢，在皇家海軍是代表「保持（Steady）」，在美國海軍則是代表「收到（Roger）」。1948年以後包括英國在內的所有北約國家海軍統一採用美國海軍的信號手勢。

■ 除了仿效自美國海軍的球拍狀手持信號板外，皇家海軍還為甲板降落管制官發展了一些獨特的裝備，如照片中這位光輝號航艦（HMS Illustrious）的甲板降落管制官，便拿著專門用在能見度不佳場合中，取代球拍狀信號板的投射燈，以提高手勢信號的明視度。

另類做法——日本海軍的著艦指導燈

二戰時代的三大航艦運用國中，美國海軍與英國皇家海軍都先後採用了人工著艦引導機制，來協助飛機員駕機進場，不過日本海軍卻沒有跟進，而是別樹一格的採用了稱為「著艦指導燈」的機械式著艦引導機制。

所謂的著艦指導燈，其實就是陸地機場必備的降落指示燈在航艦上的應用，基本原理源自法國，日本海軍引進後，普遍配備到自身的航艦上。

著艦指導燈由安裝在艦艉左舷的紅、綠兩組燈號構成（註六），紅燈含兩盞燈，安裝在距艦艉四十至五十公尺處，綠燈則有四盞燈，安裝紅燈後方相距十至十五公尺處。綠燈的位置略低於紅燈，兩者的連線與水平線呈大約六或六・五度的夾角。

當飛行員駕機進場時，大約一公里外即可看到著艦指導燈的燈號，以紅燈作為基準，依據目視到的綠燈與紅燈的相對高度，來判斷進場角度是否適當：若飛行員見到的綠燈高於紅燈，代表他的進場高度過高，須壓低高度；若看到綠燈低於紅燈，代表高度過低，須拉高高度；若看到綠燈與紅燈高度重合，則代表進場高度適當。飛行員藉由所看到的紅、綠燈號相對高度，來調整進場高度，即能以適當的六至六・五度下滑角度進場降落。基本原理與用在陸地機場上的目視進場下滑指示燈類似。

美國海軍與英國皇家海軍的航艦上，其實也有類似日本著艦指導燈的甲板燈號系統，如英國航艦上安裝的扇面燈（sector

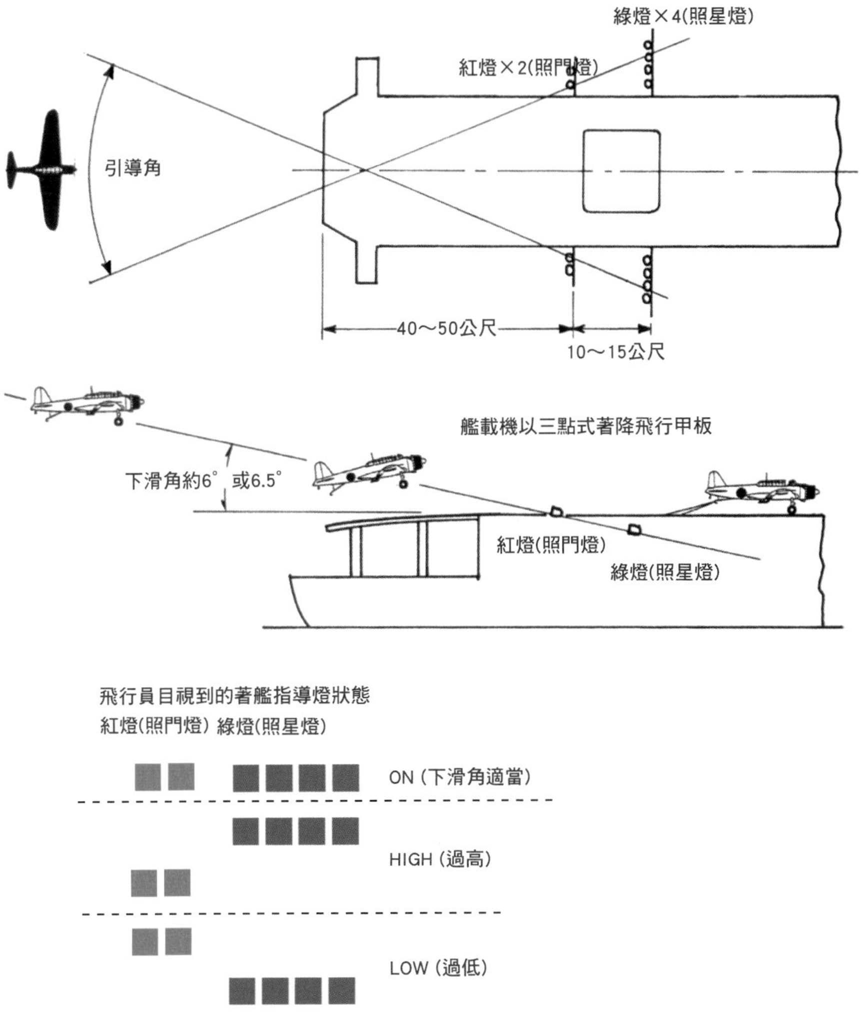

■ 二戰日本海軍的著艦指導燈運作方式圖解。
利用安裝在艦艉的紅、綠燈與水平線形成的夾角，在艦艉形成一條虛擬的下滑路徑，以紅燈為基準，飛行員依據目視到的綠燈與紅燈的相對高度，即可判斷自身的下滑角是否適當，並據以調整進場操縱。

註六：關於著艦指導燈的安裝方式有幾種不同說法，一些文獻指稱著艦指導燈是安裝在艦艉左舷，用於指引從船艉方向進場著艦的飛行員，有少數航艦會在船艏右舷另外安裝一組朝向船艏的著艦指導燈，以備情況若不允許讓艦載機從船艉降落、必須改由船艏方向著艦時，用於指引從船艏方向進場的艦載機。但另外有些文獻記載，著艦指導燈是在艦艉左、右舷各安裝一組，除了指示飛行員正確的下滑角度外，還可幫助飛行員對正飛行甲板中軸，飛行員可藉由目視左右兩組著艦指導燈的相對位置，確認自己是否與飛行甲板呈一直線。

light）（註七）。不過對於英、美兩國海軍來說，這類燈號系統只是夜間或低能見度時使用的輔助引導系統，大多數環境下仍是依靠降落信號官與甲板降落管制官的人工指引。

■ 日本海軍蒼龍號航艦於1936年進行服役前測試的情形，日本海軍採用的是機械式降落輔助系統，所以甲板上沒有配置引導人員。

註七：英國海軍航艦上安裝的扇面燈，是夜間與惡劣天候下使用的甲板降落控制系統（Deck Landing Control System）一部分，這套系統一共有十種燈組，扇面燈是其中之一，扮演降落下滑道指示的角色，安裝在距艦艉末端一百五十呎的兩舷，向艦艉三十度水平範圍內投射燈光，飛行員駕機進入航艦艦艉水平三十度範圍內即可見到扇面燈的燈光。扇面燈的燈光在垂直方向分成三組不同顏色，視飛機降落下滑角不同，可讓飛行員見到一種顏色的扇面燈，低於五度看到紅燈，理想的五至八度下滑角可見到綠燈，八至十五度則會見到琥珀色燈。依據所見燈號顏色，可讓飛行員調整適當的下滑角。

相較於美、英的降落信號官或甲板降落管制官人工著艦引導機制，日本這種機械式著艦引導機制有幾個優點：

◆可節省降落信號官或甲板降落管制官的人力配置與訓練。降落信號官／甲板降落管制官人力的養成並不容易，首先他們得是合格的海軍飛行員，其次還得接受將近半年的降落信號官專業訓練，這種專業人力無法速成，但需求量相對並不大（每艘航艦只需二、三名）。若改用著艦指導燈這種純機械式的引導手段，便能省下培育降落信號官／甲板降落管制官人力的麻煩，對於缺乏合格飛行員的日本海軍來說幫助尤大，不需要把原本就已十分稀缺的有經驗飛行員，耗用到降落信號官／甲板降落管制官任務上。

◆反應速度更快。降落信號官或甲板降落管制官人工著艦引導機制，是一個必須由降落信號官／甲板降落管制官與飛行員雙方共同協作才能完成的程序，無論作業多麼熟練，從降落信號官／甲板降落管制官觀察、判斷進場飛機速度、高度並發出適當的信號，到飛行員觀察降落信號官／甲板降落管制官信號，然後再調整飛機操縱，雙方在信號溝通傳達上必須耗用一定的時間，這對進場速度慢的機型來說還不會造成太多問題，但是對進場速度快的機型就會造成麻煩。相較下，機械式著艦引導機制則是一種單向的程序，由飛行員自行觀察著艦指導燈，然後調整飛機操縱即可，反應速度快了許多。

◆構造單純，幾乎沒有失誤或故障的問題。

不過，這類機械式裝置也有缺點：

整個降落作業仍是依賴飛行員單方面的個人判斷，依賴飛行員個別技能來修正進場操縱，不像人工著艦引導機制可由飛行員與降落信號官／甲板降落管制官雙方的判斷，讓降落的失誤降到最低，若飛行員判斷失誤時，仍有透過降落信號官／甲板降落管制官修正的可能性。

另外要特別注意的是，日本航艦雖然沒有專門的降落信號官或甲板降落管制官，但在飛機回收作業時，若出現不允許降落、或必須重飛的情況，還是會指派一名船員負責在艦艉揮舞紅旗，提醒飛行員目前禁止降落、放棄這次進場。

噴射時代的新挑戰

英、美兩國海軍的實踐證明，甲板降落管制官這種人工引導機制，確實能有效幫助經驗不足的飛行員安全的降落航艦，有效降低降落作業事故率。然而這套行之有效的機制，在戰後卻遭遇了問題。

從一九四〇年代後期起，噴射機逐漸取代活塞動力螺旋槳飛機的角色，然而當時的噴射機優先追求高速性能，以致影響到低速起降性能，進場與降落速度比活塞動力螺旋槳飛機高出許多，進場速度動輒達到一百節、甚至一百一十節以上，比多數螺旋槳飛機的七十至八十多節進場速度高出百分之三十至百分之四十以上，連帶地，噴射機降落進場時可用的作業反應時間也比螺旋槳飛機大幅縮短。另一方面，早期噴射機的一些性能特性，也進一步增加了降落進場的困難。主要的問題可歸納為以下兩點：

◆進場作業可用反應時間過短，降落信號官難以即時指引飛行員修正操作錯誤。

如前所述，降落信號官人工降落導引機制，是一個需要飛行員與降落信號官雙方共同協作的程序，從降落信號官目視觀察降落進場飛機的高度、速度，然後發出信號，到飛行員目視降落信號官的信號後再調整飛機操縱，整個程序在狀況判斷與信號傳達上必須耗費一定的時間。

但噴射機由於進場速度高，降落進場作業可用的反應時間比螺旋槳飛機少了三分之一甚至二分之一，往往沒有足夠時間，讓降落信號官與飛行員雙方完成狀態判斷與信號傳達程序，必須在極為匆促的情況下完成進場作業，出現狀況時往往來不及修正，以致降落事故率大增。

要解決這個問題，必須改用自動化的著艦導引機制，從而刪除人工著艦導引機制的狀況判斷與信號傳達耗時與延遲問題。

◆早期噴射機難以掌握適當的關閉油門與平飄（flare）動作。

■ 噴射機的降落進場速度遠高於活塞動力螺旋槳飛機，降落作業可用的反應時間也大幅縮短，航艦上的降落信號官往往來不及修正進場飛機不適當的動作，以致降落事故率大增。照片為一位降落信號官正以信號板引導一架F2H戰機降落。

螺旋槳飛機降落航艦時，一般都是在著艦前就關閉發動機，降落信號官會在飛機觸地前一刻向飛行員發出「Cut」的信號，指示飛行員關閉油門。飛行員關閉油門後，可利用螺旋槳的風車效應（註八），加上適時拉起機頭、作出平飄動作來減緩下沉率（這可以讓落地變得更「輕」、更和緩），然後讓飛機落到甲板上適當位置、尾鉤勾住攔阻索，最後制動停止。

註八：螺旋槳飛機在關閉發動機後，螺旋槳本身形成一個會產生阻力的風車，可協助降低降落速度。

但是對於噴射機來說，由於進場速度快，加上早期的噴射發動機的油門操作反應很慢，即使飛行員關閉油門，發動機仍不會立即停止輸出推力，但噴射機又沒有螺旋槳可以幫忙在關閉發動機後減緩速度，以致降落信號官很難掌握適當的「Cut」信號發出時機。

雖然降落信號官也可提早發出「Cut」信號，讓飛行員及早關閉發動機，但早期的噴射發動機重新啟動也十分緩慢，一旦發動機停止運轉，便無法即時的恢復推力輸出，要在這種情況下修正飛機的進場路徑或變更姿態，也將變得十分危險。推力消失將導致飛機速度迅速降低，下沉率則迅速增加，此時若為了減緩下沉率而進行平飄操作，

■ 噴射機進場速度快，著艦作業反應時間很短，因此噴射機的航艦降落對飛行員與降落信號官雙方都是很大的挑戰。照片為一架F7U戰機降落失敗的連續鏡頭，可看出這架F7U的進場高度過低、也過於偏向左舷，導致著艦時直接撞上艦艉左舷的降落信號官所在位置。幸運的是，這位降落信號官眼見情勢不對，在F7U撞擊前便先行逃離。

些許操作不當很容易便會造成失速，但卻又無法即時重啟發動機、藉由加速來讓飛機重新獲得控制力。因此為了在進場時仍保有足夠的控制能力，必要時還須拉起重飛，噴射機飛行員們都傾向以讓發動機保持運轉、維持推力輸出的方式著艦。

為了解決前述問題，必須發展出一種無需關閉發動機，也可省略平飄動作的降落進場技術，也就是所謂的「No Cut」與「No Flare」進場技術，讓艦載機從進場到觸及甲板的整個過程，都維持固定的下沉速率，直到尾鉤確實勾住攔阻索後，再關閉油門。

二戰時期的三大航艦運用國中，日本海軍已在戰爭中遭到毀滅，而美國海軍二戰後的航艦航空技術發展重點，則是放在建立以航艦為基礎的核子打擊力量上，因此最後便由英國皇家海軍搶先一步，率先針對噴射機降落航艦問題，發展出適用於噴射機的新型著艦引導技術。

著艦導引新方法

皇家海軍很早就認識到解決噴射機航艦降落引導問題的必要性，早在一九四五年初，皇家飛機研究所在研究彈性降落甲板時，也同時提議發展一種「機械瞄準儀器，能夠充當『自動化著艦引導官』角色負責傳遞信號……為飛行員提供接近（航艦）時的標示與（操作）修正指示。」皇家飛機研究所所屬的海軍飛機部（Naval Aircraft Department），稍後也建議發展一種改進的、用於引導飛行員駕駛噴射機著艦的新方法，藉以輔助或取代甲板降落管制官這種人工導引方式。

其實早在一九三〇年代，皇家海軍航艦上便裝設了機械式的著艦引導系統，就是用於指示降落下滑道的扇面燈，不過扇面燈在每個扇面區的波束只有三度，如果飛行員駕機爬升或下降速度過快，就無法獲得扇面燈的指引，必須另外尋找更理想的引導機構設計。

需求雖然很早便已提出，但觀念與技術要獲得突破卻非一蹴可幾。經過五、六年的醞釀後，航艦降落技術才終於在一九五〇年代初期得到了突破性的進展，出現了全新的鏡式著艦輔助系統（Mirror Landing Aid System），也稱為甲板降落鏡式瞄準器（Deck Landing Mirror Sight, DLMS），或簡稱為「助降鏡」。

鏡式著艦輔助系統的發展，與協助噴射機降落航艦的另一項重要發明——斜角甲板，幾乎是同時間由在軍需部（Ministry of Supply）中任職的皇家海軍軍官所構想出來，康貝爾上校構思出斜角甲板，而他麾下的海軍中校古德哈特（Nicholas Goodhart），則是鏡式著艦導引系統的發明者。

如同發明斜角甲板的康貝爾，古德哈特也是飛行員出身，他不僅擁有豐富的航艦作業經驗，還曾在英格蘭Boscombe Down飛機測試中心，以及美國海軍的海軍航空測試中心擔任過試飛員，整個飛行生涯駕駛過五十種以上不同的飛機。

一九五一年夏天，當時在軍需部擔任技術秘書的古德哈特，發明出一種引導噴射機以適當角度降落到航艦斜角甲板上的新方法。依據古德哈特日後接受訪談時的說法，他利用向辦公室女秘書借來的口紅與鏡子，向同仁們首次展示了這種無須經由甲板降落管制官、可讓飛行員自行判斷合適降落下滑角的方法。

他先用口紅在鏡子中央畫了一條水平橫線作為基準線，將鏡子以一個上傾角放置在桌上，然後把口紅豎立在鏡子前面一小段距離的桌上。他要求觀察者以鏡子中口紅倒影的尖端作為視線瞄準目標，注視鏡子中口紅尖端與基準線的相對位置。若觀察者的視角適當，將會看到口紅尖端剛好位於基準線上，此時代表觀察者的視角與鏡子的上傾角相吻合；若看到口紅尖端位於基準線上方，代表視角過高；若看到口紅尖端位於基準線下方，則代表視角過低。

透過這種檢查基準線與瞄準標的物相對位置的方法，觀察者自身即可判斷視角是否適當（是否與鏡子設定的上傾角相合），原理十分簡單。

■ 鏡式著艦輔助系統的發明人尼可拉斯．古德哈特，他在二戰中先後擔任艦艇工程軍官、飛行工程軍官與戰鬥機飛行員，戰後轉任試飛員，並曾作為交換試飛員任職於美國海軍航空測試中心。一九五〇年代後主要擔任技術幕僚與管理職務，還擔任過海鏢防空飛彈的計劃經理。他曾以發明鏡式著艦輔助系統的功績獲得美國海軍頒發軍團功績勳章，一九七二年又獲得英國政府頒發巴斯騎士團勳章，以表彰他四十年海軍服役生涯的貢獻，最後於一九七三年以少將官階退役。除了公職外，古德哈特從年輕時代便是滑翔機愛好者，長期擔任世界滑翔錦標賽英國代表隊的成員，曾獲得包括世界冠軍在內的多項滑翔競賽錦標，還締造過英國的滑翔機爬升紀錄與滑翔距離紀錄，是滑翔機界的名人。

鏡式著艦輔助系統的原理

當應用到實際環境中的航艦上時，則是以大型的鋁製柱面凹面鏡充作鏡子，以安裝在鏡子兩旁的一排綠色燈號充當基準線，並以多組高功率探照燈作為照射光源，利用光源照射到鏡子上形成的光球，充當視線瞄準目標。

藉由柱狀凹面鏡，可讓進入斜角甲板的飛行員仍能從側面看到凹面鏡反射的光源。這套凹面鏡被安裝在飛行甲板左舷的穩定平臺上，鏡面與水平面間有三度傾角，然後利用設置於航艦船艉、與反射鏡相距一百五十至兩百呎的多盞探照燈作為光源，將光線投射到反射鏡上匯聚為光球，也就是所謂的「光點（blob of light）」（皇家海軍術語）或「肉球（meatball）」（美國海軍術語）。

當光源照射凹面反射鏡時，鏡面反射出的光線便會在艦艉上空形成一條「虛擬」的下滑道（glideslope）。飛行員駕機接近艦艉時，透過目視觀察他在反射鏡上所看到的光球位置，便能判斷自身的下滑角是否合適。

若飛行員看到的光球位於反射鏡中央，就代表自機正處於合適的三度下滑角狀態；如果看到的光球靠反射鏡下方，則表示下滑角過小；若看到的光球位於反射鏡靠上方位置，則代表下滑角過大。

光源中的多組探照燈各有獨立電源供應，可避免單一電路故障導致光源失效；透過選擇合適的光源顏色與亮度，可顯著

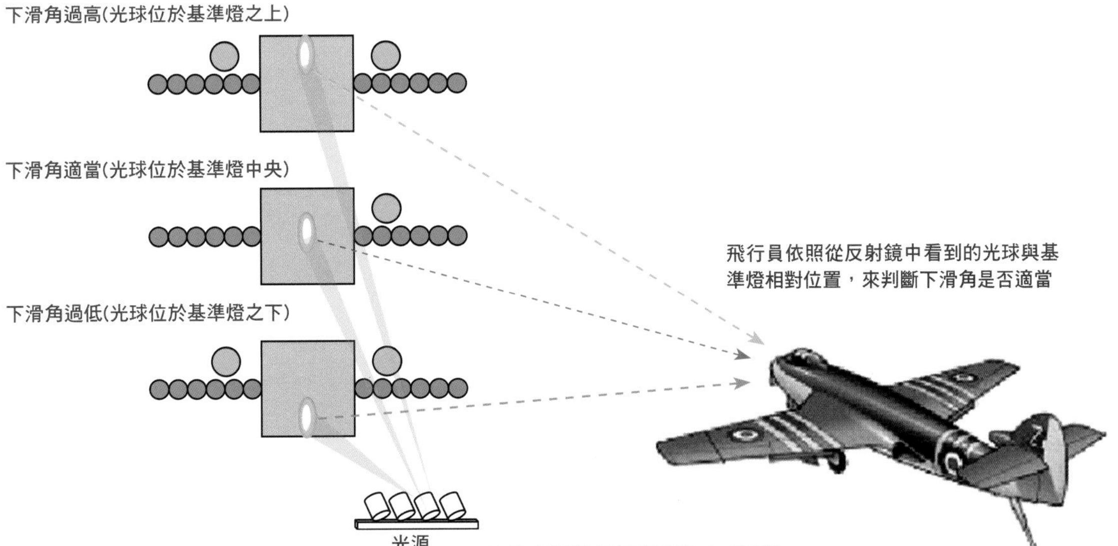

■ 鏡式著艦輔助系統運作方式圖解。

提高著艦信號的可視距離；而藉由飛行員自行目視反射鏡中光源照射光球，來判斷下滑角是否適當的做法，比起先前的人工引導機制，也大幅縮短了反應時間，反應時間被縮短到飛行員自身的反應判斷時間，同時也消除了人工引導信號存在的誤判可能性。

很明顯地，古德哈特提出的這種鏡式著艦輔助系統，基本原理與二戰日本海軍的著艦指導燈如出一轍（註九），只是古德哈特使用鏡子反射方式來投射出著艦瞄準點，而日本海軍著艦指導燈則是使用燈光直接投射，不過兩者間仍有一些差異：

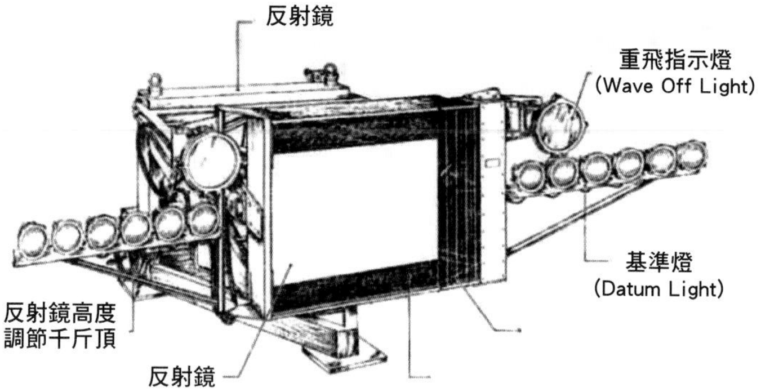

■ 鏡式著艦輔助系統的主反射鏡與基準燈組（上），以及光源組（下）圖解。 RAN

首先，日本海軍的著艦指導燈，是將燈號光源直接投射到空中，給飛行員作為目視信號，有效目視距離只有一公里左右。古德哈特的裝置採用以凹面鏡匯聚反射球狀光源的方式，來產生給飛行員目視的信號，最遠可從兩哩外便開始發揮引導效用。

其次，日本海軍的著艦指導燈是固定安裝在航艦上，所以投射出的著艦滑降角，會隨著艦體的縱搖而擺動，當波浪較大時，艦體的縱搖將會影響飛行員目視著艦指導燈所得到的下滑角度判斷。相較下，古德哈特的鏡式著艦輔助系統，則是安裝在一個陀螺穩定平台上，可減緩與補償艦體縱搖所造成的影響。

註九：舊日本海軍的著艦指導燈實用化時間，遠早於英、美海軍在一九五〇年代中期才開始使用的鏡式著艦輔助系統，所以許多日本文獻往往把日本海軍列為最早在航艦上採用機械式光學著艦引導系統的國家。但實際上二戰時的英美兩國海軍，也曾在航艦上使用過類似的降落引導燈號，作為夜間降落的輔助引導手段。

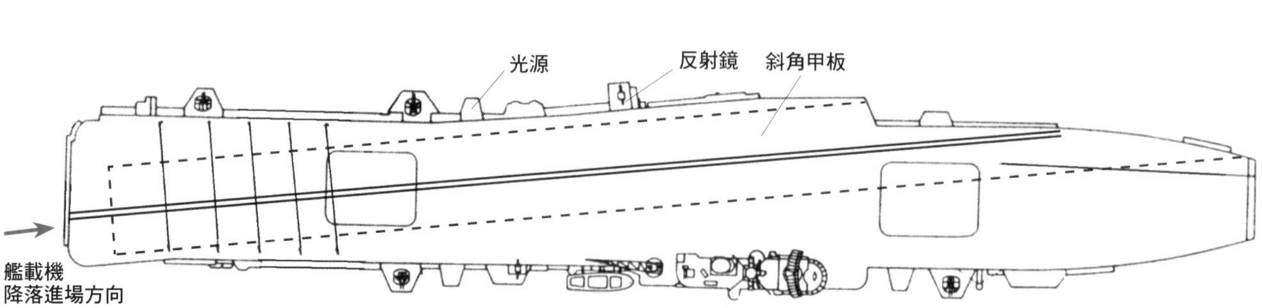

■ 鏡式著艦輔助系統在航艦上的配置。含光源與反射鏡兩大部分。

Chapter 8

光學降落輔助系統的演進

為了克服噴射機降落速度過快，導致航艦上的人工降落指引機制失去效用問題，在軍需部中任職的英國皇家海軍的海軍中校古德哈特，提出了鏡式著艦輔助系統的構想，以機械式引導機構取代人工引導，大幅縮短了指引反應時間，並提高了精確度。

鏡式著艦輔助系統的應用與普及

在古德哈特於軍需部的上司康貝爾上校協助下，一九五二年一月舉行的海軍航空研究委員會會議中，決議將古德哈特的構想付諸實際實驗。於是一組先前曾經負責開發雷達輔助降落系統的皇家飛機研究所技術小組，便依照古德哈特的構想在法茵堡建造了一套鏡式著艦導引裝置的陸基原型，並於一九五二年三月測試成功。稍後一套原型系統被安裝到光輝號航艦上，於同年十月展開海上測試。

在光輝號上，鏡式著艦引導系統的反射鏡組被安置在距船艉三百呎處的左舷邊緣，最初測試中使用的反射鏡是凸面鏡，可以將反射光擴散到較寬的水平角，好讓降落的飛機在最後一次進場轉彎時就能看到。

經過光輝號航艦上的第一輪初步試驗後，不撓號航艦（HMS Indomitable）在一九五三年六月安裝了改進的鏡式著艦引導系統投入測試，這套系統安裝的位置較為靠後，且位於右舷，被安置在距船艉兩百呎的右舷甲板上，改用鋁製表面反射鏡，搭配朝向艦艉的綠色基準燈，還配備了皇家飛機研究所的利恩（D. Lean）設計的陀螺穩定系統，以補償船體搖動的影響。

一九五三年六月間，在來自美國海軍、美國海軍陸戰隊與皇家加拿大海軍的觀察員見證下，皇家海軍試飛員與第一線飛行員在不撓號航艦上進行了一共一百零六次日間降落與二十四次夜間降落測試，結果顯示鏡式著艦導引系統可帶來以下效益：

◆搭配抬頭式空速顯示器，或稍後發展的音訊式空速指示器一同使用時，可將降落作業中的人為失誤減少一半。飛行員在進場時，可利用安裝在擋風玻璃上的空速顯示器，或是從耳機聽到的音訊得知當前的飛機速度，從而可讓視線一直保持注視反射鏡上的光球，無須為了得知速度而低頭觀看儀表板。

◆無須更改原先降落作業使用的姿態、也無須突然的關閉發動機。這個特性對於當時操作反應遲緩的噴射發動機來說十分重要。

◆讓飛行員注視著反射鏡上的光球信號駕機進場降落，可讓飛行員越過船艉時，避免產生懸崖邊緣效應，同時還能遮蔽船隻運動對飛行員感官的影響。

◆艦載機可以固定的下沉率降落，在進場過程中可省略平飄動作。

◆降落觸及甲板時的下沉率，可減輕到平均每秒十二呎的程度，而且還有進一步降到每秒八呎的潛力，這對於起落架設計來說是一大福音，可減輕起落架強度需求。

◆搭配改進的夜間降落配置，可將夜間降落進場時最後的繞圈進入高度，從現行的一百五十呎提高到五百呎，從而有效改善夜間降落安全性。

◆可視距離遠大於甲板降落管制官的信號板，特別是在能見度不佳的場合，可提供明顯更遠的信號引導距離。

依據一九五三年六月的第二輪測試，皇家海軍進一步改進了鏡式著艦引導系統，讓這套系統逐步形成完整的面貌。首先是反射鏡改用鋁材拋光製成的凹面鏡，以便將光源的光線聚焦為高品質的平行光束，反射鏡尺寸也從最初的8×4呎（寬×高），縮小到5呎6吋×4呎。

安裝凹面鏡的主框架增設了可在四呎範圍內調整高度的機構，以適應不同艦載機機型放下捕捉鉤時、從飛行員眼睛到捕捉鉤的總下垂高度差異，鏡面的傾角可透過手動轉輪或遙控自動旋轉機構自由設定

■ 照片為1954年時安裝在皇家海軍阿爾比恩號航艦（HMS Albion）上的鏡式著艦輔助系統，該艦最初在左右兩舷各配備一套鏡式著艦輔助系統，左舷系統為一般情況下使用（上），右舷系統則為備用（見下圖）。實際操作經驗顯示，只需左舷一套系統即已足夠，所以後來各航艦都只保留左舷的一套。

（標準是三度）。凹面鏡兩側各有一具六呎長的基準燈支架，每側均裝有四具100W功率的綠燈，每具綠燈都有一組拋物面反射鏡，可形成十度寬的波束。整個凹面鏡組的水平框架基座與一套借用自MK III「P」型火砲瞄準儀的陀螺穩定儀連動，可將凹面鏡組的俯仰搖動，抑制在僅相當於航艦縱搖幅度的一半。

至於光源則採用安裝在二十呎長支架上的八具240W探照燈，整個光源組設置在凹面鏡後方一百六十呎的左舷邊緣，正對著凹面鏡組。

改進後的鏡式著艦引導系統被安裝到光輝號航艦上，於一九五三年十一月展開鏡式著艦引導系統的第三輪原型測試，這套改進的系統安裝在光輝號位於距船艉兩百呎的左舷邊緣處，進場的飛行員在最後一次九十度進場轉彎後就可見到。

參與這次測試的飛行員來自皇家試驗部隊第703中隊、皇家飛機研究所、威爾特郡（Wiltshire）伯斯坎比（Boscombe Down）的飛機與武器研究中心（A&AEE），特別的是還有來自美國海軍的飛行員。測試中使用了海吸血鬼戰機、一架塘鵝式反潛機與一架裝設了尾鉤的流星式戰機（Meteor），以及由803中隊飛行員操作的飛龍式攻擊機（Wyvern），其中海吸血鬼與流星式為噴射機，塘鵝式與飛龍式則為渦輪旋槳動力飛機。參與試驗之前，所有飛行員都在法茵堡皇家飛機研究所的模擬設施，進行了三十至四十次夜間的鏡式輔助模擬甲板降落（Mirror Assisted Dummy Deck Landings, MADDLs）訓練，與完整科目日間著艦訓練。

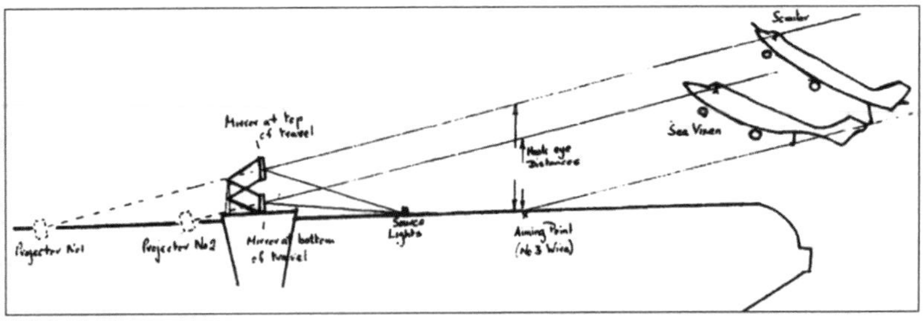

■ 飛機降落航艦時，尾鉤捕捉攔阻索的路徑是不變的，但隨著飛機機型不同，從飛行員眼睛到捕捉鉤的總下垂高度也有所差異。所以鏡式著艦系統安裝凹面鏡的主框架，可在四呎範圍內調整高度，調節反射鏡與光源的角度，以便補償前述這種因機型不同造成的目視角度差異。

■ 1959年拍攝的勝利號航艦艦艉，可清楚看到鏡式著艦輔助系統的反射鏡組與光源組的相對位置，照片中靠右方紅圈內的即為反射鏡組，靠左方較小紅圈內的則為光源組，兩者一般相距一百五十至兩百呎。

全面普及的鏡式著艦輔助系統

一九五三年底的這次測試獲得空前成功，海軍部很快就決定全面採用鏡式著艦輔助系統。於是從一九五四年起，鏡式著艦輔助系統便與斜角甲板一同陸續被安裝到皇家海軍現役航艦上。而從英國購入前英國海軍未完工航艦的澳洲、加拿大、印度等國，也都在重新展開的建造工程中，引進了英國發明的斜角甲板與鏡式著艦輔助系統。

早期多數航艦都是同時在左右兩舷邊緣各安裝一套鏡式著艦輔助系統，左舷為一般使用，右舷為備用，不過實際操作經驗證明只需一套即已足夠，所以後來這些航艦都只保留左舷的一套（而且安裝在右舷的反射鏡效用也較左舷差）。

另外實際量產部署的鏡式著艦輔助系統，在型式方面也稍有修改，如反射鏡兩側的綠色基準燈數量，從原型的每側四盞，增加到每側七盞，光源則從原型的八盞減為四盞。稍後又在反射鏡兩側的基準燈上方或下方，各增設一盞代表禁止降落、重飛的Wave-Off警示燈，這組Wave-Off警示燈由飛行管制官負責操作，用於指示飛行員放棄著艦、重新進場。

使用鏡式著艦輔助系統的精確性非常高，因此英國航艦上的攔阻索數量可從原來的十多條減少到四條，最後只剩下三條，降落事故率也有大幅度的改善。

美國海軍引進鏡式著艦系統

當皇家海軍正在測試鏡式著艦輔助系統時，美國海軍一位派遣到法茵堡皇家海軍帝國試飛員學校（Empire Test Pilots School）的交換軍官尤金中校（Donald Engen）（最後升任為中將），也在一九五三年十一月間，先後在法茵堡與光輝號航艦上參與了鏡式降落輔助系統測試。

尤金先在法茵堡駕駛海吸血鬼Mk21戰機飛了七次進場，然後又在光輝號航艦上飛了十七次進場，實際體驗過後，尤金十分認同這套系統的價值，認為這套系統正好能與斜角甲板互相搭配。於是他熱心地為英國光學降落輔助系統背書，並於一九五三年十二月向海軍作戰部長辦公室與海軍航空測試中心提交相關報告，建議將這套系統引進美國海軍。

經過評估後，美國海軍高層認可了尤金的提議，除了進行陸基試驗外，還決定以剛改裝斜角甲板的班寧頓號航艦（Bennington CVA 20）作為試驗艦，在該艦左右兩舷各安裝了一套鏡式著艦輔助系統，從一九五五年九月開始進行海上試驗。

班寧頓號航艦配備的鏡式著艦輔助系統與英國的原版大致相同，差別只在後來在鏡子兩旁邊緣增設的四盞紅色重飛警示燈。來自VX-3與VC-3中隊的飛行員們，駕駛FJ-3、F7U-3P等戰機在班寧頓號上進行了大量的降落進場試驗，結果十分成功，透過這套裝置，可讓飛行員們在飛機著艦前獲得至少十至十二秒的時間，用來調整速度、高度與姿態，於是美國海軍立即決定在所有航艦上配備鏡式著艦輔助系統。

最初美國海軍曾以為，鏡式著艦輔助系統這種機械光學裝置，可完全替代降落信號官的角色。不過實際運用經驗證明，完全依賴機械式裝置的做法並不夠完善，所以最後採取了人力加上機械式裝置相互結合的方式，在鏡式著艦輔助系統之外，仍配置了由資深飛行員擔任的飛行管制官，負責監看降落狀況、與航艦飛行管制

■ 班寧頓號航艦是美國海軍第一艘配備鏡式著艦輔助系統的航艦，照片為班寧頓號配備的鏡式著艦輔助系統，除了反射鏡周圍多了四盞Wave-Off警示燈外，與英國的原版基本上是相同的。

■ 引進鏡式著艦輔助系統後，美國海軍也自行作了一些修改，照片為藍道夫號航艦（Randolph CVA 15）上的鏡式著艦系統，可看到反射鏡上方增設了一排Wave-Off警示燈與Cut信號燈，另外兩側的基準燈也改為每側各四個，注意照片中這套系統被安裝在靠右舷處。

中心保持聯繫，並在緊急時向進場中的飛行員發出重飛信號。特別是對於當時還普遍服役的螺旋槳推進飛機來說，由於發動機安裝機首，飛行員前方視界較差，相較於設置於航艦左舷船舯的反射鏡，螺旋槳飛機的飛行員還更容易看到位於艦艉左舷末端的降落信號官，所以保留降落信號官仍有必要。

所以在引進鏡式著艦輔助系統後，英、美兩國海軍依舊保留甲板著艦管制官的配置，一般情況下飛行員仍是藉由光學系統的引導進場，管制官則在必要時介入。美國海軍也對鏡式著艦輔助系統作了些許修改，在反射鏡兩側與上方增添了由著艦管制官直接控制的Wave-Off警示燈，以及提供給螺旋槳推進艦載機用的「Cut」指示燈（提示關閉發動機油門）。

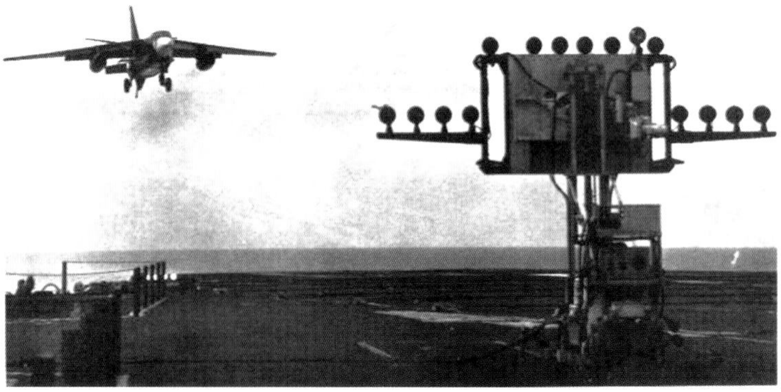

藉由這種新式光學機械，結合傳統人力引導的著艦導引機制，美國海軍航艦降落作業的安全性有戲劇性的提升，在引進鏡式著艦輔助系統之前的一九五四年，航艦降落的事故率是每一萬架次三十五次，而在引進鏡式著艦輔助系統之後的一九五七年則劇降為每一萬架次七次！而降落事故率的降低，相當於每年為美國海軍節省了將近兩千萬美元的費用。為此美國海軍特別頒發軍團功績勳章（Legion of Merit）給古德哈特，以表彰他的發明貢獻。

鏡式著艦輔助系統的不足與改進

雖然鏡式著艦輔助系統解決了許多噴射機航艦降落的問題，但仍存在一些不足。

◆附著在反射鏡上的濕氣或冰霜，會減損鏡子反射光源的清晰度。

◆安裝在飛行甲板左舷邊緣的鏡式著艦輔助系統，限制了航艦左舷的空間運用，反射鏡與光源之間必須保持淨空，在這之間的一百五十至兩百呎距離內不能安裝其他設備。

◆鏡式著艦輔助系統的光源安裝位置，會干擾到艦島區域作業人員的視覺、在某些角度上會讓艦橋人員目眩，並影響到艦島與飛行甲板作業人員的夜間視覺。

◆在某些情況下，照射到反射鏡上的日光，會形成混淆飛行員判斷的光點。

◆從進場降落的飛行員角度來看，安裝在右舷的鏡式著艦輔助系統，經常會因航艦煙囪的排煙遮蔽目視視線，以致無法發揮作用。

為了解決鏡式著艦輔助系統的不足，英國的GEC公司在一九五〇年代中期發展出第二代光學著艦輔助系統，採用由多組光源組成的垂直陣列來取代反射鏡，直接投射出多道垂直光束作為進場路徑的指引，被稱為投射瞄準器（Project Sight）。

皇家海軍的第二代光學著艦輔助系統

GEC公司這套投射瞄準器是由十二盞垂直排列的24V-150W投射燈組成，每盞投射燈搭配反射鏡射出光線，然後光線先通過一塊滑板（Slide）上的水平狹縫，最後再透過最前端的菲涅耳透鏡（Fresnel Lenses）投射出去，形成水平視角很寬（約四十度）、但垂直視角很窄（略大於一・五度）、具備高度垂直方向指向性的光束。

由於投射瞄準器是由本身主動投射光線，所以不需要先前反射鏡系統的光源，另一方面，飛行員見到的是投射光線而不是反射光，所以可視距離也更遠。藉由有色濾鏡，投射瞄準器最上方十個投射燈的光束呈現為黃色，最下方的兩個燈則為紅色。當從一定的距離外觀看時，每盞鄰接投射燈的光束彼此略有重疊，三盞鄰接投射燈的光束共同形成一個指引飛行員的區域。

在最初的測試中，GEC這套可投射多道垂直光束的投射瞄準器，取代了鏡式著艦輔助系統中的反射鏡角色，搭配位於兩側水平橫列的綠色基準燈共同運作，所以整套系統也改稱為甲板降落投射瞄準器（Deck Landing Projector Sight, DLPS）。當飛行員進場接近到三千碼以內距離後，便能看到投射瞄準器的燈光，飛行員藉由比較目視到的投射瞄準器燈光與兩側綠色基準燈相對高度，就能得知自身的下滑角是否適當。

如果看到投射瞄準器的燈光為黃色，且位於兩側基準燈中央，代表高度適當；如果看到投射瞄準器的燈光為黃色，且高於兩側基準燈，代表高度過高；如果看到投射瞄準器的燈光為紅色，且低於兩側基準燈，代表高度過低。藉由這種運作機制，投射瞄準器可提供大約正負一度的垂直方向引導精確度。

而透過調整位於投射燈與透鏡之間的滑板傾角，即可調整投射瞄準器投射導引光束的傾角，調節範圍為正負五度，滑板傾角調整機構還與陀螺穩定儀連結，可提供校正船隻縱搖影響的俯仰穩定功能。所以伺服機構只需驅動重量很輕的滑板機構，就能滿足俯仰穩定的需要，而不需要驅動整個投射瞄準器機箱，因而能大幅減小需要的伺服驅動功率。

至於整套投射瞄準器機箱則可以在六又二分之一呎範圍內調整高度，以適應不同艦載機從飛行員眼睛到捕捉鉤的高度。另外，為了避免霧氣與冰霜影響到光線投射強度，投射瞄準器還設有除霧器與加熱器。

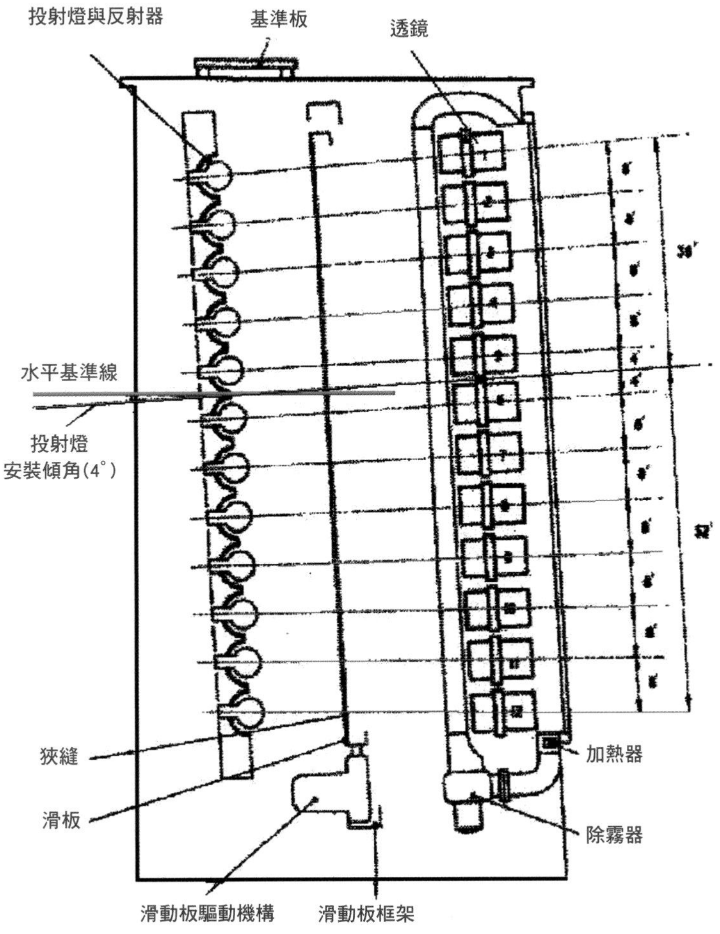

■ GEC投射瞄準器的側面剖圖。一共有十二盞垂直排列的投射燈，投射燈的光線先經過滑板上的開槽投射到前方的透鏡，然後再投射到外界。

HILO指示燈

繼導入投射瞄準器取代反射鏡後，皇家海軍稍後又引進了稱為HILO指示燈的新系統，取代了原先使用的水平橫列綠色基準燈。

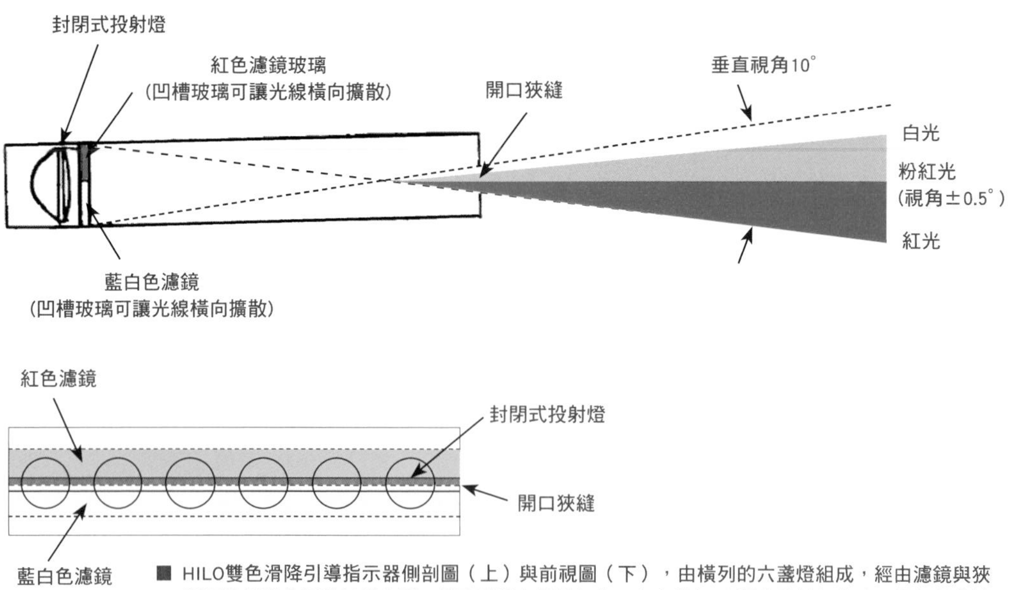

■ HILO雙色滑降引導指示器側剖圖（上）與前視圖（下），由橫列的六盞燈組成，經由濾鏡與狹縫可投射出分別位於最上層、最下層與中層的紅光、白光與紅-白混合的粉紅色光，飛行員依據看到的燈光顏色即可判斷下滑角是否適當。

HILO是一種雙色滑降引導指示器，為安裝在箱子內的封閉式投射燈，每個HILO箱內含橫向排列的六盞投射燈，每盞投射燈的前方覆蓋有上下兩塊不同顏色的濾光鏡，上方為紅色濾鏡，下方為藍白色濾鏡，然後透過箱子前端的狹縫中將燈光射出，可射出高、中、低三層不同顏色的燈光，上層為白光、下層為紅光，中層則為白、紅光混合而成的粉紅色光。

整個HILO單元的光線信號可覆蓋垂直十度、水平兩側各四十五度的範圍，有效距離超過三哩。當飛行員還在繞邊進場時就可看到HILO的信號，若飛行員看到的燈光呈現白色，代表飛得太高，若看到紅色燈光則代表飛得太低，當看到粉紅色時則代表高度適中，利用垂直視角約一度的粉紅色燈光，來引導飛行員以適當的下滑角進場。

隨著飛行員所處高度的不同，從HILO指示燈所看到的紅－白燈光混合比例也會有所差異，當飛行員沿著適當下滑角進場時，會看到由紅、白燈光混合而成的不同濃度粉紅色燈光，越偏紅代表高度越低，越偏白則代表高度過高。

兩階段的進場引導作業

引進HILO指示燈取代傳統綠色基準燈後，皇家海軍第二代光學著艦輔助系統也完整成形，由位於中央的投射瞄準器，與位於投射瞄準器兩側的橫列箱型HILO指示器共同組成。

由於HILO指示燈提供的水平／垂直視角與可視有效距離，都超過投射瞄準器許多，所以在引進HILO指示燈後，整個光學輔助降落進場程序，也就分為外進場（Outer Approach）與內進場（Inner

■ 皇家方舟號上安裝的第二代光學著艦輔助系統，左為較早期的構型，中央縱向垂直排列的燈組即為新型的投射瞄準器組，但兩側仍搭配傳統的投射燈式基準燈。右為後期的構型，兩側的基準燈改為新型的HILO指示燈組，即照片中投射瞄準器組兩側的橫條箱子。這套系統可在六．五呎範圍內調整高度，左方照片中可見到整座投射燈透過四根支柱拉高，右方照片則降到最低點。

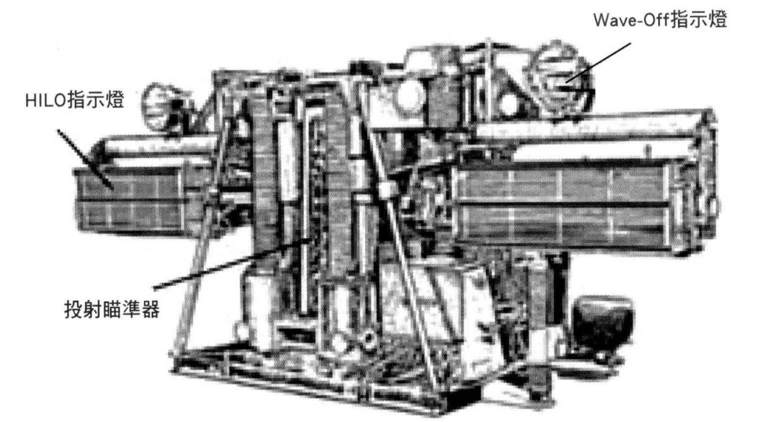

■ 英國皇家海軍第二代光學著艦指引系統的組成。包括位於中央、提供下滑角指引的投射瞄準器(Projector Sight)，位於兩側提供判斷基準的HILO指示燈，以及設於HILO指示燈上方、提供拉起重飛信號的Wave-Off指示燈。

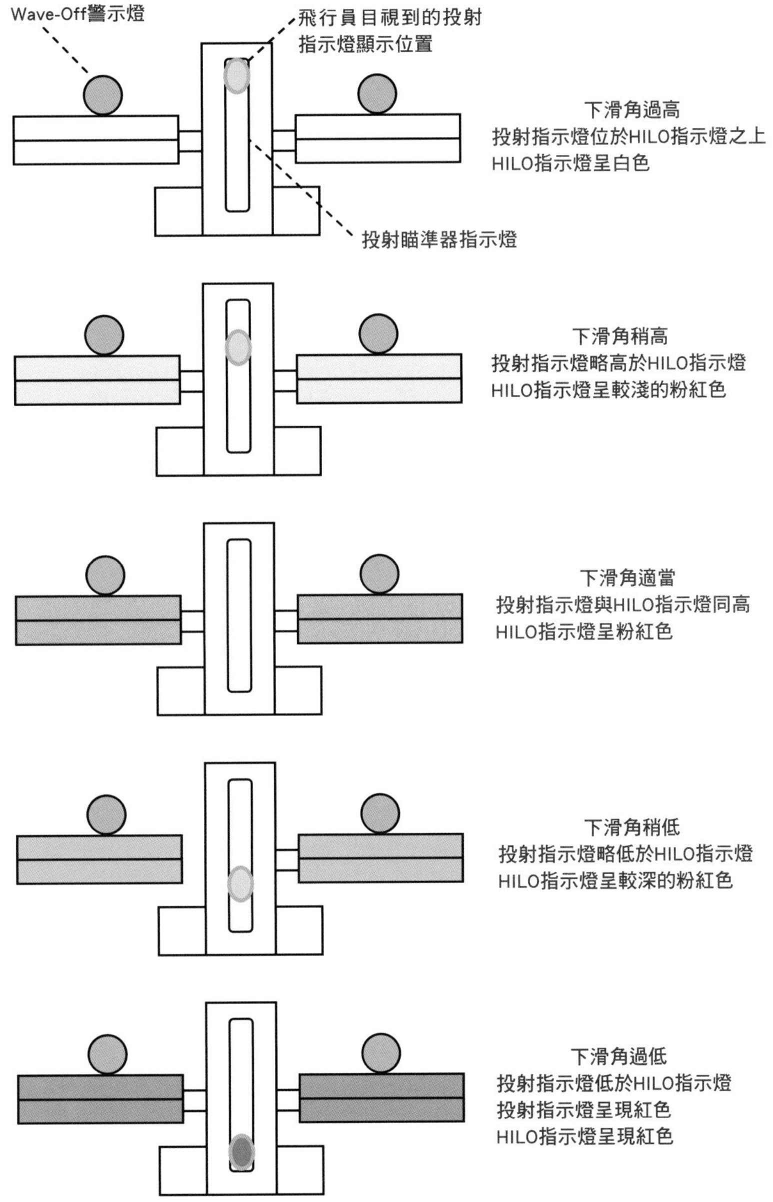

■ 英國第二代光學著艦輔助系統運作圖解。藉由中央投射指示燈與兩側HILO指示燈的組合，可為飛行員提供精確的進場下滑角判斷依據。

Approach）等兩個階段。

外進場階段始自繞圈進場，飛行員在四邊或五邊繞場飛行時，便可藉由目視HILO指示燈進入合適的進場高度與下滑角。待從航艦艦艉接近到更近距離、可目視到投射瞄準器的垂直指示燈號後，便進入內進場階段，此時飛行員可以利用HILO指示燈與投射瞄準器的共同引導，取得更精確的下滑角。HILO與投射瞄準器的組合運用方式如下圖所示。

皇家飛機研究所從一九六〇年代初期於堡壘號航艦（HMS Bulwark）上開始進行投射瞄準器的海上試驗，稍後又在兩艘航艦上安裝了HILO指示燈。相較於上一代的反射鏡式系統，新的投射瞄準器加上HILO指示燈的組合，不僅有效距離更遠、受外在環境的干擾較小，也比較不會影響到甲板上作業人員的視覺，能提供的訊息也更豐富——依靠目視到的HILO信號燈顏色，飛行員即能大略判斷自身下滑角是否適當。另外，投射瞄準器也能提供以不同燈號顏色區別下滑角功能，這都是以往反射鏡上的光球所無法提供的訊息，HILO指示燈與投射瞄準器互相配合，便能提供十分精確的下滑角操縱指引。

於是從一九六〇年代中、後期起，皇家海軍便陸續以這套新系統替換了原有的鏡式著艦輔助系統，並一直使用到英國最後一艘航艦皇家方舟號除役為止。

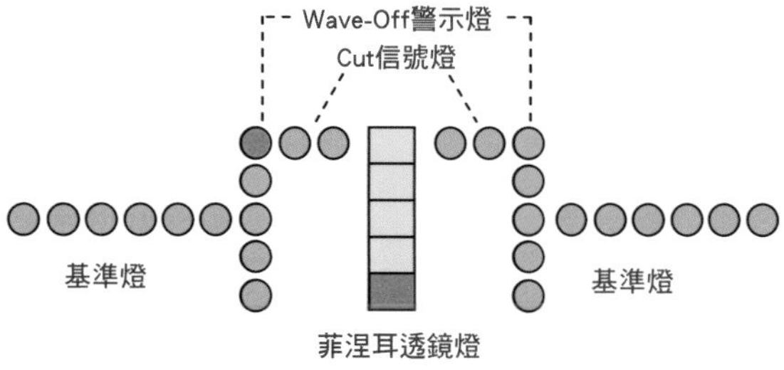

■ 美國海軍菲涅耳透鏡光學降落系統燈號配置圖解。這是1963年時的最早期型FLOLS，後來的FLOLS在配置上與此稍有差異。

美國海軍的菲耳涅透鏡光學降落系統

美國海軍最初是採用從英國引進的鏡式光學輔助系統，不過從一九六〇年代初起，兩國海軍便分道揚鑣，在英國GEC公司開發第二代光學著艦輔助系統的同時，美國海軍也針對鏡式著艦輔助系統的缺點，自行發展了第二代系統，由於這套新系統不再使用反射鏡，而改用經由菲涅耳透鏡投射的垂直指示燈號，作為提示飛行員進場下滑角是否合適的信號，因此便被稱作菲涅耳透鏡光學降落系統（Fresnel Lens Optical Landing System, FLOLS）。

當英國皇家海軍與美國海軍都放棄原始反射鏡形式的降落輔助系統，改用投射燈形式的系統後，這類系統也須改以含意更廣泛的「光學降落輔助系統」來稱呼。

就基本構造與運作原理而言，美國海軍的FLOLS與英國皇家海軍的第二代系統——GEC的投射瞄準器大致相似，不過FLOLS沒有採用英國那套較為複雜的HILO指示燈，依舊沿用原先用在鏡式著艦輔助系統上的普通綠色基準燈。另外FLOLS也更強調Wave-Off指示燈的配置，使用更多的紅色燈來呈現Wave-Off信號，另外也多了「Cut」信號燈。

整套FLOLS由中央的光學單元、圍繞在光學單元上方與兩側的Wave-Off警示燈與Cut信號燈，以及兩側橫列的綠色基準燈組成。

作為核心光學單元含有上下垂直排列的五盞菲涅耳透鏡燈，每盞燈構成一個一呎寬的顯示格（cell），五個顯示格的總高度約為四呎。菲涅耳透鏡燈由位於最前端的菲涅耳透鏡與後方的投射燈組成，可投射出高度指向性的光束，全部五盞燈覆蓋的垂直視角僅一．五度。五盞菲涅耳透鏡燈藉由濾鏡可投射出由上到下一共五層、具備兩種不同顏色的光束——上面四盞燈為黃色（實際上更接近琥珀色或橙色），最下面一盞燈為紅色。

飛行員藉由目視到的菲涅耳透鏡燈燈光，也就是所謂的「肉球」，並比較該燈光與兩側基準燈的相對高度，即可得知自身的下滑角是否適當。如果看到黃色的菲涅耳透鏡燈光位於兩側綠色基準燈上方，代表下滑

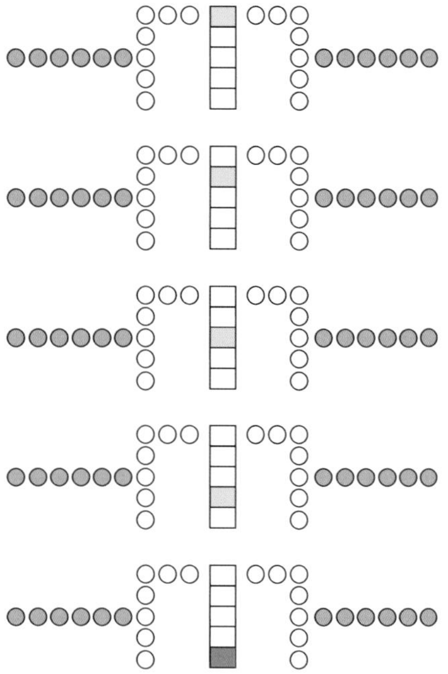

下滑角過高
黃色的菲涅耳透鏡燈位於兩側基準燈之上HILO指示燈呈白色

下滑角稍高
黃色的菲涅耳透鏡燈略高於兩側基準燈

下滑角適當
黃色的菲涅耳透鏡燈位於兩側基準燈中央

下滑角稍低
黃色的菲涅耳透鏡燈略低於兩側基準燈

下滑角過低
菲涅耳透鏡燈呈現紅色，且位於兩側基準燈之下

■ 菲涅耳透鏡光學降落系統的燈號運作圖解。

■ 甘迺迪號航艦上裝備的菲涅耳透鏡光學降落系統。

角過高；看到黃色的菲涅耳透鏡燈光位於兩側綠色基準燈下方，代表下滑角略低；如果看到菲涅耳透鏡燈為紅色光、且位於兩側綠色基準燈下方，代表下滑角已低到危險限度，必須立刻拉高；只有看到黃色的菲涅耳透鏡燈光球位於兩側綠色基準燈中央時，才表示當前的下滑角適當。

FLOLS的運用方式與以往的鏡式著艦系統大致相同，只是把反射鏡換成垂直排列的菲涅耳透鏡燈而已，不過菲涅耳透鏡燈可以提供更清楚、豐富的訊息，飛行員藉由目視到的菲涅耳透鏡燈顏色即能大略判斷下滑角是否適當，這是以往反射鏡上的光球難以

■ 菲涅耳透鏡光學降落系統的Wave-Off警示燈與Cut信號燈，都是由降落信號官手動控制，照片中降落信號官高舉的控制手把即為控制Wave-Off警示燈使用。

艦體搖動對光學降落引導系統的影響

隨著海面波浪起伏，航艦船體也會跟著出現俯仰搖擺，也就是縱搖或橫搖，對於傳統直線型飛行甲板航艦的降落引導來說，會造成困擾的是縱搖——這會導致飛行員對於下滑角的判斷出現誤差。至於橫搖由於不會改變飛行甲板中軸的方向，並不會造成進場方向引導的誤差。

不過，對於配備了斜角甲板的新一代航艦來說，飛機降落時要瞄準的方向，並不是船體縱軸，而是朝向左舷外偏的斜角甲板，因此船體的橫搖，便會干擾到飛行員對於進場方向的瞄準。為了配合斜角甲板，鏡式著艦輔助系統的安裝軸向與斜角甲板相同，以一個角度偏離船體中線，但也因為如此，當船體沿著中軸發生橫搖時，這將會對鏡式著艦系統造成形同於船體橫軸方向的俯仰搖晃——中軸方向的橫搖，對於斜角方向來說，等同於幅度較小的縱搖。

而對於從航艦船艉斜後方、準備進入斜角甲板的飛行員來說，當航艦船體出現橫搖時，他從反射鏡上所看到的光球指引信號也會跟著出現輕微的上下搖晃，以致對於進場下滑角的判斷將會出現些許誤差。斜角甲板的斜角越大，因橫搖產生的這個誤差也就越大，若斜角甲板與航艦船體中軸的夾角為九度，則船體三度的橫搖，將造成進場路徑出現二分之一度的誤差。

美國海軍的第二代光學著艦引導系統配有俯仰—滾轉雙軸穩定系統，可較有效的抑制前述問題帶來的下滑角誤差。而英國的第一代與第二代光學著艦引導系統只配有俯仰穩定系統，無法修正橫搖誤差，就會受到較大的影響。不過從另一方面來看，當船體橫搖不大時，由此所引起的斜角方向俯仰誤差通常很小（僅有零點幾度），而且英國航艦的斜角甲板角度也較小，也進一步縮小了這個誤差，日常操作中還可忍受這個問題的存在。

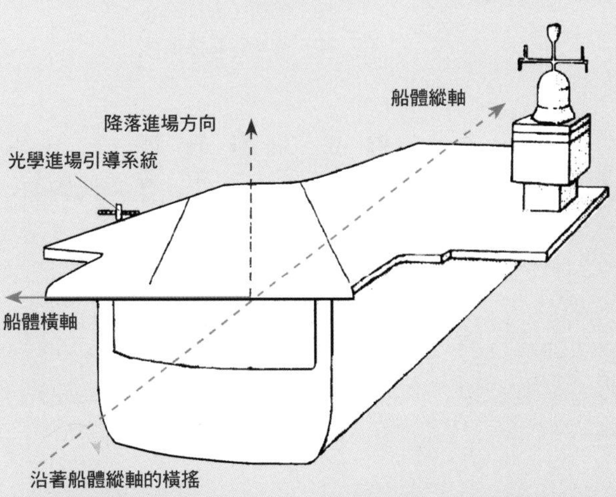

■ 光學進場引導系統本身配有可修正船體縱軸方向俯仰搖動誤差的俯仰穩定系統。但對於採用斜角甲板的航艦來說，當船體沿著中軸發生橫搖時，將會引起斜角方向跟著出現相當於橫軸方向的俯仰搖動，對於沿著斜角方向進場的飛行員，目視到的光學進場引導系統指示信號將會出現微幅的上下震盪，以致產生判斷上的些許誤差。

提供的訊息。另外再搭配兩側的基準燈即能精確的以合適的下滑角著艦。

至於附屬的Wave-Off警示燈，在啟動時則會以每秒九十閃的頻率，提示飛行員不可著艦、儘速拉起。而Cut信號燈最初是用於提示螺旋槳推進艦載機飛行員關閉發動機油門的時機，後來又被用於顯示多種不同的信號意義，如當航艦處於禁止使用無線電的情況時，可利用閃爍二至三秒的Cut信號燈，知會準備降落的飛行員可繼續進場，或是以持續閃爍的Cut信號燈提醒飛行員增加油門等。Wave-Off警示燈與Cut信號燈都是由降落信號官手動控制。

為了避免造成甲板上作業人員的目眩，FLOLS的所有燈號都可在廣泛的範圍內調整照射強度。

與英國皇家海軍的第二代光學著艦輔助系統——投射瞄準器加上HILO指示燈—相比，美國海軍的第二代系統FLOLS構造較單純，但有效距離僅一浬，比能提供三浬有效距離的HILO指示燈短了許多（美國海軍曾考慮引進英國的HILO指示燈，但最後沒有實現）。不過FLOLS的穩定系統可提供俯仰—滾轉雙軸穩定功能，可校正船體縱搖與橫搖造成的誤差；相較下，英國的著艦引導系統一直只有俯仰軸穩定功能，只能校正縱搖誤差。

儘管存在前述差異，但由於基本原理相同，因此英、美兩國海軍飛行員只需經過少許轉換訓練，便能適應對方的光學著艦引導系統。英、美兩國海軍在一九七〇年代進行的多次艦載機交換部署試驗，便證明了此點（英國海軍把幽靈GR.1戰機派遣到美國海軍航艦上，美國海軍也將F-4、A-6等艦載機派遣到英國皇家方舟號航艦上）。

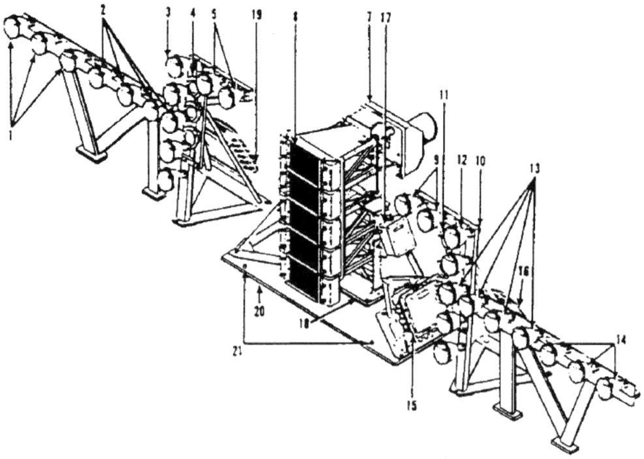

■ 美國海軍Mk.6 Mod.3菲涅耳透鏡光學降落系統（FLOLS）機構圖解。
1&14：綠色基準燈（固定亮起）。
2&13：綠色基準燈（有條件亮起）。
3&12：Wave-Off警示燈。
4&11：緊急Wave-Off警示燈。
5&9：Cut信號燈
6：俯仰驅動動力組。
7：滾轉驅動動力組。
8：菲涅耳透鏡燈組。
15：菲涅耳透鏡燈組連接箱。
16&19：主連接箱。
17：輔助Wave-Off連接箱。
18：安裝鎖定（Stowlock）組。
19：基板（Baseplate）組。
20：基板調整機構。

改進型菲耳涅透鏡光學降落系統

從一九六〇年代中期起，FLOLS便陸續取代了美國航艦上原先使用的鏡式著艦輔助系統。接下來美國海軍又發展了多種FLOLS的衍生修改版本，進一步改善了FLOLS的功能，其中較重要的有Mk.6 Mod.3 FLOLS，以及Mk.13 Mod.0改進型菲耳涅透鏡光學降落系統（IFLOLS）。

一九七〇年開始測試的Mk.6 Mod.3 FLOLS，是美國海軍一九七〇年代中期到二〇〇〇年初期的主力光學著艦引導系統，相較於早期的原型變化並不大，主要是在Wave-Off警示燈內側增設一排緊急（Emergency）Wave-Off警示燈。緊急Wave-Off警示燈擁有獨立的電源與電路，可作為原有Wave-Off警示燈故障時的備份，但平時並不使用。

至於一九八〇年代後期由位於紐澤西Lakehurst海軍航空工程站的工程師們開始發展的Mk.13 Mod.0 IFLOLS，在設計上則有較大的更動。

先前FLOLS的一大缺點在於目視有效距離不足，因此IFLOLS也主要是針對這方面作改進。原先FLOLS上的五盞菲涅耳透鏡燈，在IFLOLS上被數量增加到十二盞的垂直堆疊指示燈取代，總高度從FLOLS的四呎增加到六呎，垂直指示光束被區分得更精細（由FLOLS的五格增加為十二格），並改用經由光纖轉換器、更容易聚焦的新光源。兩側的綠色基準燈數量增加到十盞，排列也更長，另外Wave-Off警示燈的配置也有所調整，還搭配了改進的數位控制系統，以及可提供三種穩定作業模式的新型穩定系統。

藉由這些改進，IFLOLS擁有更遠的有效目視距離（較FLOLS提高近一倍）、更靈敏與更精確的下滑角指示能力，垂直指示燈的顯示也更清晰，另外穩定精度、可靠性與可維護性都有所提高。即使是進場速度提高到一百四十節以上的新一代艦載機（如超級大黃蜂），透過IFLOLS的引導，在降落進場最後階段仍有十五至十八秒的時間可用於調整速度與高度，然後精確地降落到飛行甲板上。

美國海軍於一九九七年在華盛頓號航艦（CVN 73）上展開IFLOLS原型最初的海上測試，並從二〇〇一年起開始換裝，到二〇〇四年時，美國海軍所有現役航艦都換裝了IFLOLS。至於舊的Mk.6 Mod.3 FLOLS仍廣泛地配備在各海軍航空站上（註一）。

從古德哈特發明鏡式著艦引導系統至今的六十多年來，隨著各式各樣電子式降落進場輔助系統的出現，目前艦載機飛行員在降落時已能獲得更多的進場引導協助，不過以菲耳涅透鏡系統為主的光學降落引導系統，在航艦降落程序中仍占有舉足輕重的角色，如何運用菲耳涅透鏡光學降落系統，也仍然是航艦飛行員不可或缺的技能。

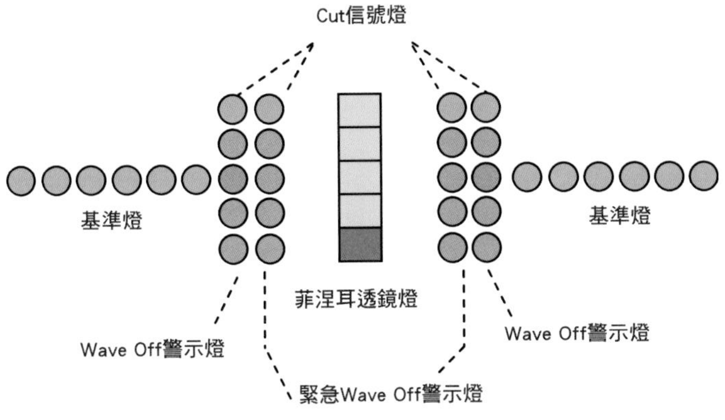

■ Mk.6 Mod.3菲耳涅透鏡光學降落系統燈號配置圖解。

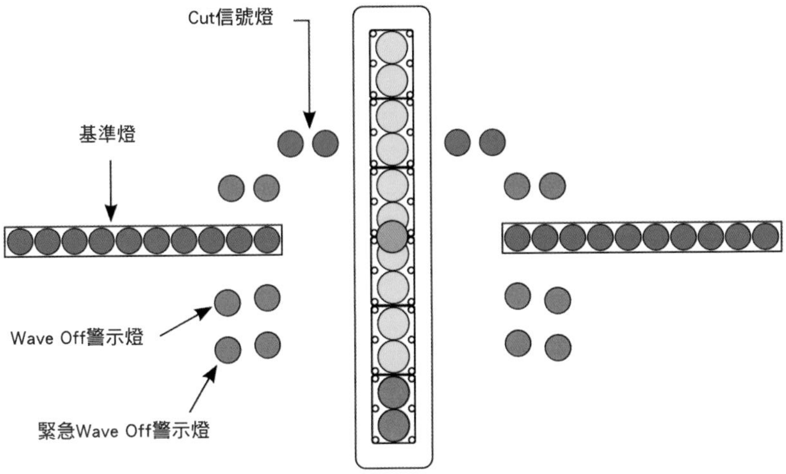

■ Mk.13 Mod.0改進型菲耳涅透鏡光學降落系統燈號配置圖解。

■ Mk.13 Mod.0 改進型菲耳涅透鏡光學降落系統，是美國海軍航艦目前使用的主要光學降落輔助系統，照片中為林肯號航艦上安裝的IFLOLS，可見到IFLOLS後方設有一塊黑色的擋風板，這是美國海軍傳統做法，可充當IFLOLS燈號的背景，兼具提高IFLOLS燈號辨識度的作用。

註一：FLOLS與IFLOLS都有使用拖車拖曳的陸基機動部署型，可配置在陸地機場跑道旁，作為陸地機場降落引導系統的一部分，或提供航艦飛行員訓練使用。

手動視覺降落輔助系統

除了FLOLS與IFLOLS外，美國海軍航艦上還搭載了一套作為備份與訓練用的手動視覺降落輔助系統（Manually Operated Visual Landing Aid System, MOVLAS）。由於MOVLAS的外型與FLOLS/IFLOLS頗為類似，十分容易造成混淆，因此特別於此處對MOVLAS作一簡單介紹。

當FLOLS/IFLOLS故障失效，或是航艦船體的搖晃過大，超出FLOLS/IFLOLS的穩定系統允許範圍，或是要進行降落信號官與飛行員的訓練時，便是MOVLAS派上用場的時候。

MOVLAS在航艦上一共有三個部署位置：

STATION 1：將MOVLAS的光源燈箱直接安裝在FLOLS的菲涅耳透鏡燈箱前方，取代FLOLS的菲涅耳透鏡燈角色，但沿用FLOLS的基準燈、Wave-Off警示燈與Cut信號燈。

STATION 2：將含有自身基準燈箱的完整組態MOVLAS，獨立安裝在飛行甲板左舷邊緣，必須設置在FLOLS後方相距七十五至一百呎的位置處。

STATION 3：安裝在飛行甲板右舷，大約在艦島後方的安全停機線外側，確實的位置由降落信號官或航艦部署勤務單位（CAFSU）等相關管理單位軍官決定。要使用這個位置可能必須先行移動甲板上停放的飛機。

MOVLAS的燈號配置與FLOLS大致相同，只是採用的燈組型式有所差異。以MOVLAS Mk1 Mod2為例，一套完整的MOVLAS包含有用於顯示垂直狀態資訊的光源燈箱（Source light box）、基準燈、Wave-Off警示燈與Cut信號燈等單元，以及安裝用基座等。各單元平日分解收藏於艦上，待必要時再由艦員以人工方式搬運組裝。

其中光源燈箱含有兩列垂直安裝的二十三盞燈，用於提供模擬FLOLS菲涅耳透鏡燈的「肉球」光點顯示。燈箱前方設有一組活動遮擋板，當遮擋板關上時，燈光強度會減低到只相當於遮板開啟時的百分之三・五，透過電源控制箱還可進一步在更大的範圍內調整燈光強度，以便適應日間與夜間等不同的情況下的燈光顯示強度需要。

光源燈箱上方的十七盞燈為黃色，最下方六盞燈為紅色，提供類似菲涅耳透鏡燈最下方一盞紅色燈的「高度過低」顯示作用。降落信號官可使用兩組開關把手，分別控制最底層六盞紅色燈中，上、下各三盞燈的開啟與關閉，若把兩組開關都關閉，則降落信號官將能在比標準FLOLS允許的更大下滑角範圍內，引導飛行員駕機進場（這等同於關掉了下滑角過低的下限限制，不過一般情況下至少最下面三盞紅色燈必須維持開啟，以提供下滑角最低下限的警示燈號）。

當採用STATION 2或STATION 3位置部署

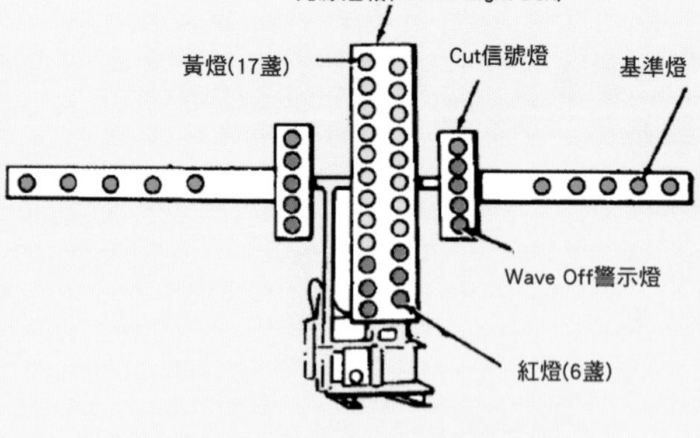

■ 手動視覺降落輔助系統(MOVLAS)圖解。

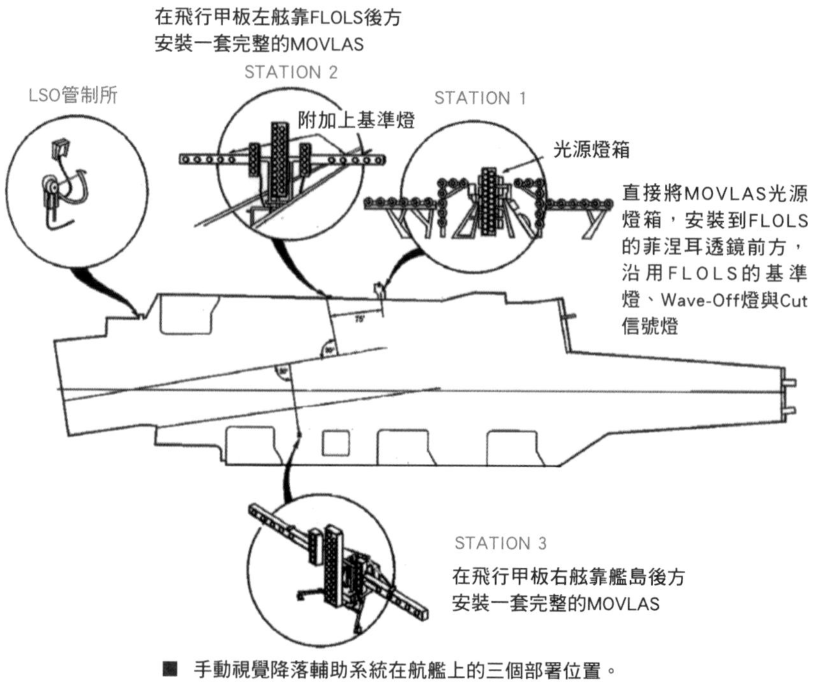

■ 手動視覺降落輔助系統在航艦上的三個部署位置。

時，會在光源燈箱兩側各安裝一組基準燈箱，每組基準燈箱都含有五盞獨立的基準燈、四盞Wave-Off警示燈與一盞Cut信號燈。

於艦艉作業的降落信號官可利用控制把手上的開關，藉由開啟光源燈箱上不同的燈來決定「肉球」燈號位置，隨著降落信號官手持控制把手的控制，光源燈箱的燈光可以三或四盞燈為一組，往上或往下地連續的依序亮起，藉此便能調整飛行員所看到的「肉球」光點位置。

至於光源燈箱與基準燈箱的燈光強度調整，以及Wave-Off警示燈與Cut信號燈的開關，則是另行獨立控制。

使用MOVLAS時，進場中的飛行員可像使用FLOLS或IFLOLS時一樣，藉由比對目視到的光源燈箱顯示的「肉球」燈號，以及兩側基準燈的相對高度，來判斷降落下滑角是否適當。

不過，由於MOVLAS所顯示的「肉球」光點位置，是完全由降落信號官利用手動控制所決定，因而不像FLOLS或IFLOLS這類含有穩定機構的機械光學裝置般，能保證肉球光點顯示位置的正確性，所以在使用MOVLAS時，降落信號官必須同時藉由飛行員降落輔助電視系統（Pilot Landing Aid Television, PLAT）之類裝置的幫助，利用飛行員降落輔助電視系統影像提供的反饋資訊，判斷當前MOVLAS上顯示的「肉球」位置是否適當，並即時的調整MOVLAS的光源燈箱垂直燈號，修正「肉球」燈號的顯示位置。

■ MOVLAS是以光源燈箱上的垂直安裝燈號來模擬菲涅耳透鏡燈產生的「肉球」光球，從這張小鷹號航艦進行MOVLAS訓練的照片中可看出，MOVLAS的光源燈箱是以三盞燈為一組開啟。

■ MOVLAS的各單元平日分解收藏於艦上，待必要時再由艦員以人工方式搬運組裝。照片為小鷹號航艦的航空部門人員正在搬運MOVLAS的光源燈箱與基準燈箱。

■ MOVLAS的三種部署方式，由上而下分別為STATION 1、STATION 2與STATION 3位置。

其他國家航艦的光學著艦輔助系統

英國皇家海軍雖然是光學著艦輔助系統的創始國，從英國採購前英製航艦的澳洲、加拿大與印度等國，也都是引進英國的光學著艦輔助系統。但由於英國政府在一九六〇年代後期便放棄了繼續發展傳統起降航艦，皇家海軍最後一艘傳統起降航艦——皇家方舟號，也於一九七八年除役，從一九七〇年代以後，英國在光學著艦輔助系統方面就沒有新發展。因此美國海軍便後來居上，成為光學著艦輔助系統發展與運用經驗最豐富的國家。

美國海軍最初也是引進了英國發明的鏡式著艦輔助系統，不過從第二代系統起，英、美兩國便走向各自獨立發展的道路。而後來發展傳統起降航艦的其他國家，在光學著艦輔助系統方面走的也都是仿效美國海軍體系的路線，英國發展的一些獨特設計反而沒有得到繼承發展（如英國獨有的HILO指引燈），下面是法、俄、中等國的光學著艦輔助系統照片，可看出在配置上都與美國海軍的菲涅耳透鏡光學降落系統十分類似，運作原理也是相同的。

■ 法國戴高樂號航艦的光學著艦引導系統，燈號配置方式與美國海軍的FLOLS幾乎如出一轍。

■ 俄羅斯庫茲涅索夫號航艦的光學著艦引導系統，燈號配置比美國的FLOLS簡單些，不過基本組成仍是大同小異。

■ 中國遼寧號航艦的光學著艦引導系統，燈號基本配置也與美國海軍的FLOLS大致相同。

至於西歐國家海軍廣泛流行的短場起飛／垂直降落航艦，雖然短場起飛／垂直降落戰機的降落進場程序與傳統起降飛機有所差異，但仍然存在下滑進場的程序，只是降落瞄準的標的，以及降落程序最後階段不同，因此短場起飛／垂直降落航艦也能採用與傳統起降航艦類似的光學著艦輔助系統，只需在配置上作對應的更動即可，我們這裡附上一張義大利Calzoni公司的電子光學甲板進場系統（EODAS）照片供作參照。

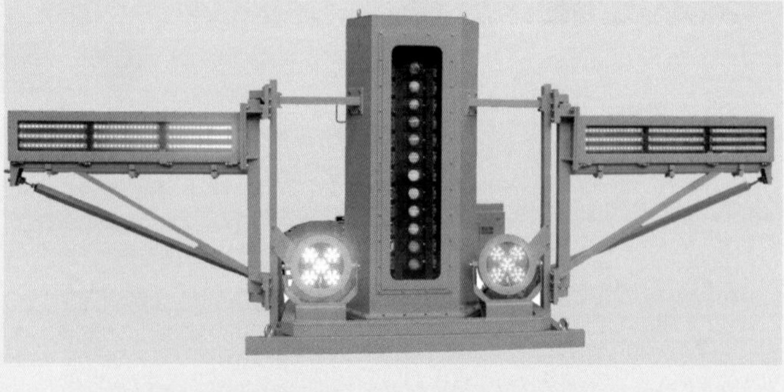

■ 配備在義大利加富爾號（Cavour）航艦與西班牙尚卡洛斯號（Juan Carlos）兩棲突擊艦上的光學降落系統（OLS），由Calzoni公司研製，可看出這套系統雖然是為了搭配STOVL戰機的降落進場而設計，但型式上與用在傳統起降航艦上的系統仍有許多相似之處，同樣由中央的垂直指示燈號與兩側的基準燈組成，也附有Wave-Off警示燈。

F-22
RAPTOR 空中王者
F-22何以成為地球上最強的制空戰鬥機！
軍事連線

致命的武器 Vol.1
German Weapons of WWII
精闢剖析二戰德國在戰爭中發展的致命武器
深入探討二戰德國recent致命武器的戰術運用
軍事連線

NEW CENTURY NAVY SHIP
新世紀海軍
軍事連線

致命的武器 Vol.2
German Weapons of WWII
軍事連線

美國海軍
反潛技術與反潛直升機
U.S. Navy Anti-submarine Techniques and ASW Helicopters
軍事連線

經典戰役 Vol.1
GERMAN CAMPAIGNS OF WORLD WAR II
軍事連線

豹式戰車
Panzerkampfwagen V Panther
軍事連線

經典戰役 Vol.2
GERMAN CAMPAIGNS OF WORLD WAR II
軍事連線

裝甲擲彈兵
Panzergrenadier
軍事連線

黑鷹直升機
張明德 著
Sikorski Black Hawk Helicopter Family From birth to Present
最完整的美軍H-60黑鷹直升機專書
搶先了解國軍新一代通用直升機！
軍事連線

英倫大空戰
Battle of Britain: A Summer of Reckoning
軍事連線

二戰美國海軍陸戰隊
U.S. Marine in World War II
軍事連線

張明德/著
軍事連線
美國海軍
超級航艦
從合眾國號到小鷹級
History of U.S. Navy Super Aircraft Carrier
Form USS United State to Kitty Hawk Class

張明德/著
軍事線上
美國海軍
超級航艦
核動力時代
從企業號、尼米茲級到福特級

軍事連線 MOOK

現代航艦三大發明

——斜角甲板、蒸汽彈射器與光學降落輔助系統的起源與發展

Three Crucial Invention for Modern Aircraft Carrier

—Angled Deck, Steam Catapult and Optical Landing System

作　　者：張明德
責任編輯：苗龍
出　　版：風格司藝術創作坊
http://www.clio.com.tw
發　　行：軍事連線雜誌
地址：106 台北市大安區安居街 118 巷 17 號
Tel：（02）8732-0530　Fax：（02）8732-0531
http://www.clio.com.tw
總 經 銷：紅螞蟻圖書有限公司
Tel：（02）2795-3656 Fax：（02）2795-4100
地址：台北市內湖區舊宗路二段121巷19號
http://www.e-redant.com
出版日期：2017 年 07 月　第一版第一刷
訂　　價：360 元

國家圖書館出版品預行編目（CIP）資料

現代航艦三大發明：斜角甲板、蒸氣彈射器與光學降落輔助系統的起源與發展 / 張明德著. -- 第一版. -- 臺北市：風格司藝術創作坊出版：軍事連線雜誌發行, 2017.07
面；　公分. -- (軍事連線Mook)
ISBN 978-986-95148-9-7(平裝)

1.航空母艦 2.軍事技術

597.63　　　106011413

ISBN 978-986-95148-9-7　　Printed in Taiwan